21 世纪高等教育土木工程系列规划教材

土动力学基础

高彦斌 费涵昌 编

机械工业出版社

《土动力学基础》是一本介绍土动力学基础知识的教材。本书系统介绍了土动力学的基本原理、测试技术及相关工程问题的分析方法。主要内容包括：动力学中的两个基本理论——质量—弹簧体系的振动理论及波动理论；土的动力性质及测试方法，包括现场波速测试及应用、动荷载作用下土的剪切变形和强度特性、土动力试验方法；土动力学的几个经典问题的分析方法，包括动力机器基础的振动、地震地面运动及地震作用，砂土的液化。为便于学习，每章均设置了例题、思考题和习题。

　　本书可作为高等学校土木工程专业和地质工程专业本科生或研究生的教学用书，也可供其他相关专业师生及工程技术人员参考。

图书在版编目（CIP）数据

土动力学基础/高彦斌，费涵昌编. —北京：机械工业出版社，2019.2
21世纪高等教育土木工程系列规划教材
ISBN 978-7-111-61847-8

Ⅰ.①土… Ⅱ.①高… ②费… Ⅲ.①土动力学-高等学校-教材
Ⅳ.①TU435

中国版本图书馆 CIP 数据核字（2019）第 012217 号

机械工业出版社（北京市百万庄大街 22 号　邮政编码 100037）
策划编辑：马军平　责任编辑：马军平
责任校对：刘志文　封面设计：张　静
责任印制：郜　敏
河北鑫兆源印刷有限公司印刷
2019 年 9 月第 1 版第 1 次印刷
184mm×260mm · 17 印张 · 417 千字
标准书号：ISBN 978-7-111-61847-8
定价：49.00 元

电话服务　　　　　　　　　网络服务
客服电话：010-88361066　　机　工　官　网：www.cmpbook.com
　　　　　010-88379833　　机　工　官　博：weibo.com/cmp1952
　　　　　010-68326294　　金　书　网：www.golden-book.com
封底无防伪标均为盗版　机工教育服务网：www.cmpedu.com

前　言

天地万物无不处于运动之中。土动力学是土力学的一个分支，着重研究动荷载作用下土的动力特性以及相关工程问题。与静荷载作用下不同的是，无论是土的动力特性还是相关工程问题，均与动荷载的类型及特征密切相关。另外，在弹性力学的基础上，土动力学采用了工程动力学中的一些分析方法和测试技术，如振动理论、弹性波理论和谱分析方法，动三轴试验和模型基础振动试验等。这些都导致土动力学涉及的研究内容、方法及成果的复杂性远远高于只考虑静荷载作用的土力学。作为一本介绍土动力学基础知识的教材，本书参考了关于地震工程、砂土液化和基础振动等方面的经典著作与规范标准，着重介绍土动力学的基本理论、方法和技术。

全书共 8 章，每一章均强调基本概念、理论与技术、应用的统一。第 1 章绪论介绍了土动力学的基本概念、研究方法和研究内容；第 2 章和第 3 章分别介绍了质量—弹簧体系的振动理论及弹性波理论，这是其后各章的理论基础；第 4 章介绍了土体振动和波动分析中需要的一个重要参数——弹性波波速的测试方法及应用，包括钻孔波速法、面波法和折射波法，考虑到桩基低应变测试应用的广泛性，该方法也在本章予以介绍；第 5 章介绍了土的动力性质，包括循环荷载作用下的动力特性、土动力室内试验方法（共振柱、动三轴、动单剪等）、常用动力本构模型及动强度；第 6 章涉及动力机器基础分析，介绍了弹性半空间理论方法、集总参数系统法，以及模型基础振动试验与数据分析，是振动理论的应用；第 7 章涉及地震工程，是波动理论和谱分析方法的应用，介绍了地震地面运动的特征和分析方法，地震作用分析及土工结构抗震分析方法；第 8 章涉及地震砂土液化问题，是一类与土的动强度有关的工程问题，介绍了地震砂土液化的试验方法、评价方法及处理措施。为了加强教学效果，各章均附有例题、思考题与习题。本书带 ＊ 号的章节，授课教师可根据实际情况选讲。

感谢同济大学地下建筑工程系吴晓峰老师、王天龙老师，物理系王浩老师对教材编写给予的宝贵建议和意见，感谢参与书稿编辑的同济大学地质工程专业的同学，这里不一一列出，最后感谢机械工业出版社对本书的出版所做的高质量编辑工作。

限于作者水平，书中不妥之处欢迎广大读者批评指正；对本书的改进意见，也欢迎交流（邮箱：yanbin_gao@ tongji.edu.cn）。

编　者

目　录

前言

第1章　绪论 ⋯⋯⋯⋯⋯⋯⋯⋯⋯⋯⋯⋯⋯⋯⋯⋯⋯⋯⋯⋯⋯⋯⋯⋯⋯ 1

1.1　动力学中的动力效应 ⋯⋯⋯⋯⋯⋯⋯⋯⋯⋯⋯⋯⋯⋯⋯⋯⋯⋯⋯⋯ 1

1.2　动荷载特征及分类 ⋯⋯⋯⋯⋯⋯⋯⋯⋯⋯⋯⋯⋯⋯⋯⋯⋯⋯⋯⋯⋯ 2

1.3　动荷载作用下土的力学特性及相关问题 ⋯⋯⋯⋯⋯⋯⋯⋯⋯⋯⋯⋯ 4

1.4　土动力学的研究内容 ⋯⋯⋯⋯⋯⋯⋯⋯⋯⋯⋯⋯⋯⋯⋯⋯⋯⋯⋯ 5

　　思考题与习题 ⋯⋯⋯⋯⋯⋯⋯⋯⋯⋯⋯⋯⋯⋯⋯⋯⋯⋯⋯⋯⋯⋯⋯⋯ 6

第2章　振动理论 ⋯⋯⋯⋯⋯⋯⋯⋯⋯⋯⋯⋯⋯⋯⋯⋯⋯⋯⋯⋯⋯⋯⋯ 7

2.1　简谐振动 ⋯⋯⋯⋯⋯⋯⋯⋯⋯⋯⋯⋯⋯⋯⋯⋯⋯⋯⋯⋯⋯⋯⋯⋯⋯ 8

2.2　质量—弹簧系统的自由振动 ⋯⋯⋯⋯⋯⋯⋯⋯⋯⋯⋯⋯⋯⋯⋯⋯⋯ 10

2.3　质量—弹簧—阻尼系统的自由振动 ⋯⋯⋯⋯⋯⋯⋯⋯⋯⋯⋯⋯⋯⋯ 12

2.4　质量—弹簧—阻尼系统的稳态强迫振动 ⋯⋯⋯⋯⋯⋯⋯⋯⋯⋯⋯⋯ 16

2.5　基座运动引起的质量—弹簧—阻尼系统的振动 ⋯⋯⋯⋯⋯⋯⋯⋯⋯ 22

2.6*　双自由度质量—弹簧系统的自由振动 ⋯⋯⋯⋯⋯⋯⋯⋯⋯⋯⋯⋯⋯ 25

2.7*　双自由度质量—弹簧系统的强迫振动 ⋯⋯⋯⋯⋯⋯⋯⋯⋯⋯⋯⋯⋯ 29

2.8*　多自由度系统的振动 ⋯⋯⋯⋯⋯⋯⋯⋯⋯⋯⋯⋯⋯⋯⋯⋯⋯⋯⋯ 32

2.9　复杂荷载的处理 ⋯⋯⋯⋯⋯⋯⋯⋯⋯⋯⋯⋯⋯⋯⋯⋯⋯⋯⋯⋯⋯⋯ 35

　　思考题与习题 ⋯⋯⋯⋯⋯⋯⋯⋯⋯⋯⋯⋯⋯⋯⋯⋯⋯⋯⋯⋯⋯⋯⋯⋯ 37

第3章　波在弹性介质中的传播 ⋯⋯⋯⋯⋯⋯⋯⋯⋯⋯⋯⋯⋯⋯⋯⋯⋯ 39

3.1　波在弹性杆件中的传播 ⋯⋯⋯⋯⋯⋯⋯⋯⋯⋯⋯⋯⋯⋯⋯⋯⋯⋯⋯ 39

3.2　弹性无限介质中的体波 ⋯⋯⋯⋯⋯⋯⋯⋯⋯⋯⋯⋯⋯⋯⋯⋯⋯⋯⋯ 48

3.3　饱和土中的体波 ⋯⋯⋯⋯⋯⋯⋯⋯⋯⋯⋯⋯⋯⋯⋯⋯⋯⋯⋯⋯⋯⋯ 54

3.4　弹性半无限空间中的面波 ⋯⋯⋯⋯⋯⋯⋯⋯⋯⋯⋯⋯⋯⋯⋯⋯⋯⋯ 55

3.5　表面点振源产生的波场与地表振动 ⋯⋯⋯⋯⋯⋯⋯⋯⋯⋯⋯⋯⋯⋯ 58

3.6　振动的屏蔽 ⋯⋯⋯⋯⋯⋯⋯⋯⋯⋯⋯⋯⋯⋯⋯⋯⋯⋯⋯⋯⋯⋯⋯⋯ 61

　　思考题与习题 ⋯⋯⋯⋯⋯⋯⋯⋯⋯⋯⋯⋯⋯⋯⋯⋯⋯⋯⋯⋯⋯⋯⋯⋯ 65

第4章　现场波速测试及应用 ⋯⋯⋯⋯⋯⋯⋯⋯⋯⋯⋯⋯⋯⋯⋯⋯⋯⋯ 66

4.1　钻孔波速法 ⋯⋯⋯⋯⋯⋯⋯⋯⋯⋯⋯⋯⋯⋯⋯⋯⋯⋯⋯⋯⋯⋯⋯⋯ 66

4.2　面波法 ⋯⋯⋯⋯⋯⋯⋯⋯⋯⋯⋯⋯⋯⋯⋯⋯⋯⋯⋯⋯⋯⋯⋯⋯⋯⋯ 73

4.3　折射法 ⋯⋯⋯⋯⋯⋯⋯⋯⋯⋯⋯⋯⋯⋯⋯⋯⋯⋯⋯⋯⋯⋯⋯⋯⋯⋯ 76

4.4　桩基质量检测低应变反射法 ⋯⋯⋯⋯⋯⋯⋯⋯⋯⋯⋯⋯⋯⋯⋯⋯⋯ 81

思考题与习题 85

第5章 土的动力性质 86

5.1　循环荷载作用下土的基本特征 86

5.2　土动力室内试验 91

5.3*　线性黏—弹性模型 99

5.4*　等效线性黏—弹性模型 101

5.5　双线性模型 107

5.6　土的初始剪切模量 G_0 108

5.7*　剪切模量 G 和阻尼比 D 的非线性 115

5.8　动荷载作用下土的破坏 119

5.9*　冲击荷载作用下土的动强度 124

5.10*　循环荷载作用下土的动强度 127

思考题与习题 131

第6章 动力机器基础的振动 133

6.1　动力机器基础的振动类型与设计要求 133

6.2　基础振动分析——弹性半空间理论法 136

6.3　基础振动分析——集总参数系统法 145

6.4　弹性半空间理论解的实用化 152

6.5　地基刚度系数 161

6.6　桩基的集总参数 169

6.7*　基础的滑移—摇摆耦合振动 172

6.8*　冲击式机器基础的振动 176

6.9*　块体模型基础激振试验 178

思考题与习题 190

第7章 地震地面运动及地震作用 191

7.1　地震波、震级及地震烈度 191

7.2　覆盖（土）层对地面运动的影响 200

7.3*　水平自由场地地震动反应分析 206

7.4　地震反应谱与地震作用力 213

7.5　地震作用下地基的稳定性 221

7.6　地震作用下挡墙的动土压力 225

7.7　地震作用下边坡的稳定性 228

思考题与习题 230

第8章 砂土的液化 231

8.1　砂土液化现象及影响因素 231

8.2　砂土液化室内试验方法 233

8.3*　液化剪应力和孔压增长 243

8.4　砂土液化判别方法 247

8.5*　液化场地的处理与加固 256

思考题与习题 260

参考文献 261

土动力学是土力学的一个分支，主要研究在动荷载作用下土的特性（如变形特性、强度特性等）和反应（如液化现象、应力波传播现象）以及受此影响的地基基础、土工结构的相关工程问题（如动位移问题、动土压力问题、地基动承载力问题、边坡动力稳定问题等）。土动力学以工程动力学为理论基础，最为基本的理论为振动理论和应力波理论。当然，无论是动力学还是静力学，都是基于连续介质力学理论，也遵循连续介质力学的基本假设（连续性、均匀性、各向同性），且弹性理论得到广泛应用。本章主要介绍关于动力学的一些基本概念，动荷载和土的动力特性基本特征，以及土动力学这门学科的主要研究内容。

1.1　动力学中的动力效应

工程中遇到的荷载总是随着时间有或多或少的变化，如在基础沉降分析中，基底压力就是随着建筑物的建造而随着时间逐渐增大的。显然，荷载随着时间的变化不能作为静力学和动力学区别的充分条件。从力学的角度讲，动荷载与静荷载以及动力学与静力学的区别主要体现在动力效应方面。当荷载随着时间的变化速度较快或作用次数较多而产生明显的动力效应时，这种荷载就在力学模型中作为动荷载考虑，需要采用动力学理论来解决相关问题。这种动力效应又被称为力效应。

力效应指的是动力学方程中需要比静力学方程多考虑的两种作用力，即惯性力和阻尼力，可表示为

$$F_a = ma \tag{1-1}$$

$$F_c = cv \tag{1-2}$$

式中，F_a 和 F_c 分别为惯性力和阻尼力（N）；m 为质点的质量（kg）；a 和 v 分别为质点运动的加速度（m/s²）和速度（m/s）；c 为阻尼系数 [N/(m/s)]。

式（1-1）所示的惯性力表达式即牛顿第二定律；式（1-2）所示的阻尼力表达式被称为牛顿黏滞定律，最早用于流体运动分析中。可以看出，这两种作用力的大小均与质点的运动特性有关：惯性力与加速度有关，阻尼力与速度有关。惯性力和阻尼力还与质点或材料的自身特性有关，前者与质量或密度有关，后者与阻尼系数有关。阻尼系数是动力学中的一个新的参数，决定了阻尼力的大小。动力学中通常用另外一个参数替代阻尼系数，来反映阻尼作用对整个系统动力响应的影响，即阻尼比 D。

因此，在荷载作用速率或变化速率较快导致的质点运动的速度和加速度较大的情况下，

就会产生显著的力效应，需要当作动力问题来看待。在荷载作用速率或荷载变化速率较慢的情况下，这样的动力效应较小可以被忽略，可当作静力问题看待。由于惯性力和阻尼力既与运动特征有关，又与系统或材料自身特性有关，因此动荷载作用下系统或材料的响应，既与动荷载的特征有关，又与系统或材料的特性有关。

显著的动力效应会产生一些特殊的物理现象，最常见的是振动问题和波动问题。振动是质点在平衡位置的往复运动，最简单的是单质点的振动。连续介质具有无穷多个质点，多个质点的振动产生波动现象。振动和波动是动力学中最基本的两个问题，也构成了动力学中最基本的理论。图 1-1 给出了一根梁中某一质点 A 的振动以及整根梁的波动。

土动力学中，对于某一工程问题，会简化为振动问题或波动问题来考虑。如动力机器基础的振动问题，简化为与图 1-1a 类似的单质点振动问题；地震造成的地面运动，则简化为图 1-1b 所示的波的传播问题。振动理论和波动理论是土动力学应用最广的两个理论。振动问题关注的是共振、隔振和减振问题；波动问题关注的是波的类型、传播及衰减问题。

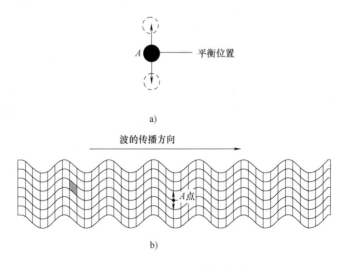

图 1-1　一根梁的振动与波动

a）单质点的振动　b）多质点的波动

1.2　动荷载特征及分类

动荷载是随着时间快速变化能够产生明显动力效应的荷载。动力效应的产生与荷载的作用速率和变化速率有关，因此动力学研究中首先要解决的问题是如何概括和描述工程中碰到的种类繁多的动荷载的主要特性。动荷载的特性包括以下三方面：

1）大小。用来表征荷载的强度。动荷载的大小随着时间而变，因此一般用荷载的幅值来代表大小，对于幅值变化的动荷载，工程上尤其关注最大幅值。

2）频率。用来表征荷载变化的速率，频率越高，变化速率越快；反之亦然。

3）次数。用来表征动荷载作用的次数或时间。

土木工程中动荷载有自然界产生的，也有人类的工程活动或其他活动产生的。自然界产生的动荷载包括坠物、风、波浪、地震和地脉动等；人类工程活动产生的动荷载包括爆破、打桩、车辆行驶和动力机器工作等。这些动荷载按照荷载大小随时间的变化规律可以分为以下三大类：

1）冲击荷载（图 1-2a）。只有一个荷载脉冲，荷载时程曲线由上升段和减小段组成。如爆破荷载，爆破、坠物造成的荷载属于这一类。

2）随机荷载（图 1-2b）。荷载大小随着时间的变化复杂缺乏规律性，荷载作用的次数可能是有限的，也有可能是长期的。地震荷载、风荷载、波浪荷载均属于这一类。

3）周期荷载（图 1-2c）。荷载大小随着时间周期性变化而具有一定的规律。车辆行驶荷载、动力机器工作荷载均属于这一类。

可以看出，随机荷载是最复杂的，荷载大小随着时间的变化复杂缺乏规律性。对于这一类荷载，需要借助数学工具来分析它的规律性。最常用的方法是傅里叶变换，通过傅里叶变换，可以将缺乏规律性的随机荷载分解为若干周期荷载的叠加，为表征和分析随机荷载的特征（大小、频率和次数）提供了手段。

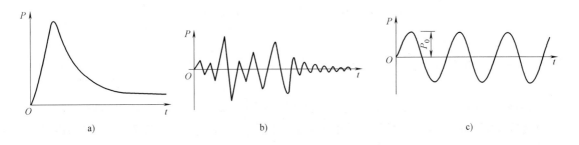

图 1-2　动荷载类型
a）冲击荷载　b）随机荷载　c）周期荷载

另外，按照动荷载的作用次数可分为以下三种类型（张克绪，1989）：

1）瞬时荷载。只作用一次，作用时间仅几毫秒或几十毫秒，荷载变化速率大，尤其是上升段。爆炸、坠物冲击均属于这类荷载。

2）短期荷载。荷载作用次数通常小于 1000 次。地震、振动沉桩属于这类荷载。地震荷载频率一般为 $1 \sim 5 Hz$，历时通常只有几秒或几十秒，荷载作用次数大约为 $20 \sim 30$ 次。振动沉桩的荷载频率一般为 $10 \sim 60 Hz$，作用次数为 $100 \sim 1000$ 次。

3）长期荷载。作用次数超过 1000 次，其荷载的幅值基本保持不变。交通荷载、波浪荷载、动力机器产生的荷载均属于这一类。

图 1-3 给出了以上三类动荷载作用下土体达到应变幅值所需的时间（简称作用时间）以及会导致的工程问题。荷载作用时间在 10s 以上的可以当作静力问题，低于这个尺度的则应该视为动力问题。瞬时荷载主要是冲击破坏问题；短期荷载主要是振动和波动问题；长期荷载主要是波动和疲劳破坏问题。而长期荷载下的疲劳破坏问题，还与动荷载作用下土的特性有关。

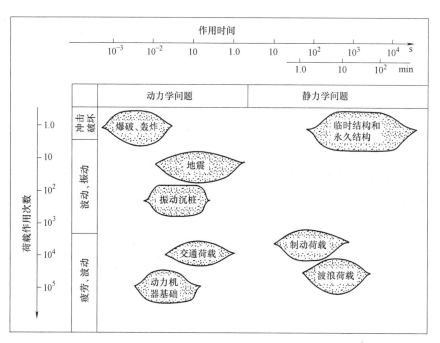

图 1-3 动荷载的特征及相关工程问题（据 Ishihara，1996）

1.3 动荷载作用下土的力学特性及相关问题

同静力学中一样，土动力学中土的力学特性关注的也是应力—应变特性和强度特性。但在动荷载作用下，土或其他材料会表现出与静荷载作用下不同的力学性质，这些特殊的性质在静力学中一般是不考虑的，产生的程度既与动荷载的特性有关，又与材料的性质有关。动荷载作用下的材料效应主要包括应变速率效应和循环效应。应变速率效应指的是材料的力学特性与应变速率有关，其机理是材料的黏滞性，黏性土由于较强的黏滞性而表现出显著的应变速率效应。循环效应指的是材料的力学特性与荷载的作用次数有关，其机理随着荷载作用次数的增加产生累积塑性变形。循环效应会导致材料在长期循环荷载下的疲劳破坏。因此，动力学分析中需要采用与荷载及材料特征匹配的动力本构模型来模拟可能出现的这些特殊效应。

动荷载下的动力问题的性质取决于荷载的特征及土的应变范围。图 1-4 给出了土的应变范围与所导致的工程问题之间的关系。在应变小于 10^{-4} 的小应变范围内，土处于弹性状态，主要问题是振动及应力波传递；在 $10^{-4} \sim 10^{-2}$ 的中等应变范围内，土处于弹—塑性状态，会表现出明显的应变速率效应和循环效应，容易产生不均匀沉降、开裂的问题；在大于 10^{-2} 的大应变范围内，土处于接近破坏或破坏状态，应变速率效应和循环效应同样突出，会产生失稳、震陷、液化等问题。因此，研究动荷载的特征及土所处的应变范围是分析和解决相关工程问题的基础。

不同的应变范围，采用的本构模型和力学参数也不一样。对于小应变和中等应变范围内波动和变形问题的分析，一般情况下采用弹性和黏弹性本构模型，除了剪切模量和泊松比，

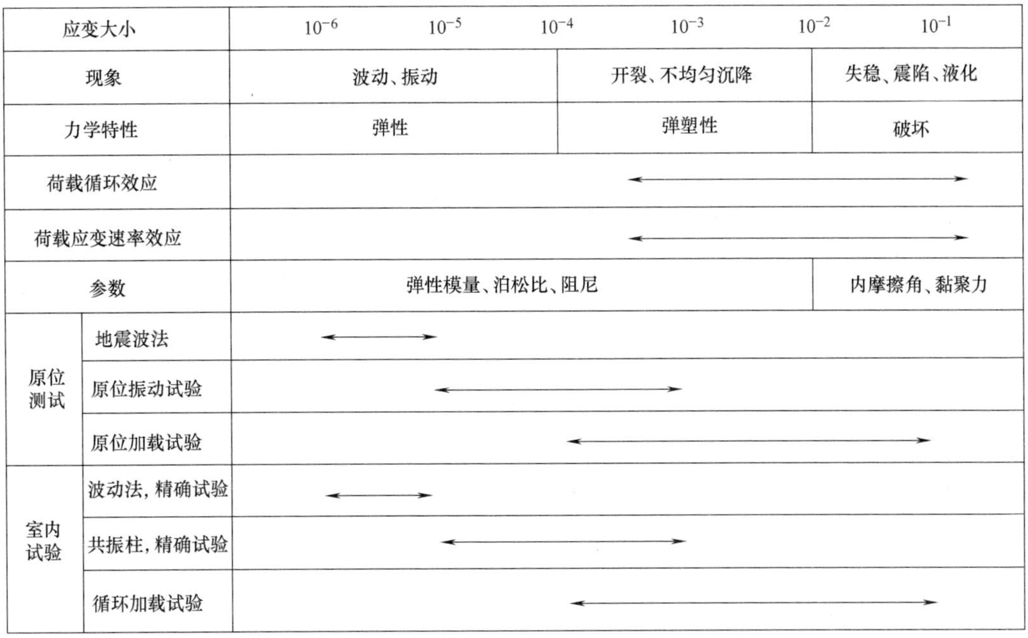

应变大小	10^{-6}	10^{-5}	10^{-4}	10^{-3}	10^{-2}	10^{-1}
现象	波动、振动			开裂、不均匀沉陷		失稳、震陷、液化
力学特性	弹性			弹塑性		破坏
荷载循环效应				←———————————→		
荷载应变速率效应				←———————————→		
参数		弹性模量、泊松比、阻尼				内摩擦角、黏聚力
原位测试	地震波法	←———→				
	原位振动试验		←————————→			
	原位加载试验			←————————→		
室内试验	波动法，精确试验	←———→				
	共振柱，精确试验		←————————→			
	循环加载试验			←———————————→		

图 1-4 土的力学特性与应变之间关系及相关工程效应（据 Ishihara，1996）

还增加了阻尼比这第三个参数。如果参数选取恰当，这类模型依然能够模拟前面提到的土进入塑性状态所表现出来的力学特征。而对于大应变的情况下的强度和稳定性分析，仍然采用摩尔—库仑强度准则，其参数是土的动黏聚力和动内摩擦角。

土在不同应变范围所表现出的力学特性还会影响测试方法的选择。在对动荷载的特征及土的应变范围有了充分的了解后，选择合适的测试方法（原位测试或室内试验），测出或算出与荷载特征和土的应变范围所对应的参数，就可用于实际工程问题的分析。

1.4 土动力学的研究内容

作为一门应用学科，土动力学的发展与社会发展和需求密切相关。始于 20 世纪 30 年代的机器基础动力设计是土动力学最早的研究内容，在 60 年代基本成熟。军事工程中的防护工程也是土动力学的重要研究领域，始于 20 世纪 40 年代。地震工程中的大规模、系统的土动力学的研究始于 60 年代，并取得了重大的进展（张克绪，1989）。近些年，随着海洋工程、能源工程、交通运输工程的进一步发展，不同领域也持续推进着这门学科的发展。在过去不到一个世纪的发展过程中，土动力学的主要研究内容包括：

1）土中应力波的传播，对周围环境的影响及隔振、减振。

2）土的动应力—应变关系及本构模型。

3）土的动力测试方法及应用。一方面是土的动力特性的测试方法，包括室内试验与原位测试，另外一方面是作为物探方法在地基勘测中的应用。

4）地震造成的地面运动及土工结构抗震，包括大坝抗震、边坡稳定性、挡土墙动土压力。

5）基础的动承载力。

6）砂土液化。

7）动力机器基础设计。

8）土的动力密实和动力加固。

——思考题与习题——

1. 动力学和静力学的区别是什么？何为动力效应？

2. 动荷载作用下，一般需要考虑土的哪些特殊的力学特性？

3. 动荷载特征的描述主要包括哪几方面？动荷载主要分为哪几类？

4. 在动力学的研究中，为什么要重视动荷载特性的分析？

5. 随着应变的增加，土所表现出的特性及工程问题有何不同？

6. 土动力学的主要研究内容有哪些？

从物理学角度定义时，一个物体在某一平衡位置附近来回重复运动称为振动，一般采用位移（或角度）与时间的关系曲线来表示。物体振动特征描述的参数主要包括振幅、频率（周期）和相位。

1）振幅 A。物体或质点在平衡位置附近振动的最大幅度，通常指最大位移值。由于位移与速度、加速度之间存在关系，有时也可以用速度或加速度值来表示振幅。振幅越大，振动也就越剧烈。

2）周期 T。物体或质点来回振动一次经历的时间称为周期。周期越长表示来回振动一次所需时间越长。一般用秒（s）来量度。

3）频率 f。物体或质点在单位时间内振动的次数，单位为赫兹（Hz）。频率和周期互为倒数，即 $f = 1/T$。

4）相位 φ。用振动物体在某一瞬时所处的位置与平衡位置之间的关系来描述。度量单位为弧度（rad）。

振动是多种多样的，如图 2-1 所示。有的时间较长（长期），有的时间较短（脉冲或瞬时）；有的具有规律性（周期振动），有的具有随机性（随机振动）。按照振动产生的方式不同可分为自由振动和强迫振动。自由振动是没有外界扰力作用下系统的振动，简称为"自振"，振动特征与系统自身特性有关，也称为固有特性；强迫振动系统在外力作用下的振动，其振动特性既与系统的固有特性有关，也与扰力特征有关。如爆破后引起的地面的振动可看作是自由振动，而动力机器工作造成的地基振动可看作是强迫振动。

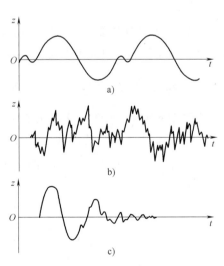

图 2-1　周期振动、随机振动和瞬时振动
a）周期的　b）随机的　c）瞬时的

通常将振动体系抽象为质量—弹簧—阻尼体系来研究，问题的复杂性取决于自由度也就是质量块的数目。最简单的单自由度体系是简谐振动（Simple Harmonic Motion），可以分析一些简单的工程振动问题，如机器基础动力分析与设计采用的就是单自由度体系振动理论。在此基础上，采用一些数学工具，可以分析多自由度体系的振动，解决多质点甚至连续介质的复杂振动问题，如地震造成的地面或结构物的运动。

2.1　简谐振动

2.1.1　简谐振动的定义

简谐振动是振动中一种最简单的形式，它是用正弦或余弦函数来表示的一种周期性振动，即

$$z = A\sin(\omega t + \varphi_0) \tag{2-1}$$

式中，A、ω 和 φ_0 三个参数分别代表简谐振动的振幅（单振幅）、圆频率和初相位。

式（2-1）表示的振动曲线如图 2-2 所示。简谐振动的周期 T 为

$$T = \frac{2\pi}{\omega} \tag{2-2}$$

简谐振动的频率 f 为

$$f = \frac{1}{T} = \frac{\omega}{2\pi} \tag{2-3}$$

根据三角函数与复数之间的关系，即 $e^{i\theta} = \cos(\theta) + i\sin(\theta)$，简谐振动还可以表达为复数的形式

$$z = \mathrm{Re}\left[A e^{-i(\omega t + \varphi_0)} \right] = A\sin(\omega t + \varphi_0) \tag{2-4a}$$

式中，Re 代表对复数取实部。有些情况采用这种指数形式表达更为方便一些。

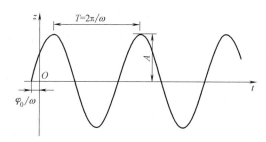

图 2-2　简谐振动位移-时间关系曲线

2.1.2　简谐振动与均匀圆周运动之间的关系

如图 2-3 所示，P 点绕 O 点在半径 R 的圆周上以角速度 ω（表示 P 点每秒钟转过的弧度，单位为 rad/s）做匀速圆周运动。φ_0 为 P 点的初始位置，即 $t=0$ 时的角度。转动角度 φ（单位为 rad，逆时针旋转为正）随时间 t 而增加，即 $\varphi = \omega t + \varphi_0$。旋转过程中矢量 $\overrightarrow{OP}$ 在 z 轴上的投影可表示为

$$z = R\sin\varphi = R\sin(\omega t + \varphi_0) \tag{2-4b}$$

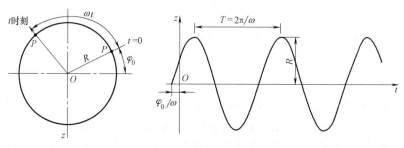

图 2-3　旋转矢量法

由此可知，一个做匀速旋转矢量的投影与时间的关系即为简谐运动，这种描述简谐振动的方法称为"旋转矢量法"。

根据旋转矢量法，简谐振动的运动方程［式（2-4b）］中的参数 ω 和 φ_0 可理解如下：

1）φ_0 为简谐振动的初相位，代表圆周运动的初始角度，$-\pi \leqslant \varphi_0 \leqslant \pi$。

2）ω 为简谐振动的圆频率，代表圆周运动的角速度。

3）$\omega t + \varphi_0$ 为简谐振动的相位，表示在任何时刻 t 圆周运动的位置。

对于同一时刻相位分别为 φ_1 和 φ_2 的两个简谐振动，如果 $\varphi_1 < \varphi_2$，表示第二个振动比第一个振动超前 $\varphi_2 - \varphi_1$；反之亦然。

2.1.3　简谐振动位移、速度和加速度之间的关系

将式（2-1）对时间 t 微分可以得到简谐振动的速度 $\dot{z}$ 和加速度 $\ddot{z}$ 的关系如下

速度

$$\dot{z} = \frac{\mathrm{d}z}{\mathrm{d}t} = A\omega \cos(\omega t + \varphi_0) = A\omega \sin\left(\omega t + \varphi_0 + \frac{\pi}{2}\right) \tag{2-5}$$

加速度

$$\ddot{z} = \frac{\mathrm{d}^2 z}{\mathrm{d}t^2} = -A\omega^2 \sin(\omega t + \varphi_0) = A\omega^2 \sin(\omega t + \varphi_0 + \pi) \tag{2-6}$$

可以看出，速度方程和加速度方程与位移方程［式（2-1）］是相似的，差别仅在幅值和初相位上。图 2-4 反映了位移、速度和加速度三个矢量之间的关系以及随时间 t 的运动轨迹。三者之间的关系为

1）三个物理量随时间的变化具有相同的周期或频率。

2）三个物理量具有不同的相位，分别为 φ_0、$\varphi_0 + \pi/2$ 和 $\varphi_0 + \pi$，相位差为 $\pi/2$。

3）速度和加速度的幅值不仅与振幅 A 有关，还和频率有关。在振幅 A 不变的情况下，频率越高，速度和加速度幅值也越大。同样，在频率不变的情况下，振幅 A 越大，速度和加速度幅值也越大。

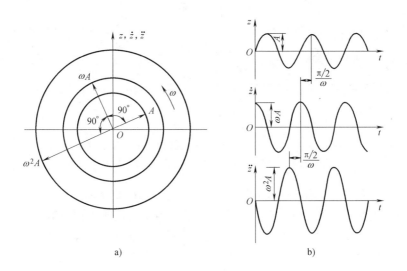

图 2-4　简谐振动的位移、速度和加速度

a）运动矢量　b）振动曲线

2.1.4 简谐振动的合成

由若干个简谐振动合成的振动，可表示为

$$z = \sum_{i=1}^{n} A_i \sin(\omega_i t + \varphi_{0i}) \tag{2-7}$$

式中，n 为简谐振动的数量，A_i、ω_i 和 φ_{0i} 分别为第 i 个简谐振动的振幅、圆频率和初相位。

注意，式（2-7）表示的振动往往不是简谐振动，只有当 ω_i 和 φ_{0i} 均相同时，才能合成简谐振动。

由有限个不同频率的简谐振动合成的振动，如果任意两个频率之比为有理数（两个正整数的比值），则合成的振动是周期振动，但不一定是简谐振动；如果任意两个频率之比并非均是有理数，则合成的振动不是周期振动，称为准周期振动。图 2-1b 中给出的较为复杂的随机振动甚至可以采用若干个简谐振动来合成。

2.2 质量—弹簧系统的自由振动

2.2.1 振动微分方程

由质量和弹簧组成的振动系统是一种抽象的力学模型。用它来分析各种振动现象往往非常简便和有效。图 2-5 就是这种系统的示意图。

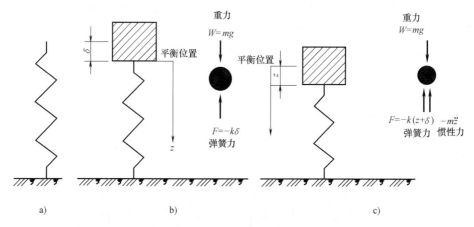

图 2-5 质量—弹簧系统受力（注：箭头代表力的作用方向，以下同）
a）初始状态 b）质量块静力平衡 c）质量块振动

质量—弹簧系统的基本假定是质量块集中了系统的全部质量 m（kg），但不能变形，不可压缩。弹簧没有质量，受力后可以产生弹性变形。当质量块作用在弹簧上时，弹簧力与重力 W（即 mg，g 为重力加速度⊖）相平衡，质量块所处位置称为"静平衡位置"。此时弹簧产生的压缩量 δ 为

$$\delta = W/k \tag{2-8}$$

⊖ $g = 9.8 \text{m/s}^2$，为简单起见，书中涉及非法定计量单位计算时，取 g 为 10m/s^2。

式中，k 称为该弹簧的弹性系数或弹簧刚度（N/m），是弹簧压缩单位长度所需的力。

　　假设质量块产生自由振动，在任一时刻 t 下，质量块偏离平衡位置的距离为 z，则质量块的平衡方程可表示为

$$-k(\delta+z)+W = m\frac{\mathrm{d}^2 z}{\mathrm{d}t^2} \qquad (2\text{-}9)$$

根据式（2-8），上式可进一步简化为

$$m\frac{\mathrm{d}^2 z}{\mathrm{d}t^2}+kz = 0 \qquad (2\text{-}10)$$

式（2-10）可写成

$$\frac{\mathrm{d}^2 z}{\mathrm{d}t^2}+\lambda_n^2 z = 0 \qquad (2\text{-}11)$$

式中，$\lambda_n^2 = k/m$。式（2-11）即为质量—弹簧系统的自由振动微分方程。

2.2.2　振动方程的解

　　式（2-11）的通解为

$$z = A\sin\lambda_n t + B\cos\lambda_n t \qquad (2\text{-}12)$$

式中，A、B 为两个常数，可以根据初始条件确定。

　　假定初始条件为

$$\begin{cases} t=0 \\ v=v_0 \\ z=0 \end{cases} \qquad (2\text{-}13)$$

由式（2-13）得

$$\begin{cases} z = A\sin(\lambda_n \cdot 0)+B\cos(\lambda_n \cdot 0) = 0 \\ v_0 = A\lambda_n\cos(\lambda_n \cdot 0)-B\lambda_n\sin(\lambda_n \cdot 0) \end{cases} \qquad (2\text{-}14)$$

所以

$$\begin{cases} A = v_0/\lambda_n \\ B = 0 \end{cases} \qquad (2\text{-}15)$$

将得到的 A、B 代入式（2-12）可得质量—弹簧系统的自由振动方程

$$z = A\sin\lambda_n t \qquad (2\text{-}16)$$

2.2.3　振动特征

　　可见质量—弹簧系统的自由振动是一种简谐振动，其振动特征为：

$$\begin{cases} 圆频率\ \lambda_n = \sqrt{\dfrac{k}{m}} \\[2mm] 频率\ f_n = \dfrac{1}{2\pi}\sqrt{\dfrac{k}{m}} \\[2mm] 周期\ T_n = 2\pi\sqrt{\dfrac{m}{k}} \end{cases} \qquad (2\text{-}17)$$

质量—弹簧系统的自由振动的周期和频率由振动系统的质量 m 和刚度 k 决定。质量 m 越大，周期 T_n 越长，频率 f_n 越低；刚度 k 越大，周期 T_n 越小，频率 f_n 越高。根据这个原理，通过调整振动系统的质量和刚度，就可以改变振动系统的自振特性。

由于不存在能量损耗，系统的振动能量 E 始终为一恒定的值，可表示为

$$E = \frac{1}{2}kA^2 = \frac{1}{2}mv_0^2$$

能量 E 与振幅 A 或经过平衡位置时的速度 v_0 的平方成正比。

2.3　质量—弹簧—阻尼系统的自由振动

上一节中讨论了单自由度质量—弹簧系统的自由振动。整个系统除了惯性力及弹簧力作用外，不受其他任何外力的作用，也没有能量损耗。振动一旦发生，便永不停息。事实上这是不可能的，自由振动过程总是随着时间的推移而逐渐减弱，最终消失（图 2-6）。这是由于在振动过程中存在有某种形式的阻力、消耗了能量、这种阻力来自于构件之间的摩擦力、润滑表面阻力、液体或气体等介质的阻力及材料内部的阻力。这类振动称为有阻尼振动，振动系统由质量—弹簧—阻尼器组成（图 2-7）。

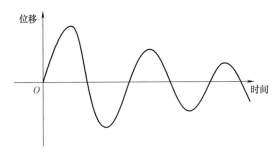

图 2-6　衰减的振动

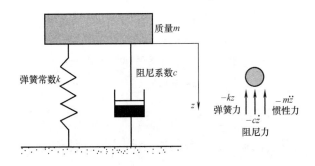

图 2-7　质量—弹簧—阻尼振动系统

2.3.1　振动微分方程

在流体力学中已经证明过，流体对运动物体的阻尼力与物体的运动速度成正比，但方向与物体运动方面相反，这种阻尼被称为黏滞阻尼，阻尼力可表示为

$$F = -c\dot{z} \tag{2-18}$$

式中，c 为阻尼系数（kN·s/m）；$\dot{z}$ 为物体运动速度（m/s），即 $\dot{z} = dz/dt$。实践证明黏滞阻尼反映的规律具有很大的普遍性，很多实际振动系统中的阻尼都可以在某种程度上用它来描述。

由于阻尼力的存在，质量—弹簧系统产生振动时，作用在质量块上的力不仅仅是惯性力和弹簧力，还多了一个阻尼力，即平衡方程为

$$m\frac{d^2 z}{dt^2} = -kz - c\frac{dz}{dt} \tag{2-19}$$

变换以后

$$\frac{d^2 z}{dt^2} + \frac{c}{m}\frac{dz}{dt} + \frac{k}{m}z = 0 \tag{2-20}$$

令 $n = c/2m$，$\lambda_n^2 = k/m$，并代入式（2-20），得

$$\frac{d^2 z}{dt^2} + 2n\frac{dz}{dt} + \lambda_n^2 z = 0 \tag{2-21}$$

式中，n 称为阻尼特性系数。式（2-21）就是单质点体系的有阻尼自由振动微分方程。

2.3.2　振动方程的解——三种情况

式（2-21）的特征方程为

$$r^2 + 2nr + \lambda_n^2 = 0 \tag{2-22}$$

特征方程的根为

$$r = -n \pm \sqrt{n^2 - \lambda_n^2} \tag{2-23}$$

下面分为三种情况来讨论。

1. $n > \lambda_n$，即 $c > 2\sqrt{km}$

这种情况下式（2-22）存在两个实根

$$\begin{cases} r_1 = -n + \sqrt{n^2 - \lambda_n^2} \\ r_2 = -n - \sqrt{n^2 - \lambda_n^2} \end{cases} \tag{2-24}$$

此时式（2-21）的通解为

$$z = Ae^{r_1 t} + Be^{r_2 t} = Ae^{(-n + \sqrt{n^2 - \lambda_n^2})t} + Be^{(-n - \sqrt{n^2 - \lambda_n^2})t}$$

$$\tag{2-25}$$

式中，A 和 B 为与初始条件有关的两个常数。注意指数 r_1 和 r_2 均小于 0，因此振动曲线为随时间单调递减的指数曲线，如图 2-8a 所示。在这种情况下，系统并不产生周期振动。

2. $n = \lambda_n$，即 $c = 2\sqrt{km}$

这种情况下式（2-22）的解为两个相等的实根

$$r_1 = r_2 = -n \tag{2-26}$$

方程（2-21）的通解为

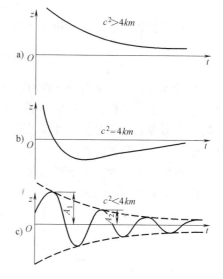

图 2-8　阻尼对振动的影响

a）超阻尼，$D > 1$　b）临界阻尼，$D = 1$　c）弱阻尼，$D < 1$

$$z = e^{-nt}(A + Bt) \qquad (2\text{-}27)$$

式中，A 和 B 为与初始条件有关的两个常数。这种振动的振动曲线如图 2-8b 所示，也不是周期振动。

3. $n < \lambda_n$，即 $c < 2\sqrt{km}$

这种情况下式（2-22）的解为两个虚根，即

$$\begin{cases} r_1 = -n + i\sqrt{\lambda_n^2 - n^2} \\ r_2 = -n - i\sqrt{\lambda_n^2 - n^2} \end{cases} \qquad (2\text{-}28)$$

式（2-21）的通解为

$$z = e^{-nt}\left(A\sin\sqrt{\lambda_n^2 - n^2}\, t + B\cos\sqrt{\lambda_n^2 - n^2}\, t\right) \qquad (2\text{-}29)$$

式中，A、B 为与初始条件有关的常数。由初始条件 $t = 0$，$z = 0$，$v = v_0$ 可得其特解为

$$z = Ae^{-nt}\sin\sqrt{\lambda_n^2 - n^2}\, t \qquad (2\text{-}30)$$

这是一种振幅随时间衰减的周期振动，如图 2-8c 所示。令 λ_d 为有阻尼自由振动圆频率，T_d 为有阻尼自由振动周期，则

$$\begin{cases} \lambda_d = \sqrt{\lambda_n^2 - n^2} \ \text{或} \ \lambda_d = \lambda_n\sqrt{1 - (n/\lambda_n)^2} \\ T_d = \dfrac{2\pi}{\lambda_d} = \dfrac{2\pi}{\lambda_n\sqrt{1 - (n/\lambda_n)^2}} = \dfrac{T_n}{\sqrt{1 - (n/\lambda_n)^2}} \end{cases} \qquad (2\text{-}31)$$

可以看出，只有在第三种情况下，即 $c < 2\sqrt{km}$ 的情况下，系统才会发生衰减的周期振动。因此，定义临界阻尼系数 c_c 为

$$c_c = 2\sqrt{km} = 2m\lambda_n \qquad (2\text{-}32)$$

定义一个新的参数阻尼比 D 为阻尼系数 c 与临界阻尼系数 c_c 之比，即

$$D = \frac{n}{\lambda_n} = \frac{c}{2m\lambda_n} = \frac{c}{c_c} \qquad (2\text{-}33)$$

前面提到的三种振动类型分别对应于 $D > 1$、$D = 1$ 和 $D < 1$ 三种情况，分别称为超阻尼、临界阻尼和弱阻尼。根据前面的分析，只有在弱阻尼情况下才能够产生振幅衰减的周期振动。阻尼比 D 是振动系统的一个重要参数，这个参数并不代表阻尼的绝对大小，而是代表振动系统的阻尼与其他特性（刚度和质量）之间的比例关系，因而在动力分析中常替代阻尼系数作为振动系统的一个重要参数。

这样，弱阻尼振动的振动方程、频率和周期又可表示为

$$\begin{cases} z = Ae^{-D\lambda_n t}\sin\left(\lambda_n\sqrt{1 - D^2}\, t\right) \\ \lambda_d = \lambda_n\sqrt{1 - D^2} \\ T_d = \dfrac{2\pi}{\lambda_n\sqrt{1 - D^2}} \end{cases} \qquad (2\text{-}34)$$

2.3.3　弱阻尼振动特征

与无阻尼自由振动相比，弱阻尼的振动主要具有以下两个不同的特征。

1. 振幅衰减

阻尼造成振幅衰减，下面详细分析振幅衰减的规律。如图 2-8c 所示，相邻振幅 A_1 与 A_2 相隔一个周期 T_d，其振幅比可表示为

$$\frac{A_1}{A_2} = \frac{e^{-nt}}{e^{-n(t+T_d)}} = e^{nT_d} = e^{n\frac{2\pi}{\lambda_n\sqrt{1-D^2}}} = e^{2\pi\frac{D}{\sqrt{1-D^2}}} \tag{2-35a}$$

对相邻振幅比取对数（自然对数）得

$$\delta = \ln\frac{A_1}{A_2} = 2\pi\frac{D}{\sqrt{1-D^2}} \tag{2-35b}$$

式中，δ 称为对数递减率。可以看出，振幅衰减的程度与阻尼比 D 有关，而不完全取决于阻尼系数 c。在振动系统的阻尼比未知的情况下，也可以根据监测到的振动曲线得到振幅对数衰减率，进而求得阻尼比。当阻尼比 D 较小时，上式可简化为

$$\delta = \ln\frac{A_1}{A_2} = 2\pi D \tag{2-35c}$$

2. 频率下降

由式（2-34）可知，阻尼使系统的频率降低，周期加长。但当阻尼比 D 较小时，对频率和周期的影响不大。

2.3.4　阻尼造成的能量损失

弱阻尼自由振动的振幅衰减代表着能量的消耗。定义能量损失系数 ψ 为一个周期内的能量损失 ΔW 与系统具有的能量 W 的比值，即

$$\psi = -\int_t^{t+T}\frac{\mathrm{d}W}{W} \tag{2-36}$$

振动能量 W 可表示为

$$W = \frac{1}{2}kz(t)^2 \tag{2-37}$$

因此

$$\psi = -\int_t^{t+T}\frac{\mathrm{d}\left(\frac{1}{2}kz(t)^2\right)}{\frac{1}{2}kz(t)^2} = -\int_t^{t+T}\frac{2\mathrm{d}t}{z(t)} = 2\ln\frac{z(t)}{z(t+T)} = 2\delta \tag{2-38a}$$

可以看出，能量损失系数 ψ 为振幅对数衰减率 δ 的两倍。根据振幅对数衰减率 δ 与阻尼比 D 的关系，进而可以得到能量损失系数 ψ 与阻尼比 D 的关系如下

$$\psi = 2\delta = 4\pi\frac{D}{\sqrt{1-D^2}} \approx 4\pi D \tag{2-38b}$$

例 2-1 一基础重 800kN，基础和地基土可以近似地当作图 2-7 所示的弹簧—质量—阻尼系统，已知弹簧刚度 $k = 2 \times 10^5 \text{kN/m}$，阻尼系数 $c = 2340 \text{kN} \cdot \text{s/m}$。求：

1）临界阻尼系数 c_c。

2）阻尼比 D。

3）对数递减率 δ。

4）有阻尼的自振频率 f_d。

解： 1）根据式（2-32）得

$$c_c = 2\sqrt{km} = 2\sqrt{2 \times 10^5 \times 800/10}\, \text{kN} \cdot \text{s/m} = 8 \times 10^3 \text{kN} \cdot \text{s/m}$$

2）根据式（2-33）得

$$D = \frac{c}{c_c} = \frac{2340 \text{kN} \cdot \text{s/m}}{8 \times 10^3 \text{kN} \cdot \text{s/m}} = 0.2925$$

3）根据式（2-35）得

$$\delta = \frac{2\pi D}{\sqrt{1 - D^2}} = \frac{2\pi \times 0.2925}{\sqrt{1 - 0.2925^2}} = 1.9219$$

4）根据式（2-17）得

$$f_n = \frac{1}{2\pi}\sqrt{\frac{k}{m}} = \frac{1}{2\pi}\sqrt{\frac{2 \times 10^5 \times 10}{800}}\, \text{Hz} = 7.96 \text{Hz}$$

$$f_d = \sqrt{1 - D^2}\, f_n = \sqrt{1 - 0.2925^2} \times 7.96 \text{Hz} = 7.61 \text{Hz}$$

分析： 从这个例子可以看出，当阻尼比 $D = 0.29$ 时，相邻振幅对数衰减率 δ 为 1.92（对应的衰减率为 6.82），可见阻尼对振幅的影响显著。阻尼导致振动频率由 7.96Hz 降低为 7.61Hz，可见对振动频率的影响较小。因此，对于不太大的阻尼，由于它对系统的固有频率影响极微，在一般计算中可以近似地采用无阻尼时的固有频率，但它对振幅的影响不可忽视。

2.4 质量—弹簧—阻尼系统的稳态强迫振动

外力不断作用引起的振动，称为强迫振动。如图 2-9 所示，质量—弹簧—阻尼系统在外界扰力 $P(t)$ 的作用下产生强迫振动。当外界扰力为频率和幅值恒定的周期荷载时，这样的强迫振动称为稳态强迫振动。

2.4.1 扰力幅值恒定（常扰力）的强迫振动

在强迫振动中，任一时间单自由度质量—弹簧—阻尼系统共有四种力相平衡。该四种力为惯性力、阻尼力、弹簧恢复力及外力的扰动力 $P(t)$。假设外界扰力表示为

$$P(t) = P_0 \sin\omega t \tag{2-39}$$

式中，P_0 为扰力幅值，ω 为扰力的圆频率。

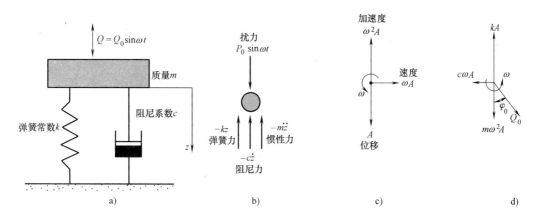

图 2-9　质量—弹簧—阻尼系统的稳态强迫振动

a）振动体系　b）力平衡　c）运动矢量　d）力矢量

振动微分方程可写成

$$m\frac{\mathrm{d}^2z}{\mathrm{d}t^2}+c\frac{\mathrm{d}z}{\mathrm{d}t}+kz=P_0\sin\omega t \tag{2-40a}$$

进一步转化为

$$\frac{\mathrm{d}^2z}{\mathrm{d}t^2}+2n\frac{\mathrm{d}z}{\mathrm{d}t}+\lambda_n^2 z=\frac{P_0}{m}\sin\omega t \tag{2-40b}$$

式中，$n=c/2m$，$\lambda_n^2=k/m$。

式（2-40b）是一个非齐次微分方程。它的解为齐次方程的通解加上非齐次方程的特解。式（2-29）就是式（2-40b）的通解。令式（2-40b）的特解为与外界扰力频率相同、振幅为 A、相位滞后 φ_0 的简谐振动，即

$$z=A\sin(\omega t-\varphi_0) \tag{2-41}$$

代入式（2-40b）可得

$$\begin{cases} kA-m\omega^2 A-P_0\cos\varphi_0=0 \\ c\omega A-P_0\sin\varphi_0=0 \end{cases} \tag{2-42a}$$

即

$$\begin{cases} A=\dfrac{P_0}{\sqrt{(k-m\omega^2)^2+c^2\omega^2}}=\dfrac{P_0}{k}\dfrac{1}{\sqrt{[1-(\omega/\lambda_n)^2]^2+(2D\omega/\lambda_n)^2}} \\[4mm] \tan\varphi_0=\dfrac{c\omega}{k-m\omega^2}=2D\dfrac{\omega/\lambda_n}{1-(\omega/\lambda_n)^2} \end{cases} \tag{2-42b}$$

因此式（2-40b）的通解可写成

$$z=\mathrm{e}^{-nt}\left(A\sin\sqrt{\lambda_n^2-n^2}\,t+B\cos\sqrt{\lambda_n^2-n^2}\,t\right)+\frac{P_0}{k}\frac{1}{\sqrt{[1-(\omega/\lambda_n)^2]^2+(2D\omega/\lambda_n)^2}}\sin(\omega t-\varphi_0)$$

$$\tag{2-43}$$

式中，第一项是有阻尼自由振动的解，随着时间的增大而逐渐消失；第二项是强迫振动的特

解，只要扰力持续作用在系统上，就会产生稳态振动。这样强迫振动的位移可表示为

$$z = \frac{P_0}{k}\beta\sin(\omega t - \varphi_0)$$ （2-44）

式中，P_0/k 为弹簧在静力 P_0 作用下的压缩量，即静荷载下的位移；参数 β 称为动力放大系数，即

$$\beta = \frac{A}{P_0/k} = \frac{1}{\sqrt{[1-(\omega/\lambda_n)^2]^2 + 4D^2(\omega/\lambda_n)^2}}$$ （2-45）

可见强迫振动也属于简谐振动，具有以下基本特征：

1）强迫振动的频率，就是周期性扰动力的频率 ω。

2）强迫振动的大小，除了与振动系统的弹簧刚度 k、阻尼 n、周期性扰动力 P_0 有关，还取决于周期性扰动力的频率 ω。

3）由于阻尼作用，振动位移与外界扰力之间并不同步，位移比扰力滞后相位 φ_0。

动力放大系数 β 是强迫振动的一个重要参数。只要确定了这个参数的值，就可以根据静位移来求得振幅。该参数的大小主要取决于频率比 ω/λ_n 及阻尼比 D。图 2-10 给出了 β 与 ω/λ_n 和 D 的关系曲线，可以看出具有如下规律：

1）β 既可以大于 1.0，也可以小于 1.0。意味着强迫振动下的位移可能会大于静位移，也可能小于静位移。

2）β 随着频率比 ω/λ_n 的增大先增大再减小。在 $\omega \approx \lambda_n$ 处，振幅出现峰值，这种现象就是共振。

3）在频率比 $\omega/\lambda_n \ll 1$ 时，$\beta \approx 1$，即振幅与静位移相同，表明低频荷载作用下的动力效应不明显，接近静力作用。在频率比 $\omega/\lambda_n \gg 1$ 时，β 趋近于零，表明在高频的激振力作用下，由于惯性作用，质量块接近静止状态。

4）阻尼对共振区幅值的影响显著，可大大降低共振振幅，但对远离共振区的幅值影响较小。

阻尼使得外界扰力和系统响应并不同步而存在相位差。图 2-10 还给出了相位差 φ_0 与 ω/λ_n 和 D 的关系曲线。当 $\omega/\lambda_n \ll 1$ 时，根据式（2-42b），$\varphi_0 \approx 2(\omega/\lambda_n)D$，即质量块的振动相位滞后于扰力的相位。随着 ω/λ_n 的增大，相位差也增大。当 $\omega/\lambda_n = 1.0$ 时有 $\varphi_0 = \pi/2$，这个特性提供了一种通过强迫振动的相位差来获得系统无阻尼自振频率 λ_n 的方法。当 $\omega/\lambda_n \gg 1$ 时，根据式（2-42b），$\tan\varphi_0 \approx -2D/(\omega/\lambda_n)$，外界扰力和系统响应接近反相，这个时候外

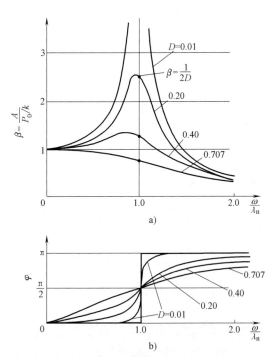

图 2-10 常扰力情况下放大系数 β、相位差 φ_0 与 ω/λ_n 和 D 的关系

界扰力的能量不能输入振动系统中，造成系统的振动幅值较小。

2.4.2 扰力幅值随频率变化（变扰力）的强迫振动

如图 2-11 所示，两个质量为 m_1 的块体作半径为 e、角速度为 ω 的圆周运动，运动速度相同但方向相反。两个质量块的总质量记为 m_e（即 $m_e = 2m_1$），则质量块旋转产生的竖向扰力 $P(t)$ 可表示为

$$P(t) = m_e e \omega^2 \sin(\omega t) \tag{2-46}$$

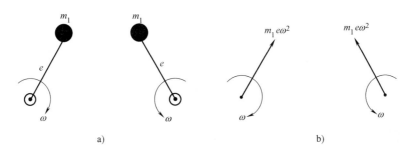

图 2-11 两个偏心块对转产生的变扰力

a）对转偏心块 b）力矢量

由式（2-46）可以看出，竖向扰力的幅值为 $m_e e \omega^2$，其大小与旋转圆频率的平方成正比。这种情况下质量—弹簧—阻尼系统的运动方程可表示为

$$(m - m_e)\frac{\mathrm{d}^2 z}{\mathrm{d}t^2} + m_e \frac{\mathrm{d}^2}{\mathrm{d}t^2}(z + e\sin\omega t) = -kz - c\frac{\mathrm{d}z}{\mathrm{d}t} \tag{2-47}$$

重新整理后，得到

$$m\frac{\mathrm{d}^2 z}{\mathrm{d}t^2} + c\frac{\mathrm{d}z}{\mathrm{d}t} + kz = m_e e \omega^2 \sin\omega t \tag{2-48}$$

注意：在式（2-47）和式（2-48）中，质量 m 包含了偏心块质量 m_e。式（2-48）与式（2-40a）相似，不同的是用 $m_e e \omega^2$ 取代了 P_0。因此，其解也可以参照式（2-41）和式（2-43）。这样可以求得变扰力强迫振动下的振幅 A 和相位角 φ_0 分别为

$$A = \frac{m_e e}{m} \frac{(\omega/\lambda_n)^2}{\sqrt{[1 - (\omega/\lambda_n)^2]^2 + 4D^2(\omega/\lambda_n)^2}} \tag{2-49}$$

$$\tan\varphi_0 = 2D\frac{\omega/\lambda_n}{1 - (\omega/\lambda_n)^2} \tag{2-50}$$

变扰力强迫振动的动力放大系数 β 的定义及表达式如下

$$\beta = \frac{A}{m_e e / m} = \frac{(\omega/\lambda_n)^2}{\sqrt{[1 - (\omega/\lambda_n)^2]^2 + 4D^2(\omega/\lambda_n)^2}} \tag{2-51}$$

变扰力下放大系数 β 与 ω/λ_n 和 D 的关系曲线如图 2-12 所示。与常扰力下的激振不同的是，β 随 ω/λ_n 从零开始逐渐增大，然后达到共振；在较高 ω/λ_n 的情况下，β 趋近 1.0。变扰力激振下的相位差 φ_0 与常扰力情况下的完全相同。

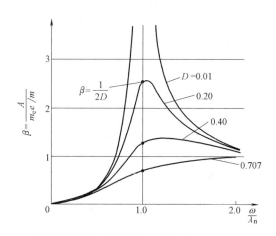

图 2-12　变扰力强迫振动的放大系数 β 与 ω/λ_n、D 的关系曲线

2.4.3　共振

共振是一种特殊的振动现象，指某一特定的激振频率下，振动系统不断累积能量而使得振幅达到最大，也就是图 2-10 和图 2-12 中的放大系数达到最大值的情况。动力放大系数出现极大值的条件为

$$\frac{\partial \beta}{\partial (\omega/\lambda_n)} = 0 \tag{2-52}$$

对放大系数表达式［式（2-45）和式（2-51）］分别求导可以得到共振时的频率 ω_m 及动力放大系数 β_m

常扰力　　　　　$$\omega_m = \lambda_n \sqrt{1-2D^2}, \beta_m = \frac{1}{2D\sqrt{1-D^2}} \tag{2-53}$$

变扰力　　　　　$$\omega_m = \lambda_n/\sqrt{1-2D^2}, \beta_m = \frac{1}{2D\sqrt{1-D^2}} \tag{2-54}$$

可以看出，在常扰力情况下，共振出现在频率比 ω/λ_n 略小于 1 的地方；变扰力情况下，共振出现在频率比 ω/λ_n 略大于 1 的地方。在阻尼比 D 较小的情况下，可以近似认为

$$\omega_m \approx \lambda_n, \beta_m \approx \frac{1}{2D} \tag{2-55}$$

共振时系统的阻尼对振幅起控制作用。如果系统的阻尼大，共振时系统的振幅不一定很大；如果系统的阻尼小，则共振时的振幅会很大。

2.4.4　支座的最大动作用力

下面分析强迫振动过程中振动系统的支座受力。支座的动作用力 F_d 包括弹簧力和阻尼力两部分，即

$$F_d = kz + c\dot{z} \tag{2-56}$$

由式（2-1）和式（2-6）得

$$F_{d} = kA\sin(\omega t + \varphi) + cA\omega\cos(\omega t + \varphi_0) \tag{2-57}$$

可进一步简化为

$$F_{d} = A\sqrt{k^2 + (c\omega)^2}\sin(\omega t + \varphi_0 + \varphi_1) \tag{2-58}$$

式中，φ_1 为支座的动应力与质量块位移之间的相位差，有

$$\tan\varphi_1 = \frac{c\omega A}{kA} = \frac{c\omega}{k} \tag{2-59}$$

因此，支座的最大动作用力（动作用力幅值）$F_{d,max}$ 为

$$F_{d,max} = A\sqrt{k^2 + (c\omega)^2} \tag{2-60}$$

将振幅 $A = (P_0/k)\beta$ [β 的表达式见式（2-45）] 代入上式并简化后，得到常扰力强迫振动下支座的最大动作用力

$$\frac{F_{d,max}}{P_0} = \frac{\sqrt{1 + 4D^2(\omega/\lambda_n)^2}}{\sqrt{[1 - (\omega/\lambda_n)^2]^2 + 4D^2(\omega/\lambda_n)^2}} \tag{2-61}$$

同理也可以得到变扰力强迫振动下支座的最大动作用力。

例 2-2　在例 2-1 的基础上作用一垂直力 $P = P_0\sin\omega t$，其中 $P_0 = 25\text{kN}$，$\omega = 100\text{rad/s}$。求：1）基础竖向振幅。2）传给地基的最大动作用力。

解： 无阻尼自振圆频率 λ_n 为

$$\lambda_n = \sqrt{\frac{k}{m}} = \sqrt{\frac{2\times 10^5}{80}}\text{rad/s} = 50\text{rad/s}$$

根据式（2-45）得常扰力强迫振动振幅 A

$$A = \frac{P_0/k}{\sqrt{[1 - (\omega/\lambda_n)^2]^2 + 4D^2(\omega/\lambda_n)^2}} = \frac{25/(2\times 10^5)}{\sqrt{\left(1 - \dfrac{100^2}{50^2}\right)^2 + 4\times 0.2925^2\times\dfrac{100^2}{50^2}}}\text{m} = 0.03882\text{m}$$

根据式（2-60）计算最大动作用力

$$F_{动} = A\sqrt{k^2 + (c\omega)^2} = 0.03882\times\sqrt{(2\times 10^5)^2 + (2340\times 100)^2}\text{kN} = 11.95\text{kN}$$

例 2-3　在例 2-1 的基础上作用有变扰力，两个转子相对旋转，质量均为 40kg，如图 2-11 所示，转子偏心距为 15.6cm，转动圆频率 $\omega = 100\text{rad/s}$。试求基础竖向振幅。

解： 例 2-1 已求出阻尼比 $D = 0.2925$，例 2-3 已求出无阻尼自振圆频率 $\lambda_n = 50\text{rad/s}$，代入式（2-49）得变扰力竖向振幅 A 为

$$A = \frac{m_e e}{m}\frac{(\omega/\lambda_n)^2}{\sqrt{[1 - (\omega/\lambda_n)^2]^2 + (2D)^2(\omega/\lambda_n)^2}}$$

$$= \frac{2\times 40\times 0.156}{\dfrac{800}{10}\times 1000}\frac{(100/50)^2}{\sqrt{\left(1 - \dfrac{100^2}{50^2}\right)^2 + (2\times 0.2925)^2\times\left(\dfrac{100}{50}\right)^2}}\text{m} = 0.193\text{m}$$

2.5　基座运动引起的质量—弹簧—阻尼系统的振动

有些情况下一个体系的振动可能是由基座的运动引起的。如地震造成的地面运动及地表建筑物的振动均可以看作是由基座引起的振动，在分析地面运动的时候将基岩作为基座，而在分析地表建筑物振动的时候将建筑物的基础当作基座。安装在运动物体上的用于采集振动信号的传感器的振动也属于这一类。

2.5.1　质量块的绝对运动

基座运动引起的质量—弹簧—阻尼系统的振动分析如图 2-13a 所示。基座的绝对运动为 $z_b = A_b \sin\omega t$，质量块（质量为 m）的响应假设为 $z_a = A\sin(\omega t - \varphi_1)$。质量块运动矢量（位移 A、速度 ωA 和加速度 $\omega^2 A$）及基座的运动矢量（位移 A_b 和速度 ωA_b）如图 2-13b 所示，二者之间的相位差为 φ_1。与运动矢量对应的作用于质量块的力矢量分析如图 2-13c 所示，注意弹簧力和阻尼力分解为两部分，一部分是假定基座不动情况下的 kA 和 $c\omega A$，另外一部分是假定质量块不动情况下的 kA_b、$c\omega A_b$。支座运动得到的弹簧力 kA_b 和阻尼力 $c\omega A_b$ 的合力为 $A_b\sqrt{k^2 + c^2\omega^2}$，这样得到的力矢量图就与图 2-9d 给出的强迫振动力矢量图一致。因此，可以用 $A_b\sqrt{k^2 + c^2\omega^2}$ 代替式（2-42a）中的 P_0，可得到基座运动引起的质量块的绝对振幅 A 为

$$A = \frac{A_b\sqrt{k^2 + c^2\omega^2}}{\sqrt{(k - m\omega^2)^2 + c^2\omega^2}} \tag{2-62}$$

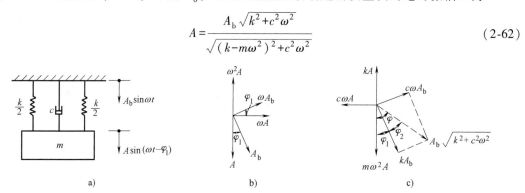

图 2-13　基座运动造成的运动矢量和力矢量

a）运动的支座　b）运动矢量　c）力矢量

由此进一步得到质量块振动幅值 A 与基座位移幅值 A_b 的比值关系为

$$\frac{A}{A_b} = \frac{\sqrt{1 + \left(2D\dfrac{\omega}{\lambda_n}\right)^2}}{\sqrt{\left[1 - \left(\dfrac{\omega}{\lambda_n}\right)^2\right]^2 + \left[2D\dfrac{\omega}{\lambda_n}\right]^2}} \tag{2-63}$$

可以看出，这个表达式与式（2-61）是完全相同的，因此基座运动引起的振动也可看作一种常扰力强迫振动。

下面来分析基座和质量块之间的相位差 φ_1。从图 2-13c 所示的力矢量关系可以得到

$$\varphi_2 = \arctan\frac{c\omega A_1}{kA_1} = \arctan\frac{c\omega}{k} \tag{2-64}$$

相位角 φ（$\varphi = \varphi_1 + \varphi_2$）可由式（2-52）给出。根据 $\varphi_1 = \varphi - \varphi_2$ 及两角之差的正切三角表达式，得到相位差 φ_1 的正切值为

$$\tan\varphi_1 = \frac{2D\left(\dfrac{\omega}{\lambda_n}\right)^2}{1 - \left(\dfrac{\omega}{\lambda_n}\right)^2(1 - 4D^2)} \tag{2-65}$$

图 2-14 给出了由式（2-63）和式（2-65）得到的阻尼比 D 取不同数值下的幅值比 A/A_b 以及相位差 φ_1 随频率比 ω/λ_n 的变化。可以看出，支座运动引起的振动与常扰力强迫振动具有相似的性质：

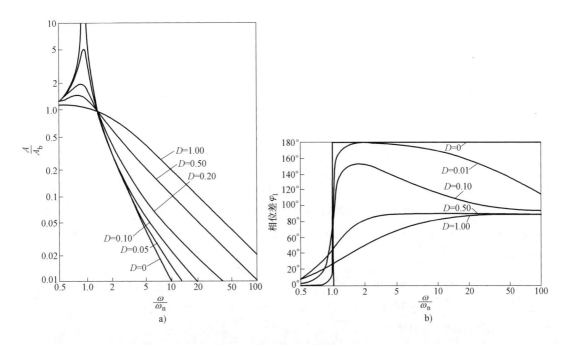

图 2-14　支座运动振动的振幅比和相位差

1）振幅比 A/A_b 先增大，达到峰值后再减小，同样在 $\omega \approx \lambda_n$ 处存在共振现象。

2）在 $\omega < \sqrt{2}\lambda_n$ 情况下，也就是基座运动频率较低情况下，系统的振幅 A 将大于基座的振幅 A_b，也就是所谓的放大效应。当 $\omega \ll \lambda_n$ 时，$A/A_b \approx 1$ 且 $\varphi_1 \approx 0$，意味着质量块与基座同步运动，二者的位移、速度和加速度保持一致。加速度传感器就是利用这个原理，以传感器的振动加速度来表征被测对象的加速度。

3）在 $\omega > \sqrt{2}\lambda_n$ 的情况下，也就是基座运动频率明显高于系统无阻尼自振频率情况下，系统的振幅将小于基座的振幅，频率越高，振幅越小。因此，设计一个低频振动系统将有助于减小高频环境振动的影响。

2.5.2　质量块的相对运动

质量块相对于基座的位移即相对位移记为 z_r。质量块的相对运动微分方程为

$$m\frac{d^2 z_r}{dt^2}+c\frac{dz_r}{dt}+kz_r=F_e \tag{2-66}$$

式中，F_e 为平动时的牵引惯性力，即

$$F_e=-m\frac{d^2 z_b}{dt^2}=m\omega^2 A_b\sin(\omega t) \tag{2-67}$$

相对运动方程可改写为

$$m\frac{d^2 z_r}{dt^2}+c\frac{dz_r}{dt}+kz_r=m\omega^2 A_b\sin(\omega t) \tag{2-68}$$

式（2-68）与 2.4.2 节给出的变扰力情况下单质点的强迫振动方程相同。因此其解为

$$z_r=A_b\frac{(\omega/\lambda_n)^2}{\sqrt{[1-(\omega/\lambda_n)^2]^2+4D^2(\omega/\lambda_n)^2}}\sin(\omega t+\varphi_3) \tag{2-69}$$

质量块相对运动的振幅 A_r 与基座绝对运动的振幅 A_b 的比值为

$$\frac{A_r}{A_b}=\frac{(\omega/\lambda_n)^2}{\sqrt{[1-(\omega/\lambda_n)^2]^2+4D^2(\omega/\lambda_n)^2}} \tag{2-70}$$

这正好是 2.4.2 节中给出的变扰力情况下的放大系数 β 的表达式。当 $\omega/\lambda_n \gg 1$ 时，$A_r/A_b=1$，即相对运动的振幅与绝对运动的振幅相同。这就是惯性式位移计的设计原理：传感器具有较低的自振频率（m 大而 k 小），这样传感器测量得到的系统内部相对振幅就与基座的绝对振幅相同。

例 2-4　一个单质点振动体系的无阻尼自振频率 f 为 5Hz，阻尼比 $D=0.2$，分析在基座分别以 1Hz、5Hz、15Hz 运动时质点与基座运动的绝对振幅比和相位差。

解：1Hz、5Hz、15Hz 情况下的 ω/λ_n 分别为 1/5、1 和 3，代入式（2-63）和式（2-65）可得到绝对振幅比和相位角

1Hz 情况下：$\dfrac{A}{A_b}\approx 1.0$，$\tan\varphi_1\approx 0$，$\varphi_1=0°$

5Hz 情况下：

$$\frac{A}{A_b}=\frac{\sqrt{1+\left(2D\frac{\omega}{\lambda_n}\right)^2}}{2D\frac{\omega}{\lambda_n}}=\frac{\sqrt{1+(2\times0.2\times1)^2}}{2\times0.2\times1}=2.69$$

$$\tan\varphi_1=\frac{2D\left(\frac{\omega}{\lambda_n}\right)^2}{1-\left(\frac{\omega}{\lambda_n}\right)^2(1-4D^2)}=\frac{2\times0.2\times1}{1-1\times(1-4\times0.2^2)}=2.5,\ \varphi_1=68.2°$$

15Hz 情况下：

$$\frac{A}{A_b}=\frac{\sqrt{1+\left(2D\dfrac{\omega}{\lambda_n}\right)^2}}{\sqrt{\left[1-\left(\dfrac{\omega}{\lambda_n}\right)^2\right]^2+\left(2D\dfrac{\omega}{\lambda_n}\right)^2}}=\frac{\sqrt{1+(2\times0.2\times3)^2}}{\sqrt{(1-3^2)^2+(2\times0.2\times3)^2}}=0.195$$

$$\tan\varphi_1=\frac{2D\left(\dfrac{\omega}{\lambda_n}\right)^2}{1-\left(\dfrac{\omega}{\lambda_n}\right)^2(1-4D^2)}=\frac{2\times0.2\times3^2}{1-3^2\times(1-4\times0.2^2)}=-0.549,\ \varphi_1=180°-28.7°=151.3°$$

分析：可以看出同一个振动系统在不同的支座运动方式下的不同的响应，在选择传感器时，需要根据被测对象的频率特征选择合适的传感器。

2.6* 双自由度质量—弹簧系统的自由振动

2.6.1 模型与振动方程

图 2-15 给出的是双自由度质量—弹簧振动系统的力学模型。两个质量块串联在两根弹簧上，质量块的质量分别为 m_1 和 m_2，弹簧的刚度分别为 k_1 和 k_2。振动过程中两个质量块的

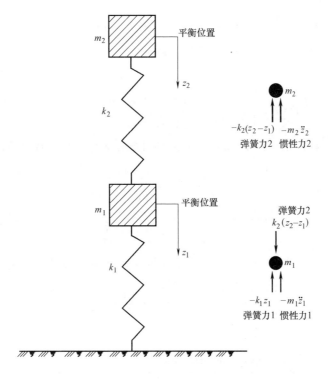

图 2-15　双自由度质量—弹簧系统与受力分析

位移分别为 z_1 和 z_2。第一根弹簧的变形为 z_1，第二根弹簧的变形受到第一根弹簧变形的影响，实际变形量为 z_2-z_1。根据牛顿第二定律，可以分别建立两个质量块的自由振动微分方程，即

$$\begin{cases} -k_1z_1+k_2(z_2-z_1)=m_1\ddot{z}_1 \\ -k_2(z_2-z_1)=m_2\ddot{z}_2 \end{cases} \tag{2-71a}$$

适当变换后，得到

$$\begin{cases} \ddot{z}_1+\dfrac{k_1+k_2}{m_1}z_1-\dfrac{k_2}{m_1}z_2=0 \\ \ddot{z}_2-\dfrac{k_2}{m_2}z_1+\dfrac{k_2}{m_2}z_2=0 \end{cases} \tag{2-71b}$$

令 $\lambda_1^2=k_1/m_1$，$\lambda_2^2=k_2/m_2$，$\lambda_{1,2}^2=k_2/m_1$，代入式（2-67），得

$$\begin{cases} \ddot{z}_1+(\lambda_1^2+\lambda_{1,2}^2)z_1-\lambda_{1,2}^2z_1=0 \\ \ddot{z}_1-\lambda_2^2z_1+\lambda_2^2z_2=0 \end{cases} \tag{2-71c}$$

2.6.2　特解及主振型

设振动微分方程的特解为两个振幅不同、频率和相位相同的简谐振动，即

$$\begin{cases} z_1=A\sin(\lambda t+\varphi_0) \\ z_2=B\sin(\lambda t+\varphi_0) \end{cases} \tag{2-72}$$

代入式（2-71c），得

$$\begin{cases} -A\lambda^2+(\lambda_1^2+\lambda_{1,2}^2)A-\lambda_{1,2}^2B=0 \\ -B\lambda^2-\lambda_2^2A+\lambda_2^2B=0 \end{cases} \tag{2-73a}$$

整理后得

$$\begin{cases} [(\lambda_1^2+\lambda_{1,2}^2)-\lambda^2]A-\lambda_{1,2}^2B=0 \\ -\lambda_2^2A+(\lambda_2^2-\lambda^2)B=0 \end{cases} \tag{2-73b}$$

式（2-73b）中的常数 A、B 不可能同时为零，根据矩阵运算定律，系数项需满足以下关系

$$\begin{vmatrix} [(\lambda_1^2+\lambda_{1,2}^2)-\lambda^2] & -\lambda_{1,2}^2 \\ -\lambda_2^2 & (\lambda_2^2-\lambda^2) \end{vmatrix}=0 \tag{2-74a}$$

展开后，得

$$\lambda^4-(\lambda_1^2+\lambda_{1,2}^2+\lambda_2^2)\lambda^2+\lambda_1^2\lambda_2^2=0 \tag{2-74b}$$

这个方程称为频率方程，也称为特征方程，由此可得 λ^2 的两个根为

$$\lambda^2=\frac{(\lambda_1^2+\lambda_{1,2}^2+\lambda_2^2)\pm\sqrt{(\lambda_1^2+\lambda_{1,2}^2+\lambda_2^2)^2-4\lambda_1^2\lambda_2^2}}{2} \tag{2-75a}$$

式（2-75a）可改写为

$$\lambda^2=\frac{(\lambda_1^2+\lambda_{1,2}^2+\lambda_2^2)\pm\sqrt{(-\lambda_1^2+\lambda_{1,2}^2+\lambda_2^2)^2+4\lambda_1^2\lambda_{1,2}^2}}{2} \tag{2-75b}$$

则 λ^2 的两个根可分别表示为

$$\begin{cases} \lambda_①^2 = \dfrac{\lambda_1^2+\lambda_{1,2}^2+\lambda_2^2}{2} - \dfrac{\sqrt{(\lambda_2^2+\lambda_{1,2}^2-\lambda_1^2)^2+4\lambda_1^2\lambda_{1,2}^2}}{2} \\[3mm] \lambda_②^2 = \dfrac{\lambda_1^2+\lambda_{1,2}^2+\lambda_2^2}{2} + \dfrac{\sqrt{(\lambda_2^2+\lambda_{1,2}^2-\lambda_1^2)^2+4\lambda_1^2\lambda_{1,2}^2}}{2} \end{cases} \tag{2-76}$$

$\lambda_①$ 和 $\lambda_②$ 称为双自由度振动系统的固有频率，与系统的自身特性有关。

下面进一步分析式（2-73b）。从式（2-73b）可以得到两个质量块的振幅比 r，即

$$r = \frac{A}{B} = 1 - \left(\frac{\lambda}{\lambda_2}\right)^2 \quad \text{或} \quad r = \frac{A}{B} = \frac{\lambda_{1,2}^2}{(\lambda_1^2+\lambda_{1,2}^2)-\lambda^2} \tag{2-77}$$

可以看出，一旦振动系统确定后，式（2-77）中的各参数的值也相应被确定，两个质量块的振幅比 r 也被确定下来。由于两个质量块的振动具有相同的相位和频率，它们在任意一个时刻的位移的比值也均为 r，这就形成一个与时间无关的振动位移形式，称为主振型。对应于 $\lambda = \lambda_①$ 和 $\lambda = \lambda_②$ 两种情况，各存在一个主振型。对于第一种情况 $\lambda = \lambda_①$，有

$$r_① = \frac{A}{B} = 1 - \left(\frac{\lambda_①}{\lambda_2}\right)^2 = \frac{1}{2} - \frac{\lambda_1^2+\lambda_{1,2}^2}{2\lambda_2^2} + \frac{\sqrt{(\lambda_2^2+\lambda_{1,2}^2-\lambda_1^2)+4\lambda_1^2\lambda_{1,2}^2}}{2\lambda_2^2} \tag{2-78a}$$

对于第二种情况 $\lambda = \lambda_②$，有

$$r_② = \frac{A}{B} = 1 - \left(\frac{\lambda_②}{\lambda_2}\right)^2 = \frac{1}{2} - \frac{\lambda_1^2+\lambda_{1,2}^2}{2\lambda_2^2} - \frac{\sqrt{(\lambda_2^2+\lambda_{1,2}^2-\lambda_1^2)+4\lambda_1^2\lambda_{1,2}^2}}{2\lambda_2^2} \tag{2-78b}$$

对应于 $\lambda_①$ 的振型称为基本振型或第一主振型；对应于 $\lambda_②$ 的振型称为第二主振型。振型只取决于各质量块位移比值，与位移具体大小无关。系统按照主振型振动时，两个质量块同时经过平衡位置，同时到达最远位置，按照固有频率作简谐振动。

2.6.3 通解及振型组合

在主振型确定的情况下，方程（2-71）的通解可以表示为两个特解（也就是两个主振型）的线性组合，即

$$\begin{cases} z_1 = A_1\sin(\lambda_① t+\varphi_1)+A_2\sin(\lambda_② t+\varphi_2) \\ z_2 = B_1\sin(\lambda_① t+\varphi_1)+B_2\sin(\lambda_② t+\varphi_2) \end{cases} \tag{2-79a}$$

由式（2-78a）及（2-78b），上式可进一步表示为

$$\begin{cases} z_1 = r_① B_1\sin(\lambda_① t+\varphi_1)+r_② B_2\sin(\lambda_② t+\varphi_2) \\ z_2 = B_1\sin(\lambda_① t+\varphi_1)+B_2\sin(\lambda_② t+\varphi_2) \end{cases} \tag{2-79b}$$

采用矩阵形式表述如下

$$\begin{Bmatrix} z_1 \\ z_2 \end{Bmatrix} = \begin{bmatrix} B_1 r_① & B_2 r_② \\ B_1 & B_2 \end{bmatrix} \begin{Bmatrix} \sin(\lambda_① t+\varphi_1) \\ \sin(\lambda_② t+\varphi_2) \end{Bmatrix}$$

或

$$\begin{Bmatrix} z_1 \\ z_2 \end{Bmatrix} = B_1 \begin{Bmatrix} r_① \\ 1 \end{Bmatrix} \sin(\lambda_① t+\varphi_1) + B_2 \begin{Bmatrix} r_② \\ 1 \end{Bmatrix} \sin(\lambda_② t+\varphi_2)$$

参数B_1、B_2和φ_1、φ_2由初始条件确定，$\lambda_①$、$\lambda_②$、$r_①$、$r_②$均由系统特性确定。这样两个自由度的自由振动可以看作是两个主振型的组合。双自由度系统的自由振动是两种不同频率的固有振动的叠加，其结果通常不再是简谐振动。在特殊的初始条件下，可以实现系数B_1和B_2中的某一个为零，在此情况下系统按某一主振型做简谐振动。

例 2-5 两根相同的弹簧（弹簧刚度为 k）和两个相同的质量块（质量为 m）串联组成图 2-15 所示的双自由度质量—弹簧系统，求解这个振动体系的主振型及固有频率。如果比值 $k/m=100$，且两个质量块的初始位移均为 0，初始速度均为 2m/s，给出自由振动位移时程曲线。

解： 由于 $m_1=m_2=m$，$k_1=k_2=k$，因此 $\lambda_1^2=\lambda_2^2=\lambda_{1,2}^2=k/m$，根据式（2-76）即得两个固有频率如下

$$\begin{cases} \lambda_①^2=\dfrac{3\lambda_1^2}{2}-\dfrac{\sqrt{\lambda_1^4+4\lambda_1^4}}{2}=\dfrac{3-\sqrt{5}}{2}\lambda_1^2=0.382\lambda_1^2 \\[3mm] \lambda_②^2=\dfrac{3\lambda_1^2}{2}+\dfrac{\sqrt{\lambda_1^4+4\lambda_1^4}}{2}=\dfrac{3+\sqrt{5}}{2}\lambda_1^2=2.618\lambda_1^2 \end{cases}$$

对于第一振型，即与第一固有频率对应的两个质量块的振幅比

$$r_①=\frac{A}{B}=1-\left(\frac{\lambda_①}{\lambda_2}\right)^2=1-0.382=0.618$$

对于第二振型，即与第二固有频率对应的两个质量块的振幅比

$$r_②=\frac{A}{B}=1-\left(\frac{\lambda_②}{\lambda_2}\right)^2=1-2.618=-1.618$$

两个振型图如图 2-16 所示。

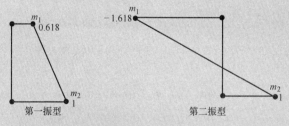

图 2-16 振型图

这样振动方程可表示为

$$\begin{cases} z_1=0.618B_1\sin(\sqrt{0.382}\lambda_1 t)-1.618B_2\sin(\sqrt{2.618}\lambda_1 t) \\[2mm] z_2=B_1\sin(\sqrt{0.382}\lambda_1 t)+B_2\sin(\sqrt{2.618}\lambda_1 t) \end{cases}$$

在 $\lambda_1^2=k/m=100$ 的情况下

$$\begin{cases} z_1=0.618B_1\sin(6.18t)-1.618B_2\sin(16.18t) \\[2mm] z_2=B_1\sin(6.18t)+B_2\sin(16.18t) \end{cases}$$

$$\begin{cases} \dot{z}_1 = 0.618 \times 6.18 \times B_1 \cos(6.18t) - 1.618 \times 16.18 \times B_2 \cos(16.18t) \\ \dot{z}_2 = 6.18 B_1 \cos(6.18t) + 16.18 B_2 \cos(16.18t) \end{cases}$$

$t = 0$ 时刻的初始速度均为 2m/s，代入上式得

$$\begin{cases} \dot{z}_1(t=0) = 2 = 0.618 \times 6.18 \times B_1 - 1.618 \times 16.18 \times B_2 \\ \dot{z}_2(t=0) = 2 = 6.18 B_1 + 16.18 B_2 \end{cases}$$

解得 $B_1 = 0.379$，$B_2 = -0.021$。两个质量块的振动位移曲线为

$$\begin{cases} z_1 = 0.234\sin(6.18t) + 0.034\sin(16.18t) \\ z_2 = 0.379\sin(6.18t) - 0.021\sin(16.18t) \end{cases}$$

时程曲线如图 2-17 所示。

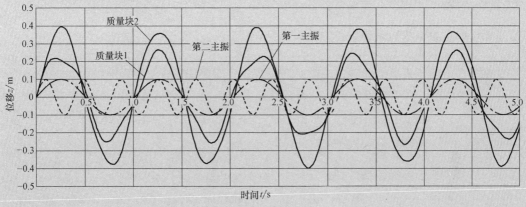

图 2-17 时程曲线

分析： 从这个例题可以看出多自由度振动系统的一些特征。

1）两个简谐振动的叠加并不完全是简谐振动。

2）第一主振频率也就是基频在很大程度上决定了振动的周期和频率。

2.7* 双自由度质量—弹簧系统的强迫振动

双自由度体系的强迫振动如图 2-18 所示。根据图中给出的受力分析，该系统的强迫振动微分方程可表示为

$$\begin{cases} m_1 \ddot{z}_1 + k_1 z_1 - k_2(z_2 - z_1) = P_0 \sin\omega t \\ m_2 \ddot{z}_2 + k_2(z_2 - z_1) = 0 \end{cases} \tag{2-80}$$

令 $\lambda_1^2 = k_1/m_1$，$\lambda_2^2 = k_2/m_2$，$\lambda_{1,2}^2 = k_2/m_1$，可进一步改写为

$$\begin{cases} \ddot{z}_1 + (\lambda_1^2 + \lambda_{1,2}^2) z_1 - \lambda_{1,2}^2 z_2 = P_0/m_1 \sin\omega t \\ \ddot{z}_2 - \lambda_2^2 z_1 + \lambda_2^2 z_2 = 0 \end{cases}$$

$$(2\text{-}81)$$

假定式（2-81）的解为与外界扰力同步的简谐振动，即

$$z_1 = A\sin\omega t, \quad z_2 = B\sin\omega t \quad (2\text{-}82)$$

将式（2-82）代入式（2-81），得

$$\begin{cases} -A\omega^2 + (\lambda_1^2 + \lambda_2^2) A - \lambda_{1,2}^2 B = P_0/m_1 \\ -B\omega^2 - \lambda_2^2 A + \lambda_2^2 B = 0 \end{cases}$$

$$(2\text{-}83)$$

整理后，得

$$\begin{cases} (\lambda_1^2 + \lambda_{1,2}^2 - \omega^2) A - \lambda_{1,2}^2 B = P_0/m_1 \\ -\lambda_2^2 A + (\lambda_2^2 - \omega^2) B = 0 \end{cases}$$

$$(2\text{-}84)$$

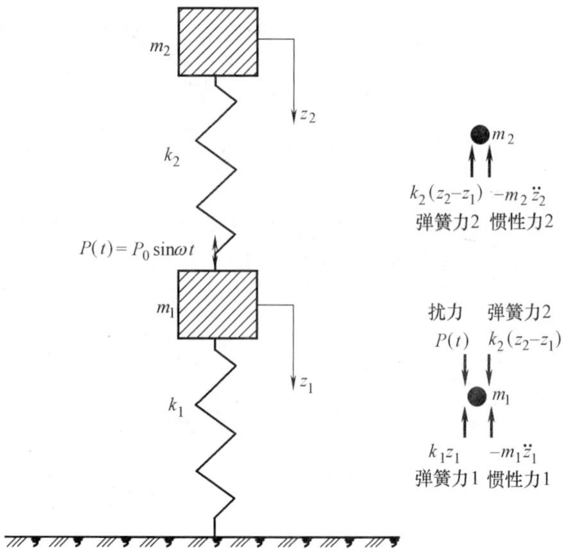

图 2-18 双自由度体系的强迫振动与受力分析

联立方程得两个质量块的振幅

$$\begin{cases} A = \dfrac{(\lambda_2^2 - \omega^2) P_0/m_1}{(\lambda_1^2 + \lambda_{1,2}^2 - \omega^2)(\lambda_2^2 - \omega^2) - \lambda_{1,2}^2 \lambda_2^2} \\[4mm] B = \dfrac{\lambda_2^2 P_0/m_1}{(\lambda_1^2 + \lambda_{1,2}^2 - \omega^2)(\lambda_2^2 - \omega^2) - \lambda_{1,2}^2 \lambda_2^2} \end{cases}$$

$$(2\text{-}85a)$$

进一步转换为

$$\begin{cases} A = \dfrac{P_0}{k_1} \dfrac{\lambda_1^2(\lambda_2^2 - \omega^2)}{\omega^4 - (\lambda_1^2 + \lambda_{1,2}^2 + \lambda_2^2)\omega^2 + \lambda_1^2 \lambda_2^2} \\[4mm] B = \dfrac{P_0}{k_1} \dfrac{\lambda_1^2 \lambda_2^2}{\omega^4 - (\lambda_1^2 + \lambda_{1,2}^2 + \lambda_2^2)\omega^2 + \lambda_1^2 \lambda_2^2} \end{cases}$$

$$(2\text{-}85b)$$

根据上一节求得的双自由度振动系统的固有频率 $\lambda_{①}$ 和 $\lambda_{②}$，上式可进一步转化为

$$\begin{cases} A = \dfrac{P_0}{k_1} \dfrac{(1 - \omega^2/\lambda_2^2)}{[1 - (\omega/\lambda_{①})^2][1 - (\omega/\lambda_{②})^2]} \\[4mm] B = \dfrac{P_0}{k_1} \dfrac{1}{[1 - (\omega/\lambda_{①})^2][1 - (\omega/\lambda_{②})^2]} \end{cases}$$

$$(2\text{-}86)$$

两个质量块的动力放大系数 ξ_1、ξ_2 分别为

$$\begin{cases} \xi_1 = \dfrac{(1 - \omega^2/\lambda_2^2)}{[1 - (\omega/\lambda_{①})^2][1 - (\omega/\lambda_{②})^2]} \\[4mm] \xi_2 = \dfrac{P_0}{k_1} \dfrac{1}{[1 - (\omega/\lambda_{①})^2][1 - (\omega/\lambda_{②})^2]} \end{cases}$$

$$(2\text{-}87)$$

由放大系数公式可知图 2-18 所示的双自由度振动体系的强迫振动具有如下特征：

1）两个质量块做与扰力频率相同的简谐振动，但振幅不同。

2）如激振频率 ω 趋近于零，ξ_1 和 ξ_2 趋近 1.0，则 $A = B \approx P_0 / k_1$，此时弹簧 k_2 不起作用。

3）当激振频率 $\omega = \lambda_2$（即 $\sqrt{k_2/m_2}$）时，$\xi_1 = 0$，$A = 0$，$B = -P_0/k_2$。扰力直接作用的质量块 m_1 无振动，外界扰动输入的能量全部由弹簧 k_2 和质量块 m_2 吸收。这就是吸振器的设计原理，根据外界扰力频率合理设计吸振器（弹簧 k_2 和质量 m_2），使其吸收大部分振动能量以减小主振动体系（弹簧 k_1 和质量 m_1）的振动。

4）双自由度振动系统有两个共振频率。当扰力频率 $\omega = \lambda_①$ 或 $\lambda_②$ 时出现共振现象，两个质量块的振幅均无限大。共振时振型就是主振型。在实践中经常用共振法测定系统的固有频率，并根据测出的振型来判定固有频率的阶次，就是利用这个规律。

例 2-6 在图 2-18 所示的双自由度质量—弹簧强迫振动问题中，如果系统由两根相同的弹簧（弹簧刚度为 k）和两个相同的质量块（质量为 m）串联组成，绘制该系统的动力放大系数的频率响应曲线，并分析共振现象。

解： 由于 $\lambda_1^2 = \lambda_2^2 = \lambda_{1,2}^2 = k/m$，根据式（2-87），这个振动系统的动力放大系数为

$$\begin{cases} \xi_1 = \dfrac{\lambda^2(\lambda^2 - \omega^2)}{\omega^4 - 3\lambda^2\omega^2 + \lambda^4} = \dfrac{1 - (\omega/\lambda)^2}{(\omega/\lambda)^4 - 3(\omega/\lambda)^2 + 1} \\[4mm] \xi_2 = \dfrac{\lambda^4}{\omega^4 - 3\lambda^2\omega^2 + \lambda^4} = \dfrac{1}{(\omega/\lambda)^4 - 3(\omega/\lambda)^2 + 1} \end{cases}$$

以 ω/λ 为横坐标绘制的动力放大系数 ξ_1 和 ξ_2 的频率响应曲线如图 2-19 所示。

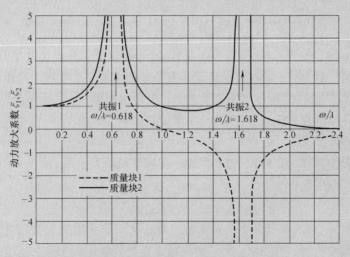

图 2-19 双自由度振动系统强迫振动的动力放大系数

分析： 可以看出，在 $\omega/\lambda = 0.618$ 和 $\omega/\lambda = 1.618$ 处出现共振，共振时按照上一个例题中给出的主振型振动。对于第一主振型，两个质量块的运动方向相同，对于第二个主振型，两个质量块的运动方向相反。

2.8* 多自由度系统的振动

工程中复杂的振动问题常常简化为多自由度质量—弹簧体系的振动问题。双自由度系统与单自由度系统相比，最重要的是引入了振型的概念，多自由度系统的振动分析也建立在这个概念基础之上。除了在处理多自由度问题时需要更为有效的数学方法或数值计算方法以外，多自由度系统与双自由度系统的求解无根本区别。多自由度系统的振动可由一组二阶常微分方程来描述，振动微分方程组的求解方法是建立在坐标变换基础之上的振型分析法。这种方法的特点是使运动方程解耦，把多自由度系统的振动处理为若干单自由度系统的振动来解决。

2.8.1 多自由度系统的无阻尼强迫振动——振型分析法

1. 运动方程

根据力的平衡可以建立矩阵形式表示的多自由度振动系统运动微分方程如下

$$\begin{pmatrix} m_1 & & & \\ & m_2 & & \\ & & \ddots & \\ & & & m_n \end{pmatrix} \begin{Bmatrix} \ddot{z}_1 \\ \ddot{z}_2 \\ \vdots \\ \ddot{z}_n \end{Bmatrix} + \begin{pmatrix} k_{11} & k_{12} & \cdots & k_{1n} \\ k_{21} & k_{22} & \cdots & k_{2n} \\ \vdots & \vdots & & \vdots \\ k_{n1} & k_{n2} & \cdots & k_{nn} \end{pmatrix} \begin{Bmatrix} z_1 \\ z_2 \\ \vdots \\ z_n \end{Bmatrix} = \begin{Bmatrix} p_1(t) \\ p_2(t) \\ \vdots \\ p_n(t) \end{Bmatrix} \tag{2-88a}$$

缩写成

$$m\ddot{z} + kz = p(t) \tag{2-88b}$$

式中，m 为质量矩阵，元素 m_{ij} 是使系统仅在第 j 个坐标上产生单位加速度而相应于第 i 个坐标上所需施加的力；k 为刚度矩阵，元素 k_{ij} 是使系统仅在第 j 个坐标上产生单位位移而相应于第 i 个坐标上所需施加的力；p 为荷载矢量，p_i 为作用在第 i 个质量块上的外扰力，自由振动的情况下 $p_i = 0$；z 为位移矢量，z_i 为第 i 个质量块的位移。

2. 振型分析

对于振动微分方程式（2-88），现在假设一组特殊的解答，第 i 个质点的振动方程 $z_i(t)$（$i = 1 \sim n$）为

$$z_i(t) = r_i A \sin(\omega t + \varphi) \quad 或 \quad z = rA\sin(\omega t + \varphi) \tag{2-89}$$

式中，r_i 和 A 为常数，ω 为振动频率，φ 为相位角。这组解的物理意义是，这 n 个质点作频率与相位相同的同步运动，其中第 i 个点的振幅为常数 r_i 和 A 的乘积。这里，常数 A 决定了各质点振幅的绝对大小，而常数矢量 r 决定了各质点振幅的相对大小，也称为振幅系数向量。

将式（2-89）代入以下无阻尼自由振动方程

$$m\ddot{z} + kz = 0 \tag{2-90}$$

则得

$$(\boldsymbol{K}-\omega^2\boldsymbol{M})\boldsymbol{r}=0 \tag{2-91}$$

这个方程称为模态方程。矢量 $\boldsymbol{r}$ 有非零解的充分必要条件为

$$|\boldsymbol{K}-\omega^2\boldsymbol{M}|=0 \tag{2-92}$$

即

$$\begin{vmatrix} k_{11}-\omega^2 m_{11} & k_{12}-\omega^2 m_{12} & \cdots & k_{1n}-\omega^2 m_{1n} \\ k_{21}-\omega^2 m_{21} & k_{22}-\omega^2 m_{22} & \cdots & k_{2n}-\omega^2 m_{2n} \\ \vdots & \vdots & \ddots & \vdots \\ k_{n1}-\omega^2 m_{n1} & k_{n2}-\omega^2 m_{n2} & \cdots & k_{nn}-\omega^2 m_{nn} \end{vmatrix}=0 \tag{2-93}$$

这个方程称为特征方程或频率方程。ω^2 的 n 个根叫作特征值或本征值，按升序排列为 $0<\omega_1^2\leqslant\omega_2^2\leqslant\cdots\leqslant\omega_n^2$，$\omega_k(k=1\sim n)$ 为第 k 阶固有频率，其中 ω_1 称为基频。这些固有频率取决于振动系统自身特性。

对于任一固有频率 ω_k，代入方程（2-91）可解得一个振幅系数矢量 $\boldsymbol{r}^{(k)}$。这样对应 n 个固有频率，就可以得到 n 个振幅系数矢量 $\boldsymbol{r}^{(k)}$（$k=1\sim n$）。每一个固有频率及其对应的振幅系数矢量（又称为本征矢量或模态列）确定一个固有振型，有时也叫主振型或正规正型。对于多自由度振动系统，有多少个自由度，就有多少阶主振型。多自由度系统的自由振动和强迫振动分析均可建立在自振频率和主振型求解的基础上，这也就是"振型分析法"的基本原理。

3. 主坐标

任一质量块的振动位移可以表示为 n 个阵型的叠加，即

$$z_i(t)=\sum_{k=1}^{n}A_k r_i^{(k)}\sin(\lambda_k t+\varphi_k) \tag{2-94}$$

式中，下标 i 代表质点编号；k 为振型序号，一般按照自振频率从小至大排序。

由于各个主振动的固有频率 φ_k 不同，由此叠加的多自由度系统的自由振动一般不是简谐振动，甚至不是周期振动。如采用矩阵表示，各质点的振动位移可写作

$$\begin{Bmatrix} z_1 \\ z_2 \\ \vdots \\ z_{n-1} \\ z_n \end{Bmatrix}=\begin{pmatrix} r_1^{(1)}A_1 & r_1^{(2)}A_2 & \cdots & r_1^{(n)}A_n \\ r_2^{(1)}A_1 & r_2^{(2)}A_2 & \cdots & r_2^{(n)}A_n \\ \vdots & \vdots & & \vdots \\ r_{n-1}^{(1)}A_1 & r_{n-1}^{(2)}A_1 & \cdots & r_{n-1}^{(n)}A_1 \\ A_1 & A_2 & \cdots & A_n \end{pmatrix}\begin{pmatrix} \sin(\lambda_1 t+\varphi_1) \\ \sin(\lambda_2 t+\varphi_2) \\ \vdots \\ \sin(\lambda_{n-1} t+\varphi_{n-1}) \\ \sin(\lambda_n t+\varphi_n) \end{pmatrix} \tag{2-95}$$

或写成

$$\begin{Bmatrix} z_1 \\ z_2 \\ \vdots \\ z_{n-1} \\ z_n \end{Bmatrix}=A_1\begin{pmatrix} r_1^{(1)} \\ r_2^{(1)} \\ \vdots \\ r_{n-1}^{(1)} \\ 1 \end{pmatrix}\sin(\lambda_1 t+\alpha_1)+A_2\begin{pmatrix} r_1^{(2)} \\ r_2^{(2)} \\ \vdots \\ r_{n-1}^{(2)} \\ 1 \end{pmatrix}\sin(\lambda_2 t+\alpha_2)+\cdots+A_n\begin{pmatrix} r_1^{(n)} \\ r_2^{(n)} \\ \vdots \\ r_{n-1}^{(n)} \\ 1 \end{pmatrix}\sin(\lambda_n t+\alpha_n) \tag{2-96}$$

式中，λ_k 和 φ_k（$k=1\sim n$）分别为第 k 个主振型的圆频率和相位；$\boldsymbol{r}^{(k)}$ 为第 k 个主振型矢量，

代表此振型下各点位移的相对比值，$r_i^{(k)}$ 代表第 k 个振型对第 i 个质点的相对贡献；A_k ($k=$ $1\sim n$) 为一组代表第 k 个振型的振动程度的常数，这个数值越大，表明此振型对振动的贡献越大。

定义 Y_k 为第 k 个主振型对应的主坐标，即

$$Y_k(t) = A_k \sin(\lambda_k t + \varphi_k) \tag{2-97}$$

采用主坐标表达的位移方程可写成

$$z_i(t) = \sum_{k=1}^{n} r_i^{(k)} Y_k(t) \tag{2-98}$$

或以矩阵表示为

$$z = rY(t) \tag{2-99}$$

式中，r 为振型矩阵；$Y(t)$ 为主坐标矢量。

4. 方程解耦

将式（2-98）代入运动方程（2-89），再用 r^{T} 左乘后得

$$r^{\mathrm{T}} m r \ddot{Y} + r^{\mathrm{T}} k r Y = r^{\mathrm{T}} p(t) \tag{2-100}$$

由此定义广义质量矩阵

$$M^* = r^{\mathrm{T}} m r = \begin{pmatrix} M_{11}^* & 0 & \cdots & 0 \\ 0 & M_{22}^* & \cdots & 0 \\ \vdots & \vdots & & \vdots \\ 0 & 0 & \cdots & M_{nn}^* \end{pmatrix} \tag{2-101a}$$

广义刚度矩阵

$$K^* = r^{\mathrm{T}} k r = \begin{pmatrix} K_{11}^* & 0 & \cdots & 0 \\ 0 & K_{22}^* & \cdots & 0 \\ \vdots & \vdots & & \vdots \\ 0 & 0 & \cdots & K_{nn}^* \end{pmatrix} \tag{2-101b}$$

广义荷载矢量

$$P(t) = r^{\mathrm{T}} p(t) = \begin{Bmatrix} P_1(t) \\ P_2(t) \\ \vdots \\ P_n(t) \end{Bmatrix} \tag{2-101c}$$

经过坐标变换的运动方程可表示为

$$M^* \ddot{Y} + K^* Y = P(t) \tag{2-102}$$

注意变换后的广义质量矩阵 M^* 和广义刚度矩阵 K^* 均为对角矩阵，故运动方程可进一步表示为

$$M_{ii}^* \ddot{Y}_i + K_{ii}^* Y_i = P_i(t)$$

这样就把多自由度振动的问题转化成为单自由度振动的问题，借助单自由度振动系统强迫振动的分析方法就可以求解。

2.8.2 复杂振动系统的模态分析

假如振动系统非常复杂，要简化为多自由度的质量-弹簧-阻尼系统按照前面所述的方法进行振动分析将是非常困难的一件事情。振动问题由激励（输入）、振动物体（系统）和响应（输出）三部分组成。从前面关于振动理论的介绍可以看出，响应受振动系统的影响。例如，当外界扰力频率接近系统固有频率时，会产生共振。因此从理论上来讲，可以通过响应来识别振动系统的参数。通过已知激励和响应（振动信号）来识别振动系统参数，这就是模态分析所要解决的核心问题。具体的讲，模态分析就是测量系统的振动响应信号，从测量到的信号中，识别描述系统动力的物理参数（包括质量矩阵、刚度矩阵和阻尼矩阵）以及模态参数（固有频率、衰减系数、模态矢量、模态刚度和阻尼），为进一步的动力分析提供依据。在这个过程中，一个重要的工作就是借助傅里叶变换方法，在频域中分析振动信号。通过输出信号的频谱特征来识别振动系统的固有特性。

2.9 复杂荷载的处理

前面所述的强迫振动分析中考虑的动荷载为最简单的简谐荷载。工程中的荷载会更为复杂，如第 1 章中介绍的非周期荷载和随机荷载。下面介绍这些复杂荷载作用下强迫振动分析采用的一些方法。

2.9.1 傅里叶变换和频谱分析

对于复杂的周期荷载，可以将这些荷载转化为若干简谐荷载的组合。对于线性振动体系（质量、刚度和阻尼等参数为定值），求得每个简谐荷载的响应后，再利用叠加原理得到最终响应曲线。

设 $P(t)$ 为一任意周期荷载，如图 2-20a 所示，即 $P(t)=P(t+T_P)$，T_P 为外加荷载 $P(t)$ 的周期。借助傅里叶级数法可以将周期荷载 $P(t)$ 表示为若干简谐荷载的组合，即

$$P(t)=a_0+\sum_{n=1}^{\infty}a_n\cos(n\omega_P t)+\sum_{n=1}^{\infty}b_n\sin(n\omega_P t)，\omega_P=\frac{2\pi}{T_P} \tag{2-103}$$

式中系数 a_0、a_n 和 b_n $(n=1，2，3，\cdots)$ 的计算公式如下

$$a_0=\frac{1}{T_p}\int_{-T_p/2}^{T_p/2}P(t)\mathrm{d}t \tag{2-104a}$$

$$a_n=\frac{2}{T_p}\int_{-T_p/2}^{T_p/2}P(t)\cos(n\omega_P t)\mathrm{d}t，(n=1，2，3，\cdots) \tag{2-104b}$$

$$b_n=\frac{2}{T_p}\int_{-T_p/2}^{T_p/2}P(t)\sin(n\omega_P t)\mathrm{d}t，(n=1，2，3，\cdots) \tag{2-104c}$$

式（2-103）也可以写为

$$P(t)=a_0+\sum_{n=1}^{\infty}A_n\cos(n\omega_P t+\varphi_n)，\omega_P=\frac{2\pi}{T_P} \tag{2-105a}$$

$$A_n=\sqrt{a_n^2+b_n^2}，(n=1，2，3，\cdots) \tag{2-105b}$$

$$\varphi_n = \mathrm{atan}\left(-\frac{b_n}{a_n}\right), (n=1,2,3,\cdots) \qquad (2\text{-}105\mathrm{c})$$

这样，周期荷载 $P(t)$ 便转换为一组具有不同频率、幅值和相位的简谐荷载的组合。其中振幅 A_n 与频率之间的关系称为荷载 $P(t)$ 的傅里叶振幅谱，相位 φ_n 与频率之间的关系称为荷载 $P(t)$ 的傅里叶相位谱。图 2-20 给出了某周期荷载 $P(t)$ 的时程曲线及其傅里叶振幅谱。傅里叶振幅谱为荷载 $P(t)$ 在频域中的表示，形象地给出了荷载 $P(t)$ 的频率特征（又被称为频谱特征）。注意频域中为离散信号，又称为"离散傅里叶谱"。某一频率对应的幅值越大，代表这一频率的贡献越大。因此借助傅里叶振幅谱，可以分析荷载的主要频率成分。

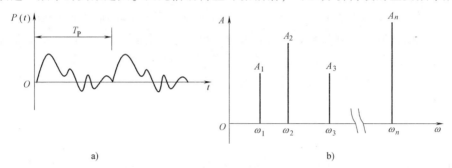

图 2-20　周期信号在时域和频域中的表示

a）时域　b）频域

对于非周期荷载（或随机信号）$f(t)$，可以进行周期化处理，通过傅里叶变换来得到频谱曲线，分析其频谱特征。傅里叶变换是傅里叶级数的推广，它是一种线性的积分变换。函数 $f(t)$ 的傅里叶变换为

$$F(\omega) = \int_{-\infty}^{\infty} f(t)\,\mathrm{e}^{-\mathrm{i}\omega t}\,\mathrm{d}t \qquad (2\text{-}106)$$

对于随机荷载 $f(t)$，实际上能够得到的是一组有限长的离散的振动信号，并不能够给出一个确切的函数表达式 $f(t)$。在这种情况下，就需要采用快速傅里叶变换法。快速傅里叶变换法给出的是连续谱，如图 2-21 所示。

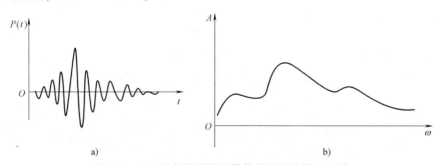

图 2-21　FFT 变换得到的离散信号的连续傅里叶谱

反过来，对于给定的频谱曲线 $F(\omega)$，也可以经过傅里叶逆变换得到时程曲线 $f(t)$，即

$$f(t) = \frac{1}{2\pi} \int_{-\infty}^{\infty} F(\omega)\,\mathrm{e}^{-\mathrm{i}\omega t}\,\mathrm{d}\omega \qquad (2\text{-}107)$$

这个式子表示任一荷载可以用具有从 $-\infty$ 到 $+\infty$ 连续谱的无线个谐振分量的和来表示，$F(\omega)$

$d\omega/2\pi$ 可以看作是在频率区间 $(\omega, \omega+d\omega)$ 的荷载谐振分量的幅值。这种方法可用来人工合成非周期振动的荷载。

如果要考虑荷载的不确定性对振动的影响，则要借助概率论和随机振动的分析方法。

2.9.2 脉冲响应与杜哈美积分

求解一般激振力 $P(t)$ 作用下系统的动力响应的另外一种方法是把激振力看作是一系列作用时间很短的脉冲荷载之和。先求出脉冲荷载下的响应，然后利用叠加原理，将一系列脉冲响应一个个叠加起来（数学上用积分表示）求得解答。以单自由度振动系统为例，单位脉冲（脉冲荷载为单位力）下的响应，也被称为单位脉冲响应函数 $h(t)$ 为（具体推导过程见俞载道《结构动力学基础》）：

$$h(t) = \begin{cases} \dfrac{1}{m\lambda_d} e^{-D\lambda_n t} \sin(\lambda_d t) & (t \geq 0) \\ 0 & (t < 0) \end{cases} \tag{2-108}$$

式中，m 为质点的质量；λ_n 和 λ_d 分别为单自由度系统的无阻尼自振频率和有阻尼自振频率。

与单自由度有阻尼自由振动［式（2-34）］对比可知，脉冲响应函数表示的物理意义是脉冲力作用后系统的自由振动。任意脉冲荷载下的响应等于脉冲荷载大小与单位脉冲响应函数的乘积。

如图 2-22 所示，将一般荷载 $P(t)$ 离散成为若干个作用于 τ 时刻的大小为 $P(\tau)d\tau$ 的脉冲，每个脉冲造成的响应为 $dx(t,\tau)$（等于脉冲荷载大小与单位脉冲响应函数的乘积）。要求解系统在时间 t 的总响应 $x(t)$，只要把 t 以前的由一系列的脉冲引起的响应 $dx(t,\tau)$ 叠加起来即可，即

$$\begin{aligned} x(t) &= \int_0^t dx(t,\tau) = \int_0^t P(\tau)h(t-\tau)d\tau \\ &= \frac{1}{m\lambda_d} \int P(\tau) e^{-D\lambda_n(t-\tau)} \sin[\lambda_d(t-\tau)] d\tau \end{aligned} \tag{2-109}$$

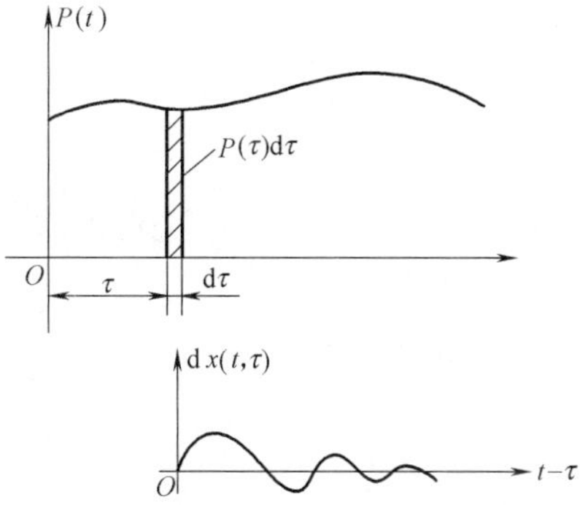

图 2-22　离散的脉冲荷载及脉冲响应

上式也称为杜哈美积分。如果无法给出一般激振力 $P(t)$ 的数学表达式，或者即使有确定的数学表达式但在积分运算上有困难时，可以采用数值积分的方法来求解杜哈美积分，从而获得系统的响应。

———— 思 考 题 与 习 题 ————

1. 下面给出了两个简谐振动的位移方程（t 的单位为 s，z 的单位为 m）：简谐振动 A，$z = 0.01\sin(\pi t)$；简谐振动 B，$z = 0.01\sin(2\pi t)$。二者具有相同的振幅和不同的频率，求解这两个振动的速度和加速度方程，对比这两个振动的速度、加速度幅值。

2. 某基础重 300kN，基础和地基土简化为图 2-7 所示的质量-弹簧-阻尼振动系统，已知地基土的弹簧刚度 $k = 20000$kN/m，阻尼系数 $c = 1000$kN·s/m。求该振动系统的临界阻尼系数 c_c、阻尼比 D、对数递减率 δ

及有阻尼的自振频率 f_d。

3. 对于题 2 中的质量—弹簧—阻尼振动系统，在初始时刻（$t=0$）的位移为 0，速度为 2m/s，求初始时刻自由振动的总能量，以及 $t=1$min 时的自由振动的动能、弹簧能及总能量。

4. 两个相对转动的质量块，每个块体的质量为 5kg，转速为 31.4rad/s，旋转半径为 20cm，求其产生的动荷载。

5. 题 4 的动荷载作用在题 2 的振动系统上产生强迫振动，求基础竖向振幅及基础传给地基的最大动作用力。

6. 题 4 的动荷载作用在题 2 的振动系统上产生强迫振动，求：

1）产生共振时的转速。

2）共振时的动力放大系数和位移振幅。

3）系统阻尼比 D 增加一倍情况下的动力放大系数和位移振幅。

7. 由两根相同的弹簧和两个相同的质量块串联组成的双自由度质量—弹簧系统，每个质量块的质量为 1kg，每根弹簧刚度为 10kN/m。初始时刻两个质量块离开平衡位置 5mm，初始速度为 0。求：

1）此系统的两个自振频率。

2）此系统的两个主振型。

3）此系统的自由振动曲线。

波在弹性介质中的传播 | 第3章

在弹性介质中，某一质点或局部受到外力扰动以后，将引起该质点在其平衡位置附近振动。由于弹性介质的连续性，某一质点受到的应力会传递到周围的质点，某一质点的振动就会引起附近其他质点的振动。这样弹性体内的应力和振动就从一个点或局部传播出去。所以，波即为各个振动质点在某一时刻的振动状态，波的传播即为振动能量的扩散。由于这种波是由应力的变化引起的，因此被称为"应力波"。衡量波传播快慢的物理量是波速，它与波所传播的介质性质有关。

当传播介质所受的应变范围超过弹性极限后，将产生不可恢复的塑性变形，并对波的传播产生影响。在应力水平较大的情况下，这种影响是显著的。本章主要介绍采用弹性理论（不考虑介质的塑性变形）来研究波在弹性杆件及弹性空间中的传播特性，也称为弹性波理论。

3.1 波在弹性杆件中的传播

在弹性杆件中有三种独立的波：纵波、横波及扭转波，这三种波分别对应于弹性杆件的三种受力状态：拉压、剪切和扭转。

3.1.1 杆件的纵向振动

考虑一根截面为 A 的杆件的自由振动。该杆件的弹性模量为 E，重度为 γ，如图3-1所示。假定每一个截面在运动时保持一个平面并且其应力在截面上分布是均匀的。从杆件中取出一个单元 dx，其在 x 处截面上的应力为 σ_x，在 $x+dx$ 处截面上的应力为 $\sigma_x+\dfrac{\partial \sigma_x}{\partial x}dx$。在 x 方向力的总和为

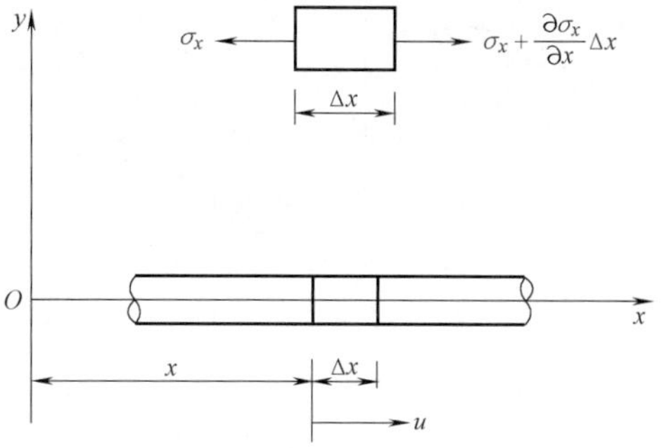

$$\sum F_x = -\sigma_x A + \left(\sigma_x + \frac{\partial \sigma_x}{\partial x}dx\right)A \qquad (3-1)$$

假如单元在 x 方向的位移为 u，单元的运动方程可写成如下形式

图3-1 杆件的纵向振动

$$-\sigma_x A + \sigma_x A + \frac{\partial \sigma_x}{\partial x}dxA = dxA\frac{\gamma}{g}\frac{\partial^2 u}{\partial t^2} \qquad (3-2)$$

所以
$$\frac{\partial \sigma_x}{\partial x} = \frac{\gamma}{g} \frac{\partial^2 u}{\partial t^2} \qquad (3-3)$$

式中，g 为重力加速度。根据胡克定律
$$\sigma_x = E \frac{\partial u}{\partial x} \qquad (3-4)$$

对式（3-4）进行微分，得
$$\frac{\partial \sigma_x}{\partial x} = E \frac{\partial^2 u}{\partial x^2} \qquad (3-5)$$

将式（3-5）代入式（3-3）
$$E \frac{\partial^2 u}{\partial x^2} = \frac{\gamma}{g} \frac{\partial^2 u}{\partial t^2}$$

即
$$\frac{\partial^2 u}{\partial t^2} = \frac{E}{\rho} \frac{\partial^2 u}{\partial x^2} = v_P^2 \frac{\partial^2 u}{\partial x^2} \qquad (3-6)$$

式中，$\rho = \gamma/g$，为杆件的质量密度；$v_P = \sqrt{E/\rho}$，定义为弹性杆件中纵波传播速度。

方程（3-6）称为弹性杆件一维波动方程。它表示当杆件轴向振动时各个截面的振动位移以速度 v_P 在 x 方向传递的特性。

注意：不要混淆波的传播速度 v_P 与质点运动速度 $\dot{u}$ 这两个不同的概念。如图 3-2a 所示，当一个强度为 σ_x、作用时间为 t_n 的压缩应力脉冲作用到弹性杆件的一端，开始仅仅在一个很小的区域内杆件承受压缩。随着时间的推移，压缩将传递到杆件的其他区域。压缩应力由杆件的一个区域传递到另一个区域即产生了应力波，其传递速度即为波速 v_P。

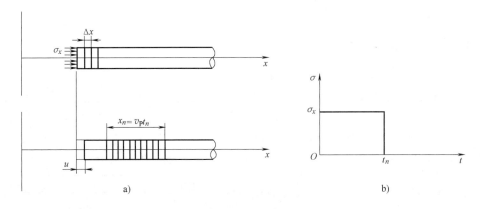

图 3-2　压缩杆件中的波速与质点速度
a）杆件的压缩　b）脉冲作用力

在时间间隔 Δt 内，压应力将在杆件内传递一段距离 $\Delta x = v_P \Delta t$，时间 t_n 以后，杆件长度为 $x_n = v_P t_n$ 的区域受到压缩，其压缩量为
$$u = \frac{\sigma_x}{E} x_n = \frac{\sigma_x}{E} v_P t_n$$

所以

$$\frac{u}{t_n} = \frac{\sigma_x v_P}{E}$$

即

$$\dot{u} = \frac{\sigma_x v_P}{E} \tag{3-7}$$

方程（3-7）即为杆端位移速度或称质点速度。由此可知，当压应力作用时，波的传播速度和质点速度是同一方向，当张应力作用时，二者方向相反；而且质点运动速度 $\dot{u}$ 的大小取决于产生的杆件内应力或应变的大小，波速的大小仅取决于杆件的材料特性。

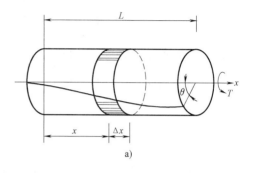

a)

3.1.2　杆件的扭转振动

如图 3-3 所示，假定杆件长为 x，由于杆端扭矩 T 的作用，在某一段长 $\mathrm{d}x$ 的微单元中产生了一个转角 $\mathrm{d}\theta$。所以

$$\mathrm{d}\theta = \frac{T\mathrm{d}x}{I_P G} \tag{3-8}$$

式中，I_P 为杆件截面极惯性矩，对于实心圆杆，$I_P = \dfrac{\pi D^4}{32}$（$D$ 为杆件直径）；G 为杆件的剪切模量；$I_P G$ 为抗扭刚度。

单元体两端的扭矩为 T 和 $T + \dfrac{\partial T}{\partial x}\mathrm{d}x$，如图 3-3 所示，所以总的扭矩为

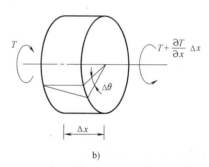

b)

图 3-3　杆件的扭转
a) 杆件扭转　b) 微单元受力

$$\sum T = -T + \left(T + \frac{\partial T}{\partial x}\mathrm{d}x\right) = \frac{\partial T}{\partial x}\mathrm{d}x \tag{3-9}$$

根据牛顿第二定律，杆件的运动方程为

$$\frac{\partial T}{\partial x}\mathrm{d}x = \frac{\gamma}{g} I_P \mathrm{d}x \frac{\partial^2 \theta}{\partial t^2}$$

$$\frac{\partial T}{\partial x} = \frac{\gamma}{g} I_P \frac{\partial^2 \theta}{\partial t^2} \tag{3-10}$$

将式（3-8）对 x 求导，并代入式（3-10），可得

$$I_P G \frac{\partial^2 \theta}{\partial x^2} = \frac{\gamma}{g} I_P \frac{\partial^2 \theta}{\partial t^2} \tag{3-11}$$

所以

$$\frac{\partial^2 \theta}{\partial t^2} = G \frac{g}{\gamma} \frac{\partial^2 \theta}{\partial x^2} \tag{3-12}$$

令

$$v_{\text{S}}^2 = G\frac{g}{\gamma} = \frac{G}{\rho} \tag{3-13}$$

式（3-12）可写成

$$\frac{\partial^2 \theta}{\partial t^2} = v_{\text{S}}^2 \frac{\partial^2 \theta}{\partial x^2} \tag{3-14}$$

式中，v_{S} 为剪切波在弹性杆件中的传播速度。

3.1.3　有限长杆件的振动和振型

假定一根长度为 L 的杆件产生纵向振动，波动方程为式（3-6）。采用分离变量法，波动方程的一组特殊解（主振型）可以表示为

$$u(x, t) = U(x)(A\cos\lambda_{\text{n}} t + B\sin\lambda_{\text{n}} t) \tag{3-15}$$

式中，A 及 B 为常数，λ_{n} 为杆件的固有频率，$U(x)$ 是由振型定义的与时间无关的位移幅值。将式（3-15）代入式（3-6）所示的一维波动方程中，得

$$\frac{\text{d}^2 U(x)}{\text{d}x^2} + \frac{\lambda_{\text{n}}^2}{v_{\text{P}}^2} U(x) = 0 \tag{3-16}$$

该方程的解是

$$U(x) = C\cos\left(\frac{\lambda_{\text{n}} x}{v_{\text{P}}}\right) + D\sin\left(\frac{\lambda_{\text{n}} x}{v_{\text{P}}}\right) \tag{3-17}$$

式中，常数 C 和 D 由杆端的边界条件确定。对于有限长度杆件，其位移幅 $U(x)$ 分下面三种边界条件确定：两端自由，一端自由一端固定，两端固定。

1. 两端自由

杆件两端的应力、应变均为零，即 $\dfrac{\text{d}U(x)}{\text{d}x} = 0$，$\sigma = 0$，如图 3-4 所示。

对式（3-17）微分，得

$$\frac{\text{d}U(x)}{\text{d}x} = \frac{\lambda_{\text{n}}}{v_{\text{P}}}\left(-C\sin\frac{\lambda_{\text{n}} x}{v_{\text{P}}} + D\cos\frac{\lambda_{\text{n}} x}{v_{\text{P}}}\right) = 0 \tag{3-18}$$

代入边界条件 $x = 0$，$\text{d}U(x)/\text{d}x = 0$，得到 $D = 0$。

代入边界条件 $x = L$，$\text{d}U(x)/\text{d}x = 0$，得到

$$C\sin\frac{\lambda_{\text{n}} L}{v_{\text{P}}} = 0 \tag{3-19}$$

所以

$$\frac{\lambda_{\text{n}} L}{v_{\text{P}}} = n\pi \tag{3-20a}$$

这样得到各阶振型的固有频率 λ_{n}、f_{n} 及固有周期 T_{n}

$$\lambda_{\text{n}} = \frac{n\pi v_{\text{P}}}{L},\ f_{\text{n}} = \frac{n v_{\text{P}}}{2L},\ T_{\text{n}} = \frac{2L}{n v_{\text{P}}} \quad (n = 1,\ 2,\ 3,\ \cdots) \tag{3-20b}$$

将 $\lambda_{\text{n}} = n\pi v_{\text{P}}/L$，$D = 0$ 代入式（3-17），就可以确定两端自由杆件的振型

$$U(x) = C\cos\frac{n\pi x}{L} \quad (n = 1,\ 2,\ 3,\cdots) \tag{3-21}$$

图 3-4 给出了初始三个振型 （$n=1$，2，3）的形态。

2．一端自由，一端固定

如图 3-5 所示，一端自由、一端固定的长度为 L 的杆件产生纵向振动，其边界条件为：$x=0$，$U=0$；$x=L$，$\partial U/\partial x=0$。根据边界条件得

$$C=0，D\cos\frac{\lambda_n L}{v_P}=0 \tag{3-22}$$

由此可得

$$\frac{\lambda_n L}{v_P}=(2n-1)\frac{\pi}{2} \tag{3-23a}$$

这样得到固有频率和固有周期的表达式为

$$\lambda_n=(2n-1)\frac{\pi}{2}\frac{v_P}{L}，f_n=\frac{nv_P}{4L}，T_n=\frac{4L}{nv_P}\quad(n=1，2，3，\cdots) \tag{3-23b}$$

所以一端自由、一端固定情况下的振型可表示为

$$U(x)=D\sin\frac{\lambda_n x}{v_P}=D\sin\left(\frac{2n-1}{2L}\pi x\right) \tag{3-24}$$

图 3-5 给出了初始三种振型的形态。

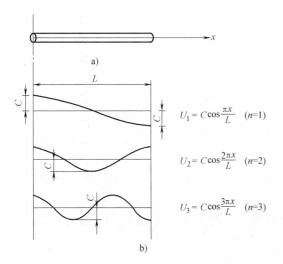

图 3-4　两端自由的有限长度杆件的振型

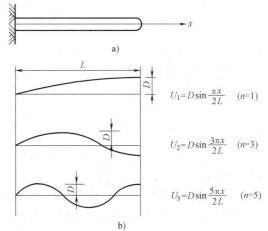

图 3-5　一端固定一端自由的有限长度杆件的振型

3．两端固定

如图 3-6a 所示，两端固定的长度为 L 的杆件产生纵向振动，其边界条件为 $x=0$，$U=0$；$x=L$，$U=0$。根据边界条件可得

$$C=0，D\sin\frac{\lambda_n L}{v_P}=0 \tag{3-25}$$

因此

$$\frac{\lambda_n L}{v_P}=n\pi$$

这样得到

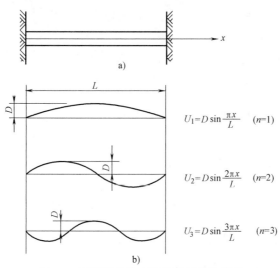

图 3-6　两端固定的有限长度杆件的振动

$$\lambda_n = \frac{n\pi v_P}{L}, \quad f_n = \frac{nv_P}{2L}, \quad T_n = \frac{2L}{nv_P} \quad (n=1,\ 2,\ 3,\ \cdots) \tag{3-26}$$

所以两端固定情况下的振型可表示为

$$U(x) = D\sin\frac{n\pi x}{L} \quad (n=1,\ 2,\ 3,\ \cdots) \tag{3-27}$$

图 3-6b 中给出了初始三个振型的形态。

上述分析过程和结论同样适用于剪切波传递的情况，只要把其中的 v_P 替换为 v_S 就可以了。从以上分析可以看出，有限长杆件的自振频率 f_n 与以下几个因素有关：

1）边界条件。两端自由的杆件在一端固定后，第一自振频率 f_{n1} 降低一半；边界条件对相邻振型之间的频率差没有影响，均为 $\pi v_P / L$。

2）波速。自振频率与波速成正比，波速越大，自振频率越高。这个特征可以用于杆件的波速测试。

3）长度。自振频率与长度成反比，长杆具有较低的自振频率而短杆具有较高的自振频率。这个特征可用于杆件的长度确定，比如桩的长度检测。

对于较为重要的第一振型的周期 T_{n1} 和频率 f_{n1}，三种边界条件下的结果总结如下：

两端自由和两端固定　　　　　$f_{n1} = \dfrac{v_P}{2L}, \quad T_{n1} = \dfrac{2L}{v_P}$

一端自由一端固定　　　　　　$f_{n1} = \dfrac{v_P}{4L}, \quad T_{n1} = \dfrac{4L}{v_P}$

这些振型可以看作是一维波动方程［式（3-6）］的特解，杆件的一般振动则可以表示为这些特解的线性组合，即

$$u(x,t) = \sum_{k=1}^{\infty} (A_k \cos\lambda_{nk}t + B_k \sin\lambda_{nk}t) U_k(x) \tag{3-28a}$$

$$A_k = \frac{2}{L}\int_0^L \varphi(x) U_k(x)\,\mathrm{d}x \quad (k=1,2,3,\cdots) \tag{3-28b}$$

$$B_k = \frac{1}{\lambda_{nk}} \cdot \frac{2}{L} \int_0^L \psi(x) U_k(x) \, \mathrm{d}x \quad (k = 1, 2, 3, \cdots) \tag{3-28c}$$

式中，λ_{nk} 为第 k 阶振型的固有频率；$U_k(x)$ 为第 k 阶振型的幅值方程；A_k 为与初始位移函数 $\varphi(x)$ 有关的常数；B_k 为与初始速度函数 $\psi(x)$ 有关的常数。

3.1.4 共振法测杆件波速的原理

从以上分析结果可以看出，杆件的固有频率与波速有关。如用一个纵向的或者扭转的力去激振柱状试件，得到试件共振时的频率，即固有频率，这样就可以根据固有频率公式得到试件的波速。这就是共振柱试验测试土的波速的基本原理。

如纵向激振两端自由的试件，得到初次共振（$n=1$）时的频率 f_n。由式（3-20b）可知

$$v_P = \frac{\lambda_n L}{\pi} = 2 f_n L \tag{3-29a}$$

同理，对于承受扭转激振的两端自由的试件，初次共振时，有

$$v_S = \frac{\lambda_n^T L}{\pi} = 2 f_n L \tag{3-29b}$$

式中，λ_n^T 为杆件扭转振动时的固有频率。

根据压缩波速和剪切波速可以进一步求得弹性模量和剪切模量为

$$E = \rho v_P^2, \quad G = \rho v_S^2 \tag{3-30}$$

式中，ρ 为杆件密度。

但在具体试验中，试件两端不可能做到绝对自由，往往采用的是底部固定、顶端自由的模式。另一个问题是安装在试样顶端的激振驱动和测量装置的存在也会改变试件顶端的边界条件。因此，在一端固定、一端自由模式基础上，用在自由端附加的质量块来代表激振驱动和测量装置的质量，最终成为图 3-7 所示的模型。

杆件顶端作用力 F 为质量块的惯性力，这个力可表达为

$$F = \frac{\partial u}{\partial x} AE \bigg|_{X=L} = -m \frac{\partial^2 u}{\partial t^2} \bigg|_{X=L} \tag{3-31}$$

式中，A 为杆（即试件）的截面积，m 为附于自由端质量块的质量。

将固定端边界条件（$x=0$，$u=0$）代入式（3-17），得

$$U(x) = D \sin \frac{\lambda_n x}{v_P} \tag{3-32}$$

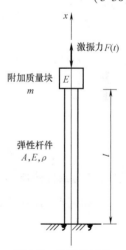

图 3-7 共振柱试验模型

将位移表达式〔式（3-15）〕分别对 x 及 t 求一阶和二阶导数，得

$$\frac{\partial u}{\partial x} = \frac{\partial U}{\partial x} (A \cos \lambda_n t + B \sin \lambda_n t) \tag{2-33a}$$

$$\frac{\partial^2 u}{\partial t^2} = -\lambda_n^2 A (A \cos \lambda_n t + B \sin \lambda_n t) \tag{2-33b}$$

在 $x=L$ 处作用有力 F，将上述两式代入式（3-31）中，得

$$AE \frac{\partial u(L)}{\partial x} = m \lambda_n^2 u(L) \tag{3-34}$$

最后将式（3-32）代入式（3-34）中，可得

$$AE\frac{\lambda_n}{v_P}\cos\frac{\lambda_n L}{v_P} = m\lambda_n^2\sin\frac{\lambda_n L}{v_P} \tag{3-35a}$$

因为有 $E=\rho v_P^2$，上式可简化为

$$\frac{AL\rho}{m} = \frac{\lambda_n L}{v_P}\tan\frac{\lambda_n L}{v_P} \tag{3-35b}$$

式（3-35b）即适用于图 3-7 所示系统的频率方程。为简化起见，令 $\beta=\lambda_n L/v_P$，因此式（3-35b）可写成

$$\frac{AL\rho}{m} = \beta\tan\beta \tag{3-35c}$$

式（3-35c）左边也表示杆件质量与附件质量块质量之比。由式（3-35c）算出 β 值，然后测得试件的固有频率 f_n，采用下式求得试件的波速

$$v_P = \frac{2\pi f_n L}{\beta} \tag{3-35d}$$

当 $AL\rho/m\to\infty$ 时（即 $m\to0$ 时），杆件接近于一端固定一端自由，这种情况下 $\beta\to\dfrac{\pi}{2}$，$v_P\to4f_n L$。当 $AL\rho/m\to0$ 时，该系统接近于一个单自由度振动系统，它的弹簧刚度 $K=AE/L$，这种情况下，$\beta\to AL\rho/m$，$v_P\to2\pi f_n L/\sqrt{AL\rho/m}$。

对于扭转振动的杆件，参照式（3-35b）可得

$$\frac{I}{I_0} = \frac{\lambda_n^T L}{v_S}\tan\frac{\lambda_n^T L}{v_S} \tag{3-36a}$$

令 $\alpha=\dfrac{\lambda_n^T L}{v_S}$，则

$$\frac{I}{I_0} = \alpha\tan\alpha, \quad v_S = \frac{2\pi f_n L}{\alpha} \tag{3-36b}$$

式中，I 为试件的质量极惯性矩（又称转动惯量）；I_0 为附件块体的质量极惯性矩；λ_n^T 和 f_n^T 分别为扭转振动的圆频率和频率。对于圆柱形试件有 $I=\rho\pi LD^4/32$，D 为圆杆的直径，L 为试件的长度。

3.1.5 杆端波的反射

采用行波法，一维波动方程（3-6）的解还可以表示为

$$u = f(x-v_P t) \tag{3-37}$$

式（3-37）分别对 x 和 t 求导，可得

$$\frac{\partial u}{\partial x} = f'(x-v_P t), \quad \frac{\partial^2 u}{\partial x^2} = f''(x-v_P t) \tag{3-38a}$$

$$\frac{\partial u}{\partial t} = -v_P f'(x-v_P t), \quad \frac{\partial^2 u}{\partial t^2} = v_P^2 f''(x-v_P t) \tag{3-38b}$$

将上述二次导数代入一维波动方程（3-6），获等号两边相等，这证明式（3-37）可作为

一维波动方程的解。同样可以证明下式也是一维波动方程（3-6）的解

$$u = f(x + v_\mathrm{p} t) \tag{3-39}$$

由于式（3-6）是线性微分方程，因此以上两个解的和也是它的解。波动方程更一般的解可以表示为

$$u = f_1(x - v_\mathrm{p} t) + f_2(x + v_\mathrm{p} t) \tag{3-40}$$

式中，第一项 f_1 表示的物理意义是向 x 正方向传播的波，又称为下行波；第二项 f_2 表示的物理意义是向 x 负方向传播的波，又称为上行波。波的具体形态由函数 f_1、f_2 确定。

压缩波从弹性杆件的一端传到另一端时就要反射回来，反射波的特征可以采用上述行波法分析。如图 3-8 所示，如果在杆的两端同时有一个压缩波和一个拉伸波相对传播，当它们在中间相遇时，在交会区域的应力等于零，但是质点运动速度是原先的两倍。这种状态与波传播至自由端的状态相同，因此继续上行的拉伸波可以看作下行的压缩波在自由端的反射波（图 3-8e）。

现在考虑另外一种情况，如图 3-9 所示，在杆的两端分别有两个压缩波相对传播。当两个波相遇时，截面上的应力达到了单一波时的两倍，而质点运动速度为零。当两个波互相交叉通过以后，它又恢复到原来的形状和大小。这时中间截面上的应力为零，质点没有移动，好像一个固定端。因此，继续上行的压缩波可以看作下行的压缩波在固定端的反射波（图 3-9d）。

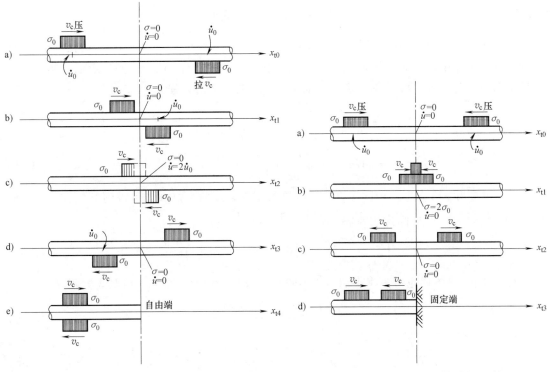

图 3-8　弹性波在自由端的反射　　　　　图 3-9　弹性波在固定端的反射

综上所述，对于自由端，反射波的性质（压缩或拉伸）与入射波相反；对于固定端，反射波的性质（压缩或拉伸）与入射波相同。

3.2 弹性无限介质中的体波

3.2.1 压缩波和剪切波

假设弹性介质是均质的和各向同性的。从这样的介质中取出一个小的单元，其各边为 Δx、Δy、Δz。作用在单元上的各个力如图 3-10 所示。

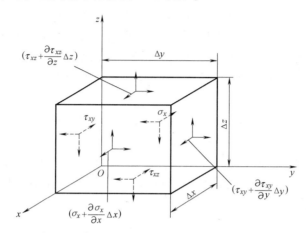

图 3-10 作用在无限弹性介质中小单元上的应力

该单元每一个面上的应力用正交的矢量组来表示。实线矢量作用于单元看到的面上，而虚线矢量表示作用在背面。单元的静力平衡可用平行于各个轴线的力之和来表示。当单元体趋近于无穷小时，各边用 dx、dy、dz 代替，x 方向的平衡方程为

$$\left(\sigma_x + \frac{\partial \sigma_x}{\partial x}dx\right)dydz - \sigma x dydz + \left(\tau_{xy} + \frac{\partial \tau_{xy}}{\partial y}\right)dxdz -$$

$$\tau_{xy}dxdz + \left(\tau_{xz} + \frac{\partial \tau_{xz}}{\partial z}dz\right)dxdy - \tau_{xz}dxdy = 0 \tag{3-41}$$

在 y 方向和 z 方向上，用同样方法，取平行于各轴线的力之和，可得到类似方程。忽略体积力，并在 x 方向上应用牛顿第二定律，可以得到

$$\left(\frac{\partial \sigma_x}{\partial x} + \frac{\partial \tau_{xy}}{\partial y} + \frac{\partial \tau_{xz}}{\partial z}\right)dxdydz = \rho(dxdydz)\frac{\partial^2 u}{\partial t^2} \tag{3-42}$$

对 y 方向、z 方向也可写出类似式（3-42）的方程。因此可得到一组联立方程

$$\begin{cases} \rho\dfrac{\partial^2 u}{\partial t^2} = \dfrac{\partial \sigma_x}{\partial x} + \dfrac{\partial \tau_{xy}}{\partial y} + \dfrac{\partial \tau_{xz}}{\partial z} & (3\text{-}43a) \\[3mm] \rho\dfrac{\partial^2 v}{\partial t^2} = \dfrac{\partial \tau_{yx}}{\partial x} + \dfrac{\partial \sigma_y}{\partial y} + \dfrac{\partial \tau_{yx}}{\partial z} & (3\text{-}43b) \\[3mm] \rho\dfrac{\partial^2 w}{\partial t^2} = \dfrac{\partial \tau_{zx}}{\partial x} + \dfrac{\partial \tau_{zy}}{\partial y} + \dfrac{\partial \sigma_z}{\partial z} & (3\text{-}43c) \end{cases}$$

式中，v 和 w 分别为 y 方向和 z 方向的位移。

式（3-43a）、式（3-43b）、式（3-43c）的右边部分可以用位移来表示。利用下列弹性介质的各个应力-应变关系，可以实现这一点。

$$\begin{cases} \sigma_x = \lambda\varepsilon + 2G\varepsilon_x, & \tau_{xy} = \tau_{yx} = G\gamma_{xy} \\ \sigma_y = \lambda\varepsilon + 2G\varepsilon_y, & \tau_{yz} = \tau_{zy} = G\gamma_{yz} \\ \sigma_z = \lambda\varepsilon + 2G\varepsilon_z, & \tau_{zx} = \tau_{xz} = G\gamma_{zx} \end{cases} \tag{3-44}$$

$$G = \frac{E}{2(1+\nu)}, \quad \lambda = \frac{\nu E}{(1+\nu)(1-2\nu)}$$

式中，ν 是泊松比；λ 和 G 是拉梅常数（G 也称为剪切模量）；ε 为体积应变，$\varepsilon = \varepsilon_x + \varepsilon_y + \varepsilon_z$。

为了将应变和转动用位移来表示，还需要用下列关系

$$\begin{cases} \varepsilon_x = \dfrac{\partial u}{\partial x}, & \gamma_{xy} = \dfrac{\partial v}{\partial x} + \dfrac{\partial u}{\partial y}, & 2\omega_x = \dfrac{\partial w}{\partial y} - \dfrac{\partial v}{\partial z} \\ \varepsilon_y = \dfrac{\partial v}{\partial y}, & \gamma_{yz} = \dfrac{\partial w}{\partial y} + \dfrac{\partial v}{\partial z}, & 2\omega_y = \dfrac{\partial u}{\partial z} - \dfrac{\partial w}{\partial x} \\ \varepsilon_z = \dfrac{\partial w}{\partial z}, & \gamma_{zx} = \dfrac{\partial u}{\partial z} + \dfrac{\partial w}{\partial x}, & 2\omega_x = \dfrac{\partial v}{\partial x} - \dfrac{\partial u}{\partial y} \end{cases} \tag{3-45}$$

式中，ε 及 γ 分别是正应变和剪应变，ω 是围绕各个轴的转动。

将式（3-44）和式（3-45）中适当的关系代入式（3-43a）中，得

$$\rho\frac{\partial^2 u}{\partial t^2} = (\lambda + G)\frac{\partial\varepsilon}{\partial x} + G\,\nabla^2 u \tag{3-46}$$

同理，式（3-43b）及式（3-43c）可改写为

$$\rho\frac{\partial^2 v}{\partial t^2} = (\lambda + G)\frac{\partial\varepsilon}{\partial y} + G\,\nabla^2 v \tag{3-47}$$

$$\rho\frac{\partial^2 w}{\partial t^2} = (\lambda + G)\frac{\partial\varepsilon}{\partial z} + G\,\nabla^2 w \tag{3-48}$$

式中，∇^2 为笛卡尔坐标中的拉普拉斯算子，定义为

$$\nabla^2 = \frac{\partial^2}{\partial x^2} + \frac{\partial^2}{\partial y^2} + \frac{\partial^2}{\partial z^2}$$

式（3-46）、式（3-47）及式（3-48）为无限均质各向同性的弹性介质的波动方程。

上述运动方程共有两个解，一个解描述体积膨胀波（无转动波）的传播，称为压缩波；另一解描述纯转动波（等体积波）的传播，称为剪切波。第一个解是通过将式（3-46）、式（3-47）及式（3-48）对 x、y 和 z 微分，再将三者叠加起来，整理后可得如下形式的方程

$$\rho\frac{\partial^2\varepsilon}{\partial t^2} = (\lambda + 2G)\nabla^2\varepsilon \quad 或\frac{\partial^2\varepsilon}{\partial t^2} = v_P^2\,\nabla^2\varepsilon \tag{3-49}$$

上式正是波动方程的形式，其中

$$v_P = \sqrt{\frac{\lambda + 2G}{\rho}} \tag{3-50}$$

v_P 为压缩波在无限介质中的传播速度。将 G 及 λ 表达式代入式（3-50），得

$$v_P^2 = \frac{E(1-\nu)}{\rho(1+\nu)(1-2\nu)} = \frac{E_b}{\rho} \tag{3-51}$$

式中，E_b 为体积模量。如果 $\nu = 0$，$v_P^2 = E/\rho$，则压缩波波速与弹性杆中的一样。如果 $\nu > 0$，那么 $E_b > E$，弹性无限介质的压缩波波速大于在弹性杆件中的压缩波波速，即压缩波在无限介质中比在杆件中传播速度快，这是因为无限介质中有侧向约束。

第二个解是将式（3-47）对 z 微分，将式（3-48）对 y 微分，然后相减，消去 ε。其结果为

$$\rho \frac{\partial^2}{\partial t^2}\left(\frac{\partial w}{\partial y} - \frac{\partial v}{\partial z}\right) = G \nabla^2 \left(\frac{\partial w}{\partial y} - \frac{\partial v}{\partial z}\right) \tag{3-52}$$

再利用式（3-45）中转动 ω_x 的表达式，可得

$$\rho \frac{\partial^2 \omega_x}{\partial t^2} = G \nabla^2 \omega_x \quad 或 \quad \frac{\partial^2 \omega_x}{\partial t^2} = v_S^2 \nabla^2 \omega_x \tag{3-53a}$$

同理可得出 ω_y 和 ω_z 的类似表达式

$$\frac{\partial^2 \omega_y}{\partial t^2} = v_S^2 \nabla^2 \omega_y \tag{3-53b}$$

$$\frac{\partial^2 \omega_z}{\partial t^2} = v_S^2 \nabla^2 \omega_z \tag{3-53c}$$

由式（3-53a）可知剪切波的波速为

$$v_S = \sqrt{\frac{G}{\rho}} \tag{3-54}$$

可以看出，剪切波在无限介质中的传播速度与杆件中的传播速度是相同的。

比较式（3-54）和式（3-51），并将 G 的计算公式代入式（3-54），可得两种波的波速比为

$$\frac{v_P}{v_S} = \sqrt{2\left(\frac{1-\nu}{1-2\nu}\right)} > 1 \tag{3-55}$$

压缩波的波速为 v_P 比剪切波的波速 v_S 要大，比值 v_P/v_S 随着泊松比 ν 的增大而增大：当 $\nu = 0$ 时，$v_P/v_S = \sqrt{2}$；当 $\nu \to 0.5$ 时，$v_P/v_S \to \infty$。

由以上分析可知，无限弹性介质能传递两种类型的波：压缩波（纵波、初至波、P 波、无转动波、膨胀波）和剪切波（横波、二次波、S 波、畸变波、等体积波）。这两种波统称为体波。它们代表了质点运动的两种不同形式，且传播速度也不一样。体波的传播速度与介质的密度以及弹性参数有关，对于岩土介质，更与其含水量、裂隙发育、风化程度及埋藏条件有关。表 3-1 给出了一些常见岩土介质的弹性压缩波波速。

表 3-1 常见岩土介质的弹性压缩波波速

介质名称	纵波速度/m·s⁻¹	密度/g·cm⁻³	介质名称	纵波速度/m·s⁻¹	密度/g·cm⁻³
干砂、砾石	100~600	2.3~2.8	黏土	1200~2800	1.25~2.32
泥	500~1900	0.76~1.58	疏松砂岩	1500~2500	1.8~2.4
湿砂、砾石	200~2000	1.5~2.0	致密砂岩	1800~4300	2.22~2.70

（续）

介质名称	纵波速度/m·s⁻¹	密度/g·cm⁻³	介质名称	纵波速度/m·s⁻¹	密度/g·cm⁻³
石灰岩、白云岩	2000~6250	1.75~2.88	水	1430~1590	0.98~1.01
花岗岩	4500~6500	2.4~3.4	冰	3100~4300	0.97~1.07
空气	310~360	0.0012	煤	1600~1900	1.25~1.84

3.2.2 剪切波的分解

如图 3-11 所示，n 为波的传播方向，u 为质点的位移。选择适当的坐标系，使波的传播方向位于 xOy 平面内，把与波的传播方向相垂直的面称为波阵面，则 P 波的位移矢量垂直于波阵面，S 波的位移矢量在波阵面内。S 波的位移矢量可以分解成两个分量：一个分量位于 xOy 平面内，叫作 SV 波（竖向偏振的剪切波）；另外一个分量垂直于 xOy 平面，叫作 SH 波（水平偏振的剪切波）。P 波和 SV 波构成平面内运动（平面应变问题），SH 波则构成平面外运动。

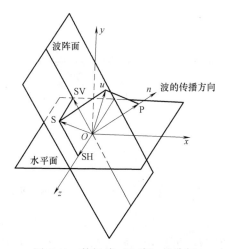

图 3-11 剪切波（S 波）的分解

3.2.3 弹性体波的反射和折射

当弹性体波传到两层介质的界面时，就会产生反射和折射。Kolsky（1963）给出了弹性体波在界面处的反射和折射的解答。图 3-12 给出了 P 波、SV 波和 SH 波由介质 1 传递到介质 2 时在界面处产生的反射和折射。如果 P 波抵达两层介质的界面（图 3-12a），就产生两个反射波和两个折射波。反射波包括一个 P 波和一个 SV 波，分别用 P_1 和 SV_1 表示（介质 1 内）；同样地，折射波包括一个 P 波和一个 SV 波，用 P_2 和 SV_2 表示（在介质 2 内）。α 为 P 波与垂直面的夹角，β 为 S 波与垂直面的夹角。根据斯奈尔（Snell）定律有

$$\alpha_1 = \alpha_2 \tag{3-56a}$$

$$\frac{\sin\alpha_1}{v_{P1}} = \frac{\sin\alpha_2}{v_{P1}} = \frac{\sin\beta_1}{v_{S1}} = \frac{\sin\alpha_3}{v_{P2}} = \frac{\sin\beta_3}{v_{S2}} \tag{3-56b}$$

式中，v_{P1} 和 v_{P2} 分别为介质 1 和介质 2 的 P 波速度，v_{S1} 和 v_{S2} 为 S 波速度。

如果 SH 波到达两层介质的界面（图 3-12b），就必然有一个反射的 SH 波（SH_1）和一个折射的 SH 波（SH_2）。这时有

$$\beta_1 = \beta_2 \tag{3-57a}$$

$$\frac{\sin\beta_1}{v_{S1}} = \frac{\sin\beta_3}{v_{S2}} \tag{3-57b}$$

最后，SV 波到达两层介质的界面时（图 3-12c），产生两种反射波（P_1，SV_1）和两种折射波（P_2，SV_2）。这时，有

$$\beta_1 = \beta_2 \tag{3-58a}$$

$$\frac{\sin\beta_1}{v_{S1}} = \frac{\sin\alpha_2}{v_{P1}} = \frac{\sin\beta_2}{v_{S1}} = \frac{\sin\beta_3}{v_{S2}} = \frac{\sin\alpha_3}{v_{P2}} \tag{3-58b}$$

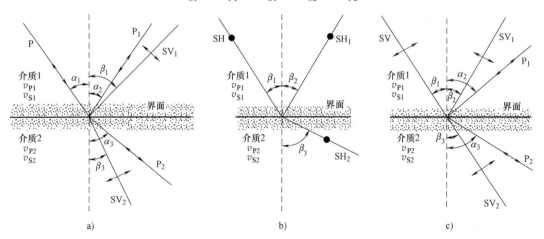

图 3-12　P 波、SV 波和 SH 波的反射和折射

如果介质 2 的波速大于介质 1 的波速，即 $v_1 < v_2$，那么折射角就会大于入射角。这样就存在一个特殊的入射角 i_c，使得折射角达到最大值，即 90°，显然它满足以下条件

$$\frac{\sin i_c}{\sin 90°} = \frac{v_1}{v_2}, \quad 即 \ i_c = \arcsin\left(\frac{v_1}{v_2}\right) \tag{3-59}$$

i_c 被称为临界入射角。当体波的入射角 $\theta = i_c$ 时，折射波沿着两层介质的界面滑行（图 3-13a）；而当体波的入射角 $\theta > i_c$ 时，就不会产生折射波，出现全反射现象，能量集中在介质 1 内传播（3-13b）。由此可以看出，波的反射和折射与层状介质的特性及波的入射角度均有关系。

弹性体波在各种界面均会产生反射和折射。波的反射和折射既可以改变波的传播方向，产生新的波型，还会造成不同类型波之间的相互干涉，大大增加了波动的复杂性。这种界面在自然界和工程中是普遍存在的，因而在分析弹性波的传播中必须考虑界面处的反射和折射。岩土介质常见的界面类型包括：

1）地壳层状结构之间的界面。

2）不同土层之间的界面，或岩层之间的界面。

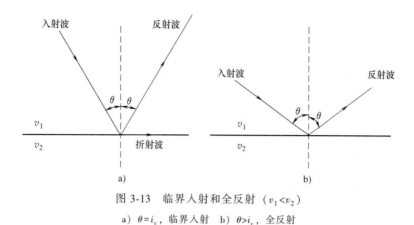

图 3-13　临界入射和全反射（$v_1 < v_2$）

a）$\theta = i_c$，临界入射　b）$\theta > i_c$，全反射

3）构造面，包括断层面及岩体内的结构面。

4）土层与岩层之间的界面，如上覆土层与基岩的界面，盆地边缘覆盖层与基岩的界面。

5）地下构筑物与周围岩土介质的界面。

6）半无限空间表面，也就是地壳与大气圈的界面。

下面分析一种简单情况下的折射波和反射波的位移情况，即 P 波垂直入射情况。假定图 3-12a 中的 P 波为垂直入射（$\alpha_1 = 0°$），到达界面时仅产生反射波 P_1 和折射波（透射波）P_2，且反射角（α_1）和折射角（α_2）均为 0°。定义反射系数 R_{PP} 和透射系数 T_{PP} 为

$$R_{PP} = \frac{A_{P1}}{A_P}, \quad T_{PP} = \frac{A_{P2}}{A_P} \tag{3-60}$$

式中，A_{P1} 和 A_{P2} 分别为入射波和透射波的位移。根据佐伊普里兹（Zoeppritz）方程，反射系数 R_{PP} 和透射系数 T_{PP} 的表达式为

$$R_{PP} = \frac{\rho_1 v_1 - \rho_2 v_2}{\rho_1 v_1 + \rho_2 v_2}, \quad T_{PP} = \frac{2\rho_1 v_1}{\rho_1 v_1 + \rho_2 v_2} \tag{3-61}$$

可以看出，反射系数 R_{PP} 和透射系数 T_{PP} 的大小与波阻抗 ρv 有关。定义阻抗比 k 为

$$k = \frac{\rho_2 v_2}{\rho_1 v_1}$$

则，反射系数 R_{PP} 和透射系数 T_{PP} 还可表示为

$$R_{PP} = \frac{1-k}{1+k}, \quad T_{PP} = \frac{2}{1+k} \tag{3-62}$$

因此，反射系数 R_{PP} 和透射系数 T_{PP} 的大小仅与阻抗比 k 有关。下面分几种情况来讨论：

1）$k > 1$ 时，有 $R_{PP} < 0$、$T_{PP} < 1$。当阻抗变大时，产生位移方向相反的反射波，透射波位移小于入射波位移。

2）$0 < k < 1$ 时，有 $0 < R_{PP} < 1$、$1 < T_{PP} < 2$。当阻抗减小时，产生位移方向相同的反射波，透射波位移大于入射波位移。

3）$k = 0$ 时，有 $R_{PP} = 1$、$T_{PP} = 2$。在自由界面处，反射波位移大小和方向与入射波相同，造成自由界面处的位移为入射波位移的两倍。

3.3 饱和土中的体波

饱和土体属于两相介质，土颗粒为固相而孔隙水为液相。Biot（1956）首先建立了饱和多孔介质中的应力波传播理论，该理论的基本假设为：

1）土骨架是理想弹性多孔介质，土颗粒可压缩。

2）孔隙水可压缩，在土中的流动服从广义达西定理。

3）土体均匀且各向同性，孔隙相互连通。

4）孔隙尺寸远小于波长。

5）不计温度等因素的影响。

其中，忽略土颗粒的压缩性的控制方程在土动力学中应用最为普遍。这种情况下得到的压缩波和剪切波的波速为

$$
\begin{cases}
\dfrac{1}{v_{P1}^2} \cdot \dfrac{1}{v_{P2}^2} = \dfrac{1}{K_f(\lambda+2G)}\left(\rho_1\rho_2 - i\rho\rho_f\dfrac{b}{\rho_f\omega}\right) \\[3mm]
\dfrac{1}{v_{P1}^2} + \dfrac{1}{v_{P2}^2} = \dfrac{1}{n(\lambda+2G)}\left(\rho_1 n - i\dfrac{b}{\omega}\right) - \dfrac{ib-\rho_2\omega}{\omega K_f} \\[3mm]
\dfrac{1}{v_S^2} = \dfrac{1}{v_{S0}^2} + \dfrac{ib\rho_2}{G(ib-\rho_2\omega)}
\end{cases}
\tag{3-63}
$$

$$
\rho_1 = (1-n)\rho_s, \quad \rho_2 = n\rho_f
\tag{3-64}
$$

$$
b = \frac{n\rho_f g}{k_d}
\tag{3-65}
$$

式中，v_{P1} 和 v_{P2} 分别为土颗粒和流体传递的压缩波波速，v_S 为土颗粒传递的剪切波的波速；ω 为振动频率；K_f 为孔隙流体的体积模量；λ 和 G 为土骨架的 Lame 常数；ρ_1、ρ_2 分别为单位体积饱和土内的土颗粒和流体的质量；ρ_s 和 ρ_f 分别为土颗粒和流体的密度；n 为孔隙率；b 为反映黏性耦合的参数；g 为重力加速度，k_d 为渗透系数。

可以看出，饱和介质存在两个压缩波和一个剪切波。这两个压缩波分别叫作流体波（通过流体传播）和骨架波（通过土骨架传播）。由于孔隙水不能传递剪力，因此土中的剪切波只通过土骨架传递。这三种体波的波速均与振动频率有关，因此都具有弥散性。由于流体波的影响，使得饱和土中波的传播变得复杂，需要判断所测的压缩波速度是流体波的还是骨架波的。下面给出两种极限情况下的体波波速。

1. 孔隙流体可以自由流动

对于渗透系数较大的饱和砾石和砂石，可以认为 $k_d \to \infty$，因此有 $b \to 0$，根据式（3-63）可得

$$
v_{P1} = \sqrt{\frac{\lambda+2G}{\rho_1}}, \quad v_{P2} = \sqrt{\frac{K_f}{\rho_2}}, \quad v_S = \sqrt{\frac{G}{\rho_1}}
\tag{3-66a}
$$

不含空气的水的体积模量 K_f 约为 2100MPa，密度 ρ_f 约为 1000kg/m³，波速 v_p 一般为 1400m/s，因此水中压缩波的波速要远远大于一般土体中压缩波的波速。注意式（3-66）中关于密度的计算。

这种情况下，体波与振动频率无关，不具弥散性。流体压缩波受固体压缩波的激发和干扰，而固体压缩波可不受流体压缩波的干扰。

2. 孔隙流体无渗流时

对于渗透系数小的黏土，波的传播过程中可认为孔隙流体不发生渗流。这种情况下 $k_d \to 0$，因此有 $b \to \infty$，根据式（3-63）可得

$$v_{P1} = v_{P2} = \sqrt{\dfrac{\dfrac{K_f}{n} + \lambda + 2G}{\rho}}, \quad v_S = \sqrt{\dfrac{G}{\rho}} \tag{3-66b}$$

式中，ρ 为饱和土的密度，即 $\rho = \rho_1 + \rho_2$。在这种情况下，只有一个压缩波和一个剪切波。由于水的体积变形模量 K_f 要远大于一般黏土土骨架的体积变形模量 $\lambda + 2G$，因此这种情况下的压缩波波速主要受水的控制。

3.4 弹性半无限空间中的面波

这一节分析波在弹性半无限介质中的传播问题，这种问题更具有实际意义。同样假定在半无限空间内，介质为均质、各向同性及弹性的。已经证明，在弹性半无限空间的表面，由于体波的反射和干涉，会产生在一定深度范围内传播的面波。一种是瑞利波（R 波），它由压缩波（P 波）和剪切波（SV 波）在半无限空间表面的反射、干涉产生，质点运动轨迹为竖直平面内的椭圆运动。另一种是勒夫波（L 波），在半无限介质表面有低速层的情况下，由于剪切波（SH 波）的干涉而产生，质点运动轨迹为水平面内的横向运动。

3.4.1 瑞利波（R 波）

根据弹性理论得到的瑞利波的波速方程如下

$$16\left(1 - \frac{v_R^2}{v_P^2}\right)\left(1 - \frac{v_R^2}{v_S^2}\right) = \left[2 - \left(\frac{\lambda + 2G}{G}\right)\left(\frac{v_R^2}{v_P^2}\right)\right]^2\left(2 - \frac{v_R^2}{v_S^2}\right)^2 \tag{3-67}$$

式中，v_R、v_S 和 v_P 分别为瑞利波、剪切波和压缩波的波速。令

$$\frac{v_R^2}{v_P^2} = \alpha^2 K^2, \quad \frac{v_R^2}{v_S^2} = K^2, \quad \frac{1}{\alpha^2} = \frac{\lambda + 2G}{G} = \frac{2 - 2\nu}{1 - 2\nu} \tag{3-68}$$

由此，式（3-67）可改写成

$$16(1 - \alpha^2 K^2)(1 - K^2) = (2 - K^2)^2(2 - K^2)^2 \tag{3-69a}$$

展开后并重新排列，可写成

$$K^6 - 8K^4 + (24 - 16\alpha^2)K^2 + 16(\alpha^2 - 1) = 0 \tag{3-69b}$$

上式是 K^2 的三次方程，按给定的 ν 值计算 α，就可求得 K 的实数解。K 值表示瑞利波速度与剪切波速度之比。显而易见 K^2 与波的频率无关；因此瑞利波的速度也与频率无关，也就是非弥散的。

图 3-14 给出了泊松比 ν 由 $0 \sim 0.5$ 变化时的 v_R/v_S 和 v_P/v_S。可以看出，瑞利波波速略小于剪切波波速；压缩波波速要明显大于剪切波波速，尤其是在泊松比 ν 大于 0.35 时。

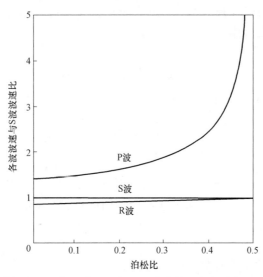

图 3-14　在弹性半空间中 P 波、S 波和 R 波传播速度与泊松比 ν 之间的关系

对应于给定的泊松比，任意深度 z 处的水平向振幅 U_z 和竖向振幅 W_z 可用波数 N 来表示，波数 N 的定义为

$$N = \frac{2\pi}{L_R} \tag{3-70}$$

$$L_R = v_R T \tag{3-71}$$

式中，L_R 为瑞利波波长，T 为振动的周期。

例如当 $\nu = 0.25$，可解得 U_z 和 W_z 如下

$$U_z = -\exp(-0.8475zN) + 0.5772\exp(-0.3933zN) \tag{3-72a}$$

$$W_z = 0.8475\exp(-0.8475zN) - 1.4679\exp(-0.3933zN) \tag{3-72b}$$

式中，z 为深度。

根据波数 N 的定义，式（3-72a）、式（3-72b）中 zN 可表示为 $2\pi z/L_R$，这样 U_z、W_z 可表示为 z/L_R 的函数。图 3-15 给出了泊松比为 0.25、0.33、0.40 和 0.50 时 U_z 和 W_z 与表面的振幅的比值随 z/L_R 的变化，以及质点的运动轨迹。质点在垂直于表面并平行于传播方向的平面中以椭圆轨迹运动，椭圆的长轴是垂直的。在自由表面上，竖向振幅约为水平向振幅的 1.5 倍。当波从左向右行进时，在 $z<0.2L_R$ 深度范围内，质点运动是逆行的，即质点在竖直平面内运动是逆时针方向的椭圆运动；当 $z>0.2L_R$ 时，质点运动是顺行的，即质点在竖直平面内运动是顺时针方向的椭圆运动。另外可以看出，振幅随着深度的增加而迅速的减小，在 1 倍波长深度就衰减到 1/5 左右。

由于瑞利波的有效传播深度与波长有关，而波长与振动周期和频率有关，这样对于不同频率的振动，传播的深度也就不同。低频、长周期的振动产生大的波长，因此会有大的传递深度。对于波速随深度而变化的层状介质，就会产生瑞利波波速与振动频率（传递深度）相关的现象，这种现象被称为瑞利波的频散现象，是面波法勘测的理论基础。

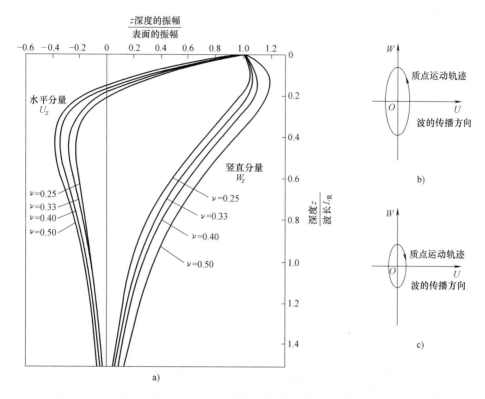

图 3-15　瑞利波质点运动方式及振幅沿深度的变化

a）振幅随深度的衰减　b）浅部（$z<0.2L_R$）质点运动轨迹　c）深部（$z>0.2L_R$）质点运动轨迹

3.4.2　勒夫波

　　勒夫波的传播类似于图 3-16 所示的蛇形运动。质点在与波传播方向相垂直的面内做横向剪切振动。质点在水平方向的振动与波行进方向耦合后产生水平扭矩分量，这是勒夫波的重要特点之一。勒夫波的形成条件是表层具有低速层（见图 3-16），本质上是通过限制在层内并分别在自由表面和分界面上经过多次反射的那些平面波的加强干涉而形成。

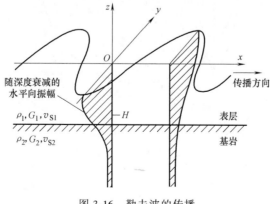

图 3-16　勒夫波的传播

勒夫波的波速 v_L 满足下式

$$G_1 \left(\frac{v_L^2}{v_{S1}^2} - 1 \right)^{1/2} \tan \left[\frac{\omega H}{v_L} \left(\frac{v_L^2}{v_{S1}^2} - 1 \right)^{1/2} \right] = G_2 \left(1 - \frac{v_L^2}{v_{S2}^2} \right)^{1/2} \tag{3-73}$$

式中，v_{S1}，v_{S2} 分别为表层低速层和下部高速层的横波波速；G_1，G_2 分别为表层低速层和下部高速层的剪切模量；ω 为振动频率；H 为表层低速层的厚度。

可以看出，勒夫波的另外一个重要特点是其波速取决于振动频率 ω，因而具有频散性。根据式（3-73），有 $v_{S1} < v_L < v_{S2}$。当频率 ω 较小而波长较大时，式（3-73）左端接近于零，故 v_L 趋近于 v_{S2}；反之，当频率 ω 较大而波长较小时，v_L 趋近于 v_{S1}，此时勒夫波在表层低速层中呈驻波，随着深度而迅速衰减。

3.5 表面点振源产生的波场与地表振动

3.5.1 波场

假设弹性半无限空间表面有一点振源（圆形基础），振动能量通过 P 波、S 波和 R 波向四周传播开来。在距离振源较近的情况下，P 波、S 波和 R 波会混杂在一起，造成的振动也较为复杂。近场体波的叠加产生特有的干涉波，干涉波的波长由频率和泊松比控制，稳态波动激振场不可能由测量得到的振动波形区分 P 波、S 波和 R 波。这种振动被称为近场振动。

当离开振源的距离等于或大于 2.5 倍波长时的振动称为远场振动。点震源产生的远场振动的基本特征如图 3-17 所示。体波以球面波形式在半空间中径向地向外传播，瑞利波则以柱面波径向地向外传播。压缩波的质点运动是平行于波阵面方向的一种推拉运动；剪切波的质点运动属于和波阵面方向正交的横向位移，瑞利波的质点运动则是由两个分量（水平和竖直）所组成。剪切窗反映了在该区域剪切波有较大的振幅出现。在泊松比 $\nu = 0.25$ 的情况下，三种弹性波各占总输入能量的百分比分别为 R 波 67%，S 波 26%，P 波 7%。由此可见对于位于或接近地面的构筑物，瑞利波具有重要的影响。

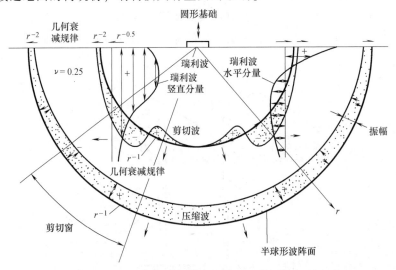

图 3-17　均匀、各向同性（$\nu = 0.25$）弹性半空间表面圆形基础产生的波（Woods，1968）

对于弹性半无限空间内部和表面的任一点，由各种波造成的振动均可以分解为三个方向的振动（两个水平方向和一个垂直方向）。如在远场表面某一位置放置传感器，记录某一方向的位移随时间的变化曲线，得到的典型结果如图 3-18 所示。首先达到的波为波速最快的 P 波，经过相对平静的一段时间以后 S 波到达，又引起一次微小的振动，随即 R 波到达，产生一次剧烈的振动。随着振源与接收点之间距离的增加，波相继到达的时间间隔也增大，而振幅减小，所以小振较快地衰退，而 R 波仍然清晰可见。当然，实际的情况要比此复杂得多。这不仅由于地壳表面是有层理的，不是均质的；还由于输入的脉冲是多次的，不是单一的。

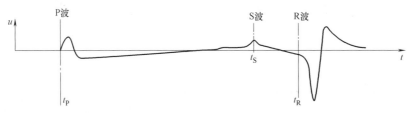

图 3-18　远场表面某一位置的波形

当各种波向外传播时，在同一波阵面上参与振动的质点数量增多。定义单位体积内包含的能量为能量密度 E，显然每种波的能量密度都将随着离开振源距离的增大而减小，理论上与波阵面的面积成反比。这种能量密度 E 减小或位移振幅减小的现象称为几何阻尼。注意几何阻尼并不会造成能量的损耗，与物理阻尼（黏滞阻尼）的本质完全不同。当体波在半空间内以半球形的波阵面向外传播时，波阵面面积按 r^2 增大，这样能量密度 E 与 r^2 成反比，而振幅 A 与 $\sqrt{E}$ 成正比，因此有

$$A_{\mathrm{P,S}} \propto \sqrt{E} \propto \sqrt{1/r^2} \propto \frac{1}{r} \tag{3-74a}$$

而在弹性半无限体的表面，有

$$A_{\mathrm{P,S}} \propto \frac{1}{r^2} \tag{3-74b}$$

同理，对于以柱面径向向外传递的瑞利波，波阵面面积与 r 成正比，这样能量密度 E 就与 r 成反比，因此

$$A_{\mathrm{R}} \propto \sqrt{E} \propto \sqrt{1/r} \tag{3-74c}$$

可以看出，半无限空间表面体波（P 波、S 波）随传播距离的衰减程度要远远大于面波（R 波）。因此，在距离振源较远的位置（远场），面波影响要远远大于体波，对面波的分析也显得尤为重要。

3.5.2　地表振动衰减

振源造成的振动会对周围的建（构）筑物、仪器设备及人员造成不利影响，在隔振设计和抗震分析中，需要解决由振源引起地基振动，土中波的传播、衰减，隔离问题。地表振动随距离的衰减计算通常采用 Bornitz 公式，即

$$W = W_1 \sqrt{\frac{r_1}{r}} \exp\left[-\alpha(r-r_1)\right] \tag{3-75}$$

式中，W_1 为参考距离 r_1 处 R 波竖向分量的参考振幅；W 为距振源 r 处 R 波竖向分量的振幅；α 为衰减系数，单位为 $1/m$。

式（3-75）是一根很陡的指数曲线，所以在近源距离处实测振幅总是小于按 Bornitz 公式计算的振幅，而远距离处总是大于按 Bornitz 公式计算的振幅。这是由于式（3-75）原是用于估算地震面波的衰减，对于体波不可忽视的近源振动是不适用的。

另外一个实用计算方法是《动力基础设计规范》中给出的动力基础地面振动衰减计算公式。认为动力面源传给地基的能量，是由体波（P、S 波）和面波（R 波）联合传播的。采用近似关系，把动力面源引起地面振动波的传播表示成与波源的距离 r，波源面积和几何衰减系数 ξ，土壤衰减系数 α_0 相关的函数

$$A_r = A_0 \left[\frac{r_0}{r}\xi + \sqrt{\frac{r_0}{r}}\left(1-\xi\right) \right] e^{-\alpha_0 f_0 (r-r_0)} \tag{3-76}$$

式中，A_0 为波源振幅；A_r 为距振源中心 r 处地面振幅；r 为距振源中心的距离；r_0 为波源半径，对于矩形或正方形面积当量半径为 $r_0 = \mu_1 \sqrt{F/\pi}$（F 为波源面积，即基础底面积；μ_1 为动力影响系数，根据振源面积 F 按照表 3-2 取值）；f_0 为波源扰动频率（在 50Hz 以内）；ξ 为与波源面积有关的几何衰减系数，按表 3-3 确定；α_0 为土的衰减系数，与土的类型和材料阻尼有关，按表 3-4 确定。

表 3-2　动力影响系数 μ_1

基础底面积 F/m^2	μ_1	基础底面积 F/m^2	μ_1
$\leqslant 10$	1.00	16	0.88
12	0.96	$\geqslant 20$	0.80
14	0.92		

表 3-3　几何衰减系数 ξ

土的名称	振动基础的半径或当量半径 r_1/m							
	$\leqslant 0.5$	1.0	2.0	3.0	4.0	5.0	6.0	$\geqslant 7.0$
一般黏性土、粉土、砂土	0.70~0.95	0.55	0.45	0.40	0.35	0.25~0.30	0.23~0.30	0.15~0.20
饱和软土	0.70~0.95	0.50~0.55	0.40	0.35~0.40	0.23~0.30	0.22~0.30	0.20~0.25	0.10~0.20
岩石	0.80~0.95	0.70~0.80	0.65~0.70	0.60~0.65	0.55~0.60	0.50~0.55	0.45~0.50	0.25~0.35

注：1. 对于饱和软土，当地下水深 1m 及以下时，ξ 取较小值，1~2.5m 时取较大值，大于 2.5m 时取一般黏性土的 ξ 值。

2. 对于岩石覆盖层在 2.5m 以内时，ξ 取较大值，2.5~6m 时取较小值，超过 6m 时，取一般黏性土的 ξ 值。

表 3-4　地基土能量吸收系数 α_0 值

地基土名称及状态		$\alpha_0/(s/m)$
岩石（覆盖层 1.5~2.0m）	页岩、石灰岩	$(0.385 \sim 0.485) \times 10^{-3}$
	砂岩	$(0.580 \sim 0.775) \times 10^{-3}$
硬塑的黏土		$(0.385 \sim 0.525) \times 10^{-3}$
中密的块石、卵石		$(0.850 \sim 1.100) \times 10^{-3}$

（续）

地基土名称及状态	$\alpha_0/(s/m)$
可塑的黏土和中密的粗砂	$(0.965 \sim 1.200) \times 10^{-3}$
软塑的黏土、粉土和稍密的中砂、粗砂	$(1.255 \sim 1.450) \times 10^{-3}$
淤泥质黏土、粉土和饱和细砂	$(1.200 \sim 1.300) \times 10^{-3}$
新近沉积的黏土和非饱和松散砂	$(1.800 \sim 2.050) \times 10^{-3}$

注：1. 同一类地基土上，振动设备大者（如质量为 $1.0 \times 10^4 kg$、$1.6 \times 10^4 kg$ 锻锤），α_0 取小值，振动设备小者取较大值。

2. 同等情况下，土壤孔隙比大者，α_0 取偏大值，孔隙比小者，α_0 取偏小值。

式（3-76）的方括号内反映了波的能量密度随着波源的距离增加而减小，即为几何衰减，方括号外的指数表示由于土的材料阻尼造成的波的衰减。由表 3-3 可见，波源半径 r_0 小时，几何衰减系数 ξ 值大，即体波所占成分大；当 r_0 值大时，几何衰减系数 ξ 趋向小，即体波所占成分小，面波成分相应提高。当 $\xi \to 0$ 及 $f_0 = 1$，式（3-76）即退化为 Bornitz 面波公式。

3.6 振动的屏蔽

地表存在的各类振源（动力基础、打桩等施工振动，各类交通动荷载）产生的振动都会对周围环境产生影响。影响建筑物的振动能量大多数是由瑞利波从振源传来的。如果这种影响超过人、建筑物或机器设备的允许范围，就需要采取措施来减小或消除这种影响。采用隔振屏障来阻隔或屏蔽地表一定深度范围内的振动波的传播是广泛采用的一种方法。这种方法又分为两大类，一类是主动隔振，即将隔振屏障布置在震源附近（见图 3-19a）；一类是被动隔振，即将隔振屏障布置在被保护对象附近（见图 3-19b）。

无论是主动隔振还是被动隔振，仅能够在隔振屏障后一定范围内形成一个振动屏蔽区（见图 3-19c），被保护对象应该在这个区域之内。有效屏蔽区的范围及隔振效果通常通过振幅衰减系数 ARF 和隔振效率这两个参数来评价，定义为

$$ARF = \frac{\text{设置屏障后的竖向振幅}}{\text{无屏障的竖向振幅}} \qquad (3-77a)$$

$$隔振效率 = 1 - ARF \qquad (3-77b)$$

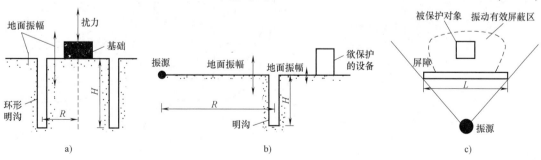

图 3-19 阻隔屏障的设置

a）主动隔振 b）被动隔振 c）有效屏蔽区

61

振幅衰减系数越小，隔振效率越高，隔振效果越好。Woods 认为有效屏蔽区内的 ARF 应当小于或等于 0.25。

3.6.1 隔振原理

依据弹性波传播理论，当应力波在传播过程中遇到阻抗不同的物体时，会产生反射、散射和衍射。隔振屏障是在波传播路径上设置的一定宽度和深度的物体，与地基的波阻抗有较大的差异。当振动波在地基土中传播，遇到隔振屏障后便产生反射（透射）、散射和衍射。隔振效果是波的反射、散射和衍射综合作用的结果。总体上讲，波的反射（透射）与隔振屏障材料类型和厚度有关，而波的衍射与隔振屏障的平面尺寸（即深度和长度）有关。

如图 3-20a 所示，地基土的阻抗为 $\rho_1 v_1$，厚度为 B 的隔振屏障的阻抗为 $\rho_2 v_2$。稳态的入射波 u_i 在隔振屏障的左右两个界面处分别会产生反射波 u_r 和 u_r'，穿透隔振屏障后的波为透射波 u_t。根据弹性波反射理论可以得到透射波与入射波的振幅之比，即透射率 T_u 为

$$T_u = \frac{u_t}{u_i} = \frac{4k}{\sqrt{(1+k)^4 + (1-k)^4 - 2(1-k^2)^2 \cos\dfrac{\omega B}{v_2}}} \qquad (3-78)$$

$$k = \frac{\rho_1 v_1}{\rho_2 v_2}$$

式中，k 为阻抗比；ω 为入射波的圆频率。

透射率越小，隔振效果越好。图 3-20b 给出了根据式（3-78）得到的厚度为 B、阻抗比为 k 的软屏障（$k<1$）和硬屏障（$k>1$）的透射率。可以看出，两种材料均可以起到隔振效果，且阻抗比越大，效果越好。增大隔振屏障的宽度可以提高隔振效果，但是当宽度增大到一定程度后，隔振效果不能再继续提高。杨先健等（2013）给出，对于软屏障，其厚度可按下式初步确定

$$B = \frac{v_2}{2f} \qquad (3-79)$$

式中，f 为入射波频率。

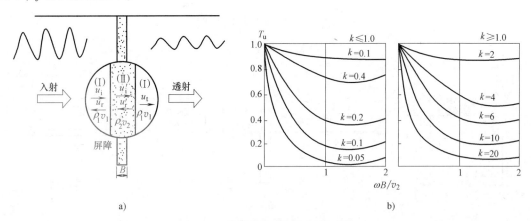

a)   b)

图 3-20　弹性波的透射与透射系数

a）波的透射　b）两种材料的透射系数

隔振屏障的深度与波的衍射效应相关，而波的衍射现象与波长直接相关。从理论上讲，波长 λ_R 越长，衍射现象越明显，屏障深度 H 也就需要越大。图3-21为波的衍射率（衍射造成的振幅与入射波振幅之比）与 H/λ_R 的关系。由图可见，当深度 H 为 $1/4 \sim 1/3$ 波长 λ_R 时，振幅可减少 $50\% \sim 60\%$。因此，要获得一定的隔振效果，屏障深度应大于 $\lambda_R/4$。但是当 H 接近波长 λ_R 时，如果再增加深度，其衍射率减小（即隔振效率增加）甚微。

根据衍射效应分析结果，杨先健等（2013）给出隔振屏障的深度 H 和长度 L 的布置原则

主动隔振（$R \leqslant 2\lambda_R$）　　　$H > (0.8 \sim 1.0)\lambda_R$，$L \geqslant (2.5 \sim 3.125)\lambda_R$　　　(3-80a)

被动隔振（$R \leqslant 2\lambda_R$）　　　$H > (0.7 \sim 0.9)\lambda_R$，$L \geqslant (6 \sim 7.5)\lambda_R$　　　(3-80b)

Woods（1968）进行了一系列的明沟隔振的现场试验，沟深为 H，沟宽为 W，长度为 L 延伸角为 θ，与震源距离为 R。作为一个例子，图3-32给出了的明沟（延伸角 $\theta = 180°$）主动隔振的 ARF 等值线。以 ARF $\leqslant 0.25$ 为标准确定的明沟主动隔振的布置原则为：

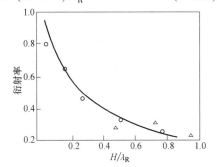

图 3-21　衍射率与屏障深度的关系

1）当 $\theta = 360°$ 时（即环形布置），H/λ_R 不能小于 0.6。

2）当 $90° < \theta < 360°$ 时（即扇形布置），有效屏蔽的范围可以这样确定（见图3-22）：先通过震源与明沟的两端点作射线，然后在明沟的内测另作两条与之成 $45°$ 的射线，这两条射线以内的区域即为有效屏蔽范围。H/λ_R 不能小于 0.6。

3）当 $\theta < 90°$ 时，不能获得有效的振动屏蔽。

明沟被动隔振的布置原则为：

1）H/λ_R 应该在 $1.2 \sim 1.5\lambda_R$，即平均值约为 1.33。

2）隔振沟宽度 W 对屏蔽效果没有影响。

3）有效的被动隔振也可以用隔振沟的竖向剖面面积 A（$A = LH$）来控制，当 $R = 2\lambda_R$ 时，$A = 2.5\lambda_R^2$；当 $R = 7\lambda_R$ 时，$A = 6.0\lambda_R^2$。

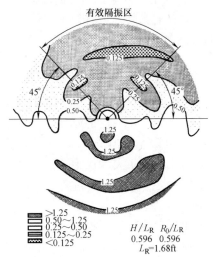

图 3-22　明沟主动隔振的 ARF 等值线，$\theta = 180°$（自 Woods，1968）

Woods 等人（1974）根据图 3-23 所示的试验结果，提出了单排圆柱孔（直径为 D，间距为 S_n）隔振屏障的布置原则：

$$D/\lambda_R \geqslant 1/6, \quad S_n/\lambda_R < 1/4 \tag{3-81}$$

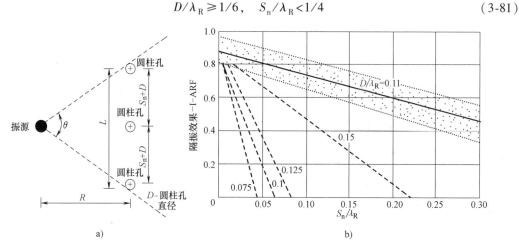

图 3-23 圆柱孔隔振效果（自 Woods，1974）

a）圆柱孔布置 b）隔振效果

3.6.2 隔振屏障

只要隔振屏障的阻抗与地基土不同，就有隔振效果；其差别越大，隔振效果越好。因此工程中应用的隔振屏障材料种类较多。图 3-24 给出了常用的一些隔振材料的瑞利波阻抗值。与土的阻抗相比，这些材料可以分为两大类，一类是阻抗小于土的材料，称为软屏障；另一类是阻抗大于土的材料，称为硬屏障。一般情况下，软屏障比硬性屏障更有效。

隔振屏障的布置有连续屏障和非连续屏障两种方式（杨先健等，2013）。

1. 连续屏障

1）空沟。这是常见的地面屏障形式，空沟可以完全阻断任何形式的弹性波，因此其隔振效率最高。但因其深度受限制，其衍射效率低而总的隔振效率并非最理想。

2）泥浆沟。在空沟中注以膨润土泥浆，可有效增加空沟深度，但泥浆可传递压缩波而降低透射隔振效率。

3）气垫屏障。在空沟中夹以不透气的土工织物气垫，可形成有效的隔振屏障。

4）刚性墙。一般为混凝土刚性墙，在一定的厚度下具有较理想的隔振效率，不受深度限制，但造价高。

5）刚性夹心墙。在混凝土刚性墙之间夹一层泡沫塑料，由于泡沫塑料波速远低于混凝土而提高了屏障的透射隔振效率，因此可减小刚性墙厚度。

6）连续板桩。这是一种柔性连续屏障，可根据需要设计成单层或多层，可以方便地做到需要的深度，其材料可采用钢、木或钢筋混凝土。

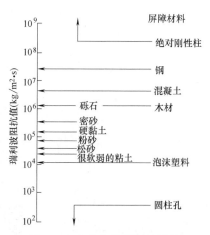

图 3-24 各种土及隔振材料的瑞利波阻抗值

2. 非连续屏障

1）空井排。一定直径的圆形空井，按一定距离排列，为单排或为多排。对一定波长的振波，能有效地隔离。这是非连续屏障中最为有效的形式。

2）粉煤灰（或泡沫水泥）桩排。在井孔中注以波速较低的粉煤灰，但粉煤灰的饱和度对隔振有一定影响，设计时要考虑场地地下水对粉煤灰饱和度的影响。

3）砖壁井排。较小或直径不太大的井孔，可采用半砖或1/4砖厚的护壁。与无护壁井孔相近，是一种经济和有效的屏障结构形式

4）泡沫塑料桩排。与泡沫水泥及粉煤灰桩排类似，但应考虑泡沫塑料的老化。

5）钢筋混凝土壁井排。对于外径为内径 $1.05\sim1.20$ 倍（常用的筒壁厚度）的钢筋混凝土壁圆孔，介质中波的散射与无护壁井孔相近。当壁厚由小到大增加时，孔壁中动应力随之增加，而孔壁周围介质的动应力也随之减小。如孔壁中的动应力大到一定程度后，其散射效应就与土介质中的钢筋混凝土桩一致了，此时应按混凝土桩排考虑。

6）混凝土或钢筋混凝土桩排。既可作为隔振屏障，也可同时作为支承建筑物的桩基。

7）钢管壁井排。当钢管壁的刚度与土介质刚度关系，使钢管壁产生动应力很小时，可按无护壁井排考虑，否则应按桩排考虑。另外要考虑的问题是钢管的腐蚀和价格问题。

——— 思考题与习题 ———

1. 一混凝土杆件，密度为 $2.5\times10^3\,\mathrm{kg/m^3}$，弹性模量为 $2.0\times10^4\,\mathrm{MPa}$。杆端受到应力 $\sigma_x=100\mathrm{kPa}$ 的激振，作用时间为 $1\mathrm{s}$。求：

（1）杆端受荷载作用时的速度。

（2）杆件内压缩波传播的速度。

（3）$5\mathrm{s}$ 后压缩波传播到的位置。

2. 有三根长 $1\mathrm{m}$ 的杆件，材料分别为混凝土（$G=20\mathrm{GPa}$）、有机玻璃棒（$G=2\mathrm{GPa}$）和黏土（$G=50\mathrm{MPa}$），给出一端自由、一端固定情况下这三个杆件扭剪振动的前三个振型的主振频率及振型图。

3. 叙述杆件端部边界条件对反射波特征的影响。

4. 某种土的弹性模量 $E=50\mathrm{MPa}$，泊松比为 0.2，对比压缩波和剪切波在由这种土所组成的半无限地基及一维土柱中传播的速度。

5. 简述瑞利波质点位移特征及其随深度的变化。

6. 某地基由饱和砾石土组成，土骨架的弹性模量 $E=100\mathrm{MPa}$，泊松比为 0.2，土的孔隙率为 0.3，土颗粒的相对密度为 2.71。求压缩波和剪切波在该地基中的传播速度。

7. 某地基由饱和黏土组成，土骨架的弹性模量 $E=20\mathrm{MPa}$，泊松比为 0.2，土的孔隙率为 0.5，土颗粒的相对密度为 2.75。求压缩波和剪切波在该地基中的传播速度。

8. 某地基的浅部由题6中的砂土组成，深部由题7中的黏土组成，不考虑水的影响，求当压缩波以 $30°$ 角（与垂直方向的夹角）传播至两层土的界面时，所产生的反射和折射波的类型和传播方向。

9. 何为几何阻尼？简述体波和面波的衰减与传播距离的关系。

弹性波波速是土的最基本的动力特性指标。现场波速测试（Wave Velocity Test）是在现场利用各种方法测得的土层的压缩波、剪切波或瑞利波的波速，然后确定土层在小应变条件下（$10^{-4} \sim 10^{-6}$）的动弹性模量、动剪切模量和动泊松比等参数。除此之外，土的波速测试还可用于：

1) 地震工程中划分场地类型，计算场地卓越周期。
2) 判断地基土液化的可能性。
3) 评价地基土的类别和检验地基加固效果等。

本章介绍几种现场波速测试方法：钻孔波速法、面波法和折射波法，并介绍如何利用弹性反射波法检测桩基质量。

4.1 钻孔波速法

4.1.1 试验原理

钻孔波速法是将振源或拾振器放置在钻孔中，测量由振源传播到拾振器的直达波的传递时间及距离，然后根据下式计算岩土层的波速

$$v = L / \Delta t \tag{4-1}$$

式中，v 为岩土层压缩波波速或剪切波波速；L 为直达波的传播距离，即振源与拾振器之间的直线距离；Δt 为直达波的传播时间。

图 4-1 给出了由同步记录的振源和拾振器的振动信号确定 Δt 的基本原理。改变拾振器的深度，便可以得到不同深度岩土层的波速。通过波速可以进一步估算岩土体的其他动力性质参数，如动剪切模量、动压缩模量、动泊松比。

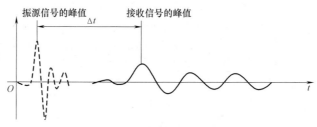

图 4-1　传播时间 Δt 的确定

钻孔波速法分为单孔法和跨孔法两种，如图 4-2 所示。单孔法又称检层法，分为孔下法

和孔上法两种。孔下法是在地面设置振源，在钻孔一定深度处放置拾振器，主要检测水平方向剪切波（SH 波）及压缩波（P 波）。孔上法正好相反，是将振源放置在孔内一定深度，将拾振器放置在地面。跨孔法是按照一定间距布置两个钻孔，一个钻孔中放置振源，另一个钻孔放置拾振器，主要检测竖向剪切波（SV 波）波速和压缩波（P 波）。

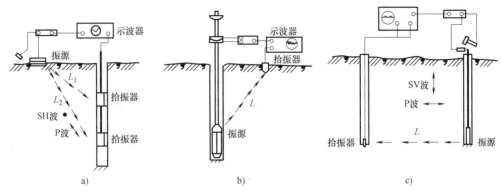

图 4-2　钻孔波速测试示意图（据《土工原理和计算》）

a）单孔法—孔下法　b）单孔法—孔上法　c）跨孔法

　　孔下法测试中，可以在钻孔中只布置一个拾振器，也可以像图 4-2c 中那样布置两个拾振器，这样做的好处是可以简化单孔孔下法的数据处理过程，像跨孔法一样直接得到两个拾振器之间土层的波速。

　　近年来，在传统测试技术和方法的基础上，钻孔波速测试法也有很大的发展，产生了一些新的测试设备和方法。

　　一种是在静力触探试验中利用安装在触探探头内的拾振器接收振动信号，同时得到锥头阻力、摩擦比和波速等指标。这种试验称为振动静力触探试验（Seismic Cone Penetration Test，简称 SCPT），如图 4-3a 所示。类似地，也有将拾振器安装在扁铲试验的钻杆上。这类试验本质上均可归类于孔下法。由于省去了成孔过程，大大提高了测试效率。

　　另一种是图 4-3b 给出的是悬挂式测井系统，主要由主机、电磁式激振源、水平分量检波器、阻尼器及高强度连接软管等组成。电磁式激振源在孔内激振，井孔内的泥浆产生以水平向振动为主的 P 波，P 波到达孔壁时，除经折射进入地层外，还产生沿孔壁传播振动方向垂直于孔壁的 S 波，S 波沿孔壁向下滑行的过程中，还不断产生水平向振动为主的 P 波。当 S 波下行至两道检波器处时，其产生的 P 波信号由两道水平分量检波器记录下来，根据接收信号的时间差及两个传感器的距离（一般为 1m）就可以计算得到土层的剪切波波速。这种试验方法在同一个钻孔内激振和拾振，大大提高了测试效率，且不受测试深度的限制。

4.1.2　钻孔波速测试的仪器设备

　　钻孔波速测试使用的仪器设备主要包括振源、拾振器、放大器和记录仪。

1. 振源

在钻孔波速测试中，必须根据测试目的及其他情况选用合适的振源。

孔下法测试的压缩波振源可采用锤击金属板或者木板，锤击方向要垂直向下，以便产生

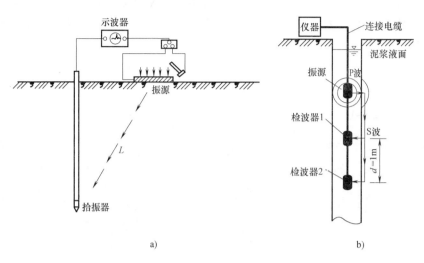

图 4-3　一些新的测试设备和方法

a) 振动静力触探试验系统　b) 悬挂式测井系统

压缩波。板与孔口距离取 1.0~3.0m。当激振能量不足时，可采用落锤和爆炸产生压缩波。

孔下法测试的剪切波振源常采用铁锤水平敲击木板，造成板在水平方向来回振动，在土层表面产生动剪切变形，进而产生向土体深部传递的剪切波（图 4-2a）。由于板和地面水平接触，因此这样的波是水平剪切波，即 SH 波。板上的荷重、板的长度及板与地面的接触条件会直接影响测试效果。一般情况下，板上的荷重越大，能激发的 SH 波的振幅也越大，但是荷重超过一定值后，对 SH 波振幅影响就会有所减少；长板的效果比短板好；板与地面接触越紧密越好，可以采取一些措施提高板与地面的接触，如在板底安装铁齿、地面上洒水或水泥浆等。当进行深层测试时，振源需产生足够的能量。一般情况下，板与孔口距离取 1.0~3.0m，板的尺寸为 2500mm×300mm×50mm，板上压重的质量大于 400kg。

跨孔法测试的压缩波振源常采用电火花或爆炸等。跨孔法的剪切波振源有两种，一种是井下剪切锤，一种是用标贯器。

井下剪切波锤是一种机械式振源，如图 4-4 所示，它可用于各类土层。这种装置由一个固定的圆筒体和滑动重锤组成。测试时，把该装置放到钻孔某一深度处，通过地面的液压装置将四个活塞推出使筒体紧贴井壁，然后向上拉连接在锤顶部的钢丝绳，使活动重锤向上冲击固定筒体，就会在筒体和孔壁间产生剪切振动；松开钢丝绳，滑动重锤自由下落冲击固定筒体，同样也会产生剪切振动。由于振源作用力方向的改变，实际收到的 SV 波初至相位差 180°，这对鉴别 SV 波的初至是有益的（其原理在后面给出）。完成一个测点的测试后，可以通过地面的液压装置缩回活塞，再放到另一个深度，继续进行测试。

用标贯器也可激发剪切波，这种振源装置携带方便，操作简单，缺点是不能进行坚硬密实地层的跨孔法波速测试，并且需要一边钻进一边测试，不能一次成孔测试。

2. 拾振器

波速测试时，无论选择什么样的振源，都会产生复合波，这就要求接收器既能观察到竖直振动分量，同时又能观察到两个水平方向的振动分量，以便更好地识别剪切波或压缩波到

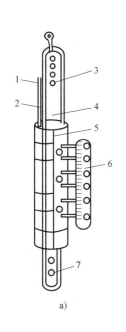

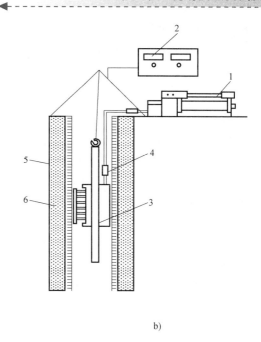

a)　　　　　　　　　　　　　　　　　　　　b)

图 4-4　井下剪切波锤

a）结构简图

1—扩张液管　2—收缩液管　3—上部活动质量块　4—滑杆　5—井下锤固定部分　6—井下锤扩张板　7—下部活动质量块

b）安装图

1—液压泵　2—信号采集仪　3—井下剪切波锤　4—套管　5—钻孔壁　6—填砂或注浆

达的时刻，所以一般采用三分量检波器。三分量检波器是由三个传感器按相互垂直的方向固定并密封在一个无磁性的圆筒内制成的，如图 4-5 所示。

检波器贴壁的效果将直接影响到信号接收效果。按照检波器贴壁方法的不同，可以将检波器分为充填式、弹跳式和磁吸式三种。充填壁式（图 4-5）是通过检波器上安装的气囊充气膨胀后将检波器固定在钻孔中，缺点是测试时如果不注意充气压力的大小，气囊很容易胀破，也容易被一些坚硬的物体刺破。我国目前批量生产的充填式检波器有三种，其技术指标见表 4-1。弹跳式是通过机械弹力将检波器贴在孔中，而磁吸式则是通过磁力将其吸附在孔壁。

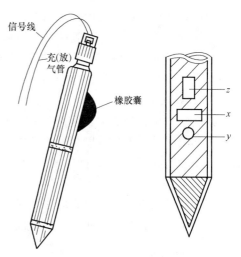

图 4-5　充填壁式井中三分量检波器

表 4-1　三种类型的充填式检波器

序号	外径/mm	膨胀后外径/mm	自振频率/Hz	适合钻孔
1	76	140~150	27	大孔径
2	70	120~130	27	中孔径
3	50	80~100	8	小孔径

选用检波器时，除外形尺寸以外，还应选用自振频率较高的检波器，这种检波器的优点在于它对方向性不敏感，即使埋置倾斜，也能有效地进行波动测试。由于检波器固有频率较高，方向性不太敏感，所以三分量检波器一般在孔中并不定向，在任何方向都能接收 P 波和 S 波。

3. 放大器和记录仪

采用多通道放大器（通道数至少两个），各通道必须有较一致的相位特性，配有可调节的增益装置，放大器放大倍数一般要求大于 200，内部噪声小，频率特性适宜，抗干扰能力强。

记录仪要求具有分辨 0.2ms 的能力，其采样速率可以调节，以便识别波形。

4.1.3 现场测试

1. 钻孔要求

首先进行测试孔的施工。可以看出，钻孔波速法中的传感器或激振设备是放置在钻孔中的。钻孔中放置一定直径的套管，套管的尺寸要与传感器和激振器的尺寸匹配。套管和钻孔之间的缝隙必须充填密实，否则就会影响套管内激振信号向周围土体的传递或者土体中的振动信号向套管中接收器的传递。充填的方法有灌砂法和注浆法。

钻孔应垂直，当孔深大于 15m 时，应对钻孔的倾斜度和倾斜方位进行量测，量测精度应达到 0.1°，钻孔如有倾斜，应做孔距的校正。

2. 单孔法（孔下法）测试

根据测试目的设置相应的振源。为了测出起振时间，在板底中心外安装一个拾振器。

将拾振器徐徐放入孔中预定深度，并紧贴孔壁。敲击木板以产生压缩波或剪切波，同步记录振源和孔内检波器采集到的振动波形。对于剪切波测试，需要记录正反两个方向激振产生的波形。做完一个深度的测试之后，进行下一个测点的测试，直到所有测点全部完成。一般情况下，每隔 1~3m 布置一个测点，自下而上进行测试。

3. 跨孔法

跨孔法与单孔法的主要区别在于将振源置于钻孔中代替地面激振。为了减少和消除振源延时引起的测试误差，可以在试验场地上打三个成一直线排列的钻孔，一个振源孔，两个接收孔。试验时在其中一个孔内的不同深度处激振，其他钻孔在同样的深度处接收直达波（SV 波和 P 波）。

测试孔的间距在土层中宜取 2~5m，岩层中宜取 8~15m。测试时根据工程情况和地质分层，每隔 1~2m 布置一个测点。当测试深度大于 15m 时，测点间距应不大于 1m。

4.1.4 资料整理

钻孔波速法资料整理步骤如下：

1）鉴别接收波波形，识别压缩波和剪切波的初至时间，减去由振源信号给出的激振时间，就得到传播时间 ΔT。

2）计算由振源到达测点的距离 L。

3）根据波的传播时间 Δt 和传播距离 L，按照式（4-1）计算波速。

4）根据波速计算其他参数。

1. 波形鉴别

资料整理的第一个内容就是波形分析和鉴别，判断压缩波或剪切波到达的时间。对于单孔法，压缩波应当采用垂直向的传感器记录的波形，剪切波应当采用水平向的传感器记录的波形；对于跨孔法，压缩波应当采用水平向传感器记录的波形，剪切波应当采用垂直向传感器记录的波形。

采用锤击木板侧边的方法可以激发出剪切波（SH 波），同时也会在地基土中激发出压缩波（图 4-6a）。由于压缩波比剪切波的传递速度快，所以实际得到的波形记录往往是剪切波和压缩波复合在一起（图 4-6b、c），这就给剪切波的初至时间鉴别带来了很大的困难。剪切波和压缩波的区分方法如下：

1）波速不同。压缩波速度快，剪切波速度慢，因此压缩波先到达，剪切波后到达。

2）波形特征。压缩波传递的能量小，因此波峰小；剪切波传递的能量大，因此峰值大。并且两者的频率不一致。当剪切波到达时，波形曲线上会有个突变，以后为测到的剪切波波形。

3）压缩波记录的长度取决于测点深度。测点越深，离开振源越远，压缩波的记录长度就越长（图 4-6b、c）。当测点深度大于 20m 或更深时，由于压缩波能量小，衰减较快，一般放大器有时候测不到压缩波波形，记录下来的波形图只有剪切波，这样就更容易鉴别了。

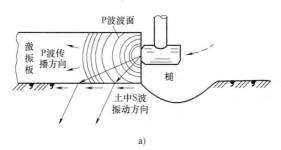

a)

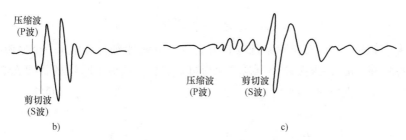

b)   c)

图 4-6 敲击激发的波与传感器接收到的波形

a）锤击木板产生的波 b）接收信号-深度较浅 c）接收信号-深度较大

4）正反两个方向敲击产生的剪切波的相位应该差 180°，因此对比正反两个方向敲击得到的信号可以方便地判断剪切波到达的时间。如图 4-7 所示，将正反两个方向敲击得到的波形叠加在一起，判断波形相位差出现 180°的时刻，就是剪切波到达的时间。

2. 波速计算

在跨孔法测试中，波在单一土层中水平向传播，因此可以直接采用式（4-1）计算波速。其中传播距离 L 取激振孔和接收孔的间距，也可以取与激振孔在同一直线上排列的两个接收

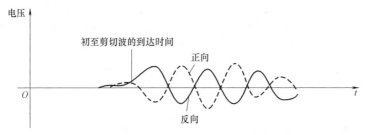

图 4-7　由正反两个方向敲击的剪切波判断剪切波峰值到达时间

孔之间的距离；Δt 为激振信号和接收信号之间的时间差，也可以为与激振信号同一直线上排列的两个拾振器之间的时间差。

对于采用双拾振器的孔下法（图 4-2a），则可以按照下式直接计算两个拾振器之间的土层的波速 v

$$v = \frac{L_1 - L_2}{\Delta t} \tag{4-2}$$

式中，L_1 和 L_2 分别为两个拾振器与激振点的距离；Δt 为两个拾振器接收波形之间的时间差。

注意采用双拾振器后，Δt 的计算与激振点的波形无关，可以消除系统延时带来的误差，对数据处理也有诸多好处（可通过判断信号之间的相关性确定传递时间 Δt）。

对于只有一个拾振器的单孔法来说，如果波的传播路径中有多个土层，采用式（4-1）计算得到的只是传播路径上所有土层的平均波速，并不能直接得到各层土的波速。这种情况下需要对测试数据按照图 4-8 所示的方式进行处理，将实线所示的传播路径（长度为 L）转化为虚线所示的垂直向下传播的路径（长度为深度 H），则对应的传播时间 T_H（称为换算时间）为

$$T_H = K T_L$$

$$K = \frac{H + H_0}{\sqrt{D^2 + (H + H_0)^2}} \tag{4-3}$$

式中，T_H 为换算时间（s）；T_L 为实测传播时间（s）；H 为测点距孔口的垂直深度；H_0 为振源与孔口的高差（m），当振源低于孔口时为负值；D 为从板中心到测试孔的水平距离。

当测点在第 n 层土中时，即 $H_{n-1} < H < H_n$，深度 H 与换算时间 T_H 之间的关系如下

$$H + H_0 = \sum_{i=1}^{n-1} H_i + v_n \left(T_H - \sum_{i=1}^{n-1} \frac{H_i}{v_i} \right) \tag{4-4}$$

式中，v_i 为第 i 层土的波速。以测试深度 H 为纵坐标，以换算时间 T_H 为横坐标，绘制图 4-9 所示的 $T_H\text{-}H$ 曲线。当场地为多层土时，得到的 $T_H\text{-}H$ 曲线由若干直线段组成，如图 4-9 所示。根据式（4-4），$T_H\text{-}H$ 曲线中第 n 条直线的斜率就是第 n 层土的波速 v_n，而折线段起始点对应的深度 H_{n-1} 为该层土的层顶埋深。这样，通过图 4-9 给出的 $T_H\text{-}H$ 关系就可以确定各层土的埋深及波速。

3. 计算岩土小应变的动弹性模量 E_d、动剪切模量 G_d 和动泊松比 ν_d

根据波速与模量的关系，可以进一步计算得到小应变动剪切模量、动弹性模量和动泊

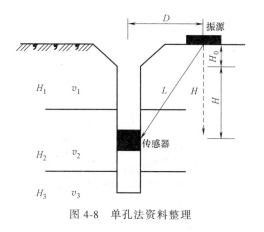

图 4-8　单孔法资料整理

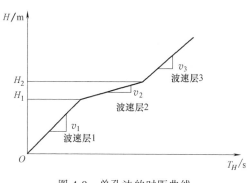

图 4-9　单孔法的时距曲线

松比

$$
\begin{cases}
G_{\mathrm{d}} = \rho v_{\mathrm{S}}^2 \\[2mm]
E_{\mathrm{d}} = \dfrac{\rho v_{\mathrm{S}}^2 (3 v_{\mathrm{P}}^2 - 4 v_{\mathrm{S}}^2)}{v_{\mathrm{P}}^2 - v_{\mathrm{S}}^2} \\[2mm]
\nu_{\mathrm{d}} = \dfrac{v_{\mathrm{P}}^2 - 2 v_{\mathrm{S}}^2}{2 (v_{\mathrm{P}}^2 - v_{\mathrm{S}}^2)}
\end{cases}
\tag{4-5}
$$

式中，v_{S}、v_{P} 分别为剪切波波速和压缩波波速（m/s）；G_{d} 为土的动剪切模量（kPa）；E_{d} 为土的动弹性模量（kPa）；ν_{d} 为土的动泊松比；ρ 为土的质量密度（g/cm^3）。

4.2　面波法

对于弹性性质随深度变化的弹性半空间，瑞利波波速 v_{R} 会随振动频率的变化而变化，这种波速对频率的依赖关系称为频散特性。面波法就是利用瑞利波在层状介质中具有的频散特性来检测土层波速，又称为瑞利波法。由于瑞利波波速和剪切波波速之间有很好的相关性，因此这种方法也可以得到土层的剪切波速。面波法产生于 20 世纪六七十年代。根据激振振源的不同，又把面波法分为稳态法、瞬态法和无源法。与钻孔波速法相比，面波法最大优点是不需要进行钻孔，可以直接在地表测量。

4.2.1　稳态面波法原理

稳态法面波法采用的是稳态激振，即振源产生的是某一频率的稳态振动波。常用的激振设备为电磁式激振器（图 4-10），配低频信号发生器及功率放大器，可以产生幅值恒定频率可变的动扰力。另外一种设备是机械式激振器，由直流电动机驱动，并用晶闸管调速器控制直流电动机变速，产生幅值随频率而变的动扰力。

稳态面波法的测试系统及布置如图 4-11a 所示。振源产生频率为 f 的正弦振动波，$z(t) = A \sin(2\pi f t)$，离振源距离 L 的地表产生频率相同的稳态振动

$$
z(t) = A' \sin(2\pi f t - \varphi)
\tag{4-6}
$$

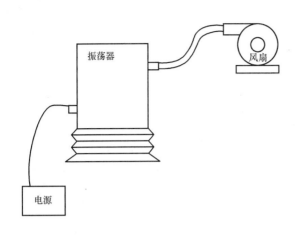

图 4-10 电磁式激振器

式中，A' 为地表的振幅，φ 为相位差。相位差 φ 与距离 L 之间的关系为

$$\frac{\varphi}{2\pi} = \frac{L}{L_R} \tag{4-7}$$

式中，L_R 为瑞利波的波长，采用下式计算

$$L_R = v_R T = v_R \frac{1}{f} \tag{4-8}$$

式中，v_R 为瑞利波的波速；T 为瑞利波的周期。这样可得到地表距离 L 处与振源的相位差 φ 的为

$$\varphi = \frac{2\pi f L}{v_R} \tag{4-9a}$$

同理，图 4-11a 所示的在瑞利波传播方向上设置的间距为 L 的 A、B 两个传感器之间的相位差 $\Delta\varphi$ 也同样可表示为

$$\Delta\varphi = \frac{2\pi f L}{v_R} \tag{4-9b}$$

这样可以得到瑞利波的波速 v_R

$$v_R = \frac{2\pi f L}{\Delta\varphi} \tag{4-10}$$

可见，只要得到 A、B 两点振动相位差 $\Delta\varphi$ 及振动频率 f，就可以计算出瑞利波波速。在稳态法测试中，激振频率 f 和周期 T 是由激振器控制的。至于相位差 $\Delta\varphi$，可以根据 A、B 两点记录得到的波形按照图 4-11b 所示方法先确定出峰值时间差 Δt，然后按下式计算

$$\frac{\Delta\varphi}{2\pi} = \frac{2\pi}{T}, \quad \Delta\varphi = \frac{2\pi\Delta t}{T} \tag{4-11}$$

其中稳态激振的周期 T 也可以根据振动波形确定（图 4-11b）。

下面讨论测得的瑞利波波速所对应的深度。瑞利波的水平分量和垂直分量在理论上是随深度减弱的。假设瑞利波的大部分能量是在约一个波长 L_R 深的半空间区域传播，并且在这个区域内土的性质是相近的，那么就可以以半个波长 $L_R/2$ 深处土的性质为代表。也就是说，测得的瑞利波波速 v_R 反映了 $L_R/2$ 深度处土的性质。由式（4-7）给出的波长 L_R 与频率 f 之

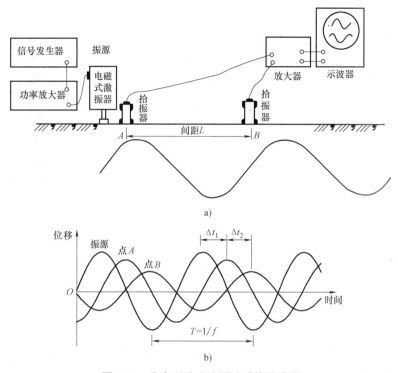

图 4-11　稳态面波速法测试系统及波形

a）稳态面波法测试系统及布置　b）稳态面波法的波形

间的关系可以看出：如果降低激振频率，波长就增大，瑞利波有效影响深度就加大；相反，提高振动频率，波长减小，影响深度就减小。面波法就是通过不同频率的稳态激振来得到不同深度的瑞利波波速 v_R，判断地质体的空间分布。

4.2.2　稳态面波法的现场操作与数据处理

1）根据试验要求布置测线。测线长度根据振源能量大小、仪器灵敏度和最低输入频率确定。在测线方向上按照一定的间距均匀地布置若干传感器，采集垂直振动信号。传感器底座插入土中，与土充分耦合。传感器的间距需要确保在一个波长之内。如间距超出一倍波长，就不容易正确确定相位差。波长可以根据土层波速范围和振动频率预估，也可在现场测定（具体方法见下一部分）。

2）确定波长。将两个拾振器放在振源边上，开动振源，使它输出频率为 f_1 的振动。此时两个拾振器接收到同一频率、同一相位的振动波。移动其中一台拾振器，如果两个拾振器的间距正好为一个波长 L_R，那么两个拾振器记录的波形同相位，没有相位差，这样就可以确定波长 L_R 了。

3）输入频率 f_1 后，继续输入 f_2，f_3，…，保存所有测点的数据。频率范围的选择主要根据测试深度。测试深度越深，选择的频率就越低。

4）对某一频率 f_i 下的测试结果，采用式（4-11）计算相邻两测点的相位差 $\Delta\varphi$，采用式（4-10）计算 v_{Ri}，采用式（4-7）计算 L_{Ri}，然后绘制 v_{Ri}-z（取 $z=L_{Ri}/2$）关系曲线。如果土层在水平方向变化不大，一般采用多个测点的平均值作为地层在深度 $L_{Ri}/2$ 的平均波速；如果土层在水平方向上是不均匀的，则由任意两个相邻传感器信号分析得到的v_{Ri}-z关系曲线仅代表这两个传感器之间的地层分布情况。

5）采用下式计算剪切波速v_S，绘制剪切波速v_S随深度z的变化曲线

$$v_S = \frac{v_R}{\eta_S} \tag{4-12a}$$

$$\eta_S = \frac{0.87+1.12\nu_d}{1+\nu_d} \tag{4-12b}$$

式中，ν_d为土的动泊松比。

4.2.3 瞬态面波法

瞬态面波法是用冲击荷载（可用大锤敲击地面或吊高重物自由下落）在地面激振的表面波谱分析法，简记为 SASW（Spectral Analysis of Surface Wave）法。与稳态面波法相比，瞬态面波法具有设备较为轻便、测试速度快的优点，与计算机成像技术相结合，还可给出地质信息的空间特征。

当锤子或落重在地表产生一瞬态激振力时，就可以产生一个宽频带的 R 波，这些不同频率的 R 波叠加在一起，以脉冲信号的形式向外传播。在地面按照一定的间距放置若干传感器，接收面波振动。当多道低频检波器接收到脉冲形振动信号后，对各观测点的信号进行相干函数和互功率谱分析，把各个频率的 R 波分离出来，并求得相应的v_R值，进而绘制面波频散曲线（v_R-f曲线）。再由频散曲线给出瑞利波波速v_R随深度z的变化曲线（v_R-z曲线）。

4.3 折射法

折射法是基于成层弹性介质中波的折射原理，在地面布置传感器，采集由土层界面折射到地表的应力波，分析给出地表以下各层土的波速及厚度。折射波法一般应用于压缩波速的测量。需要注意的是，该方法只适用于土层波速随埋深逐渐增大的情况。

4.3.1 单一界面的折射

如图 4-12 所示，上、下两层土的压缩波波速分别为v_{P1}和v_{P2}，且$v_{P1}<v_{P2}$。土层 1 的厚度为H，土层界面是水平的。一振源S在土层 1 中产生一簇入射角度i不同的入射波，到达两层土的界面后产生一簇折射波。由于土层 2 的波速大于土层 1 的波速，那么在这一簇折射波中就存在着一个特殊的折射波，即折射角为 90°的沿着土层界面水平向传播的折射波（图 4-12 中AB），并满足以下条件

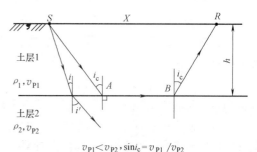

$$\frac{\sin i_c}{\sin 90°} = \frac{v_{P1}}{v_{P2}}, \quad 即 \sin i_c = \frac{v_{P1}}{v_{P2}} < 1 \tag{4-13}$$

式中，i_c为产生水平向折射波的入射角，称为

图 4-12 土层界面处波的折射

临界入射角。这个特殊的折射波在沿着土层界面传递过程中还会产生传向地表的折射波，其折射角同为 i_c。

图 4-12 所示的 S-A-B-R 传播路径的长度 L 为

$$L = \frac{2h}{\cos i_c} + (x - 2h\tan i_c) \tag{4-14}$$

式中，h 为第一层土的厚度；x 为地表 R 点与振源 S 的距离。这一传播过程所需的时间 t_1 为

$$t_1 = \frac{2h}{v_{P1}\cos i_c} + \frac{1}{v_{P2}}(x - 2h\tan i_c) \tag{4-15}$$

因为 $\sin i_c = \dfrac{v_{P1}}{v_{P2}}$，$\cos i_c = \sqrt{1 - \dfrac{v_{P1}^2}{v_{P2}^2}}$，所以

$$t_1 = \frac{x}{v_{P2}} + 2h\sqrt{\frac{1}{v_{P1}^2} - \frac{1}{v_{P2}^2}} = \frac{x}{v_{P2}} + 2h\frac{\cos i_c}{v_{P1}} \tag{4-16}$$

式（4-16）所表示的距离 x-时间 t 坐标系中的关系为一根直线，直线的斜率为 $1/v_{P2}$，在时间轴上的截距为 $2h\cos i_c / v_{P1}$。

然而，R 点还会接收到由其他路径传来的波。一种是由地表直接传递的"直达波"；另外一种是"反射波"，如图 4-13a 所示。通过分析可以得到，反射波的传播距离大于直达波的传播距离，因此直达波必然在反射波之前传递到 R 点。直达波到达 R 点所需的时间 t_2 为

$$t_2 = \frac{x}{v_{P1}} \tag{4-17}$$

如果直达波传递时间 t_2 小于折射波传递时间 t_1，那么 R 点首先接收到的是直达波，反之 R 点首先接收到的是折射波；如果 $t_2 = t_1$，那么 R 点同时接收到这两种波，这时有

$$\frac{x_c}{v_{P1}} = \frac{x_c}{v_{P2}} + 2h\sqrt{\frac{1}{v_{P1}^2} - \frac{1}{v_{P2}^2}} \tag{4-18}$$

从而得到

$$x_c = 2h\sqrt{\frac{v_{P2} + v_{P1}}{v_{P2} - v_{P1}}} \tag{4-19}$$

这时振源与接收点之间的距离记为 x_c，称为临界距离。当接收点与振源间的距离 $x < x_c$ 时，首先接收到直达波；反之，则首先接收到折射波。

在距离振源不同的位置放置若干拾振器，获得各个拾振器接收到的首波（直达波或者射波）的时间 t，整理出时间 t 与距离 x 的关系曲线如图 4-13b 所示。这条曲线由两条直线组

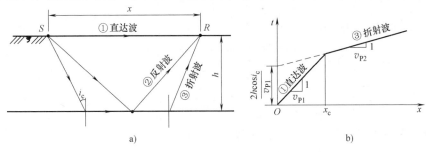

图 4-13 波的传播路径及距离 x-时间 t 曲线

a）三种波的传播路径 b）距离 x-时间 t 曲线

成，分别代表直达波和折射波，其交点对应的距离即 x_c。第一条直线经过原点，斜率为 $1/v_{P1}$；第二条直线的斜率为 $1/v_{P2}$，在时间 t 轴上截距为 $2h\cos i_c/v_{P1}$。这样，根据距离 x-时间 t 坐标系下两条直线的斜率和截距，就可以反算得到这两层土的波速 v_{P1}、v_{P2} 及土层 1 的厚度 h。

4.3.2　多层土的折射原理

下面来分析图 4-14 所示的三层土的情况，前提条件是 $v_{P3}>v_{P2}>v_{P1}$。上部两层土的厚度分别为 h_1 和 h_2，三层土中存在两个界面。正如上面分析的，R 点会接收到直达波和沿着第一个界面（土层 1 和土层 2 之间）传递的折射波，除此之外，还会接收沿着第二个界面（土层 1 和土层 3 之间）传递的折射波。下面来具体分析沿着第二个界面传递的折射波的传递路径。

这个折射波的传播路径如图 4-14 所示，由 SA 段（入射角为 $i_{3,1}$）、AB 段（折射角为 $i_{3,2}$）、BC 段（水平段）、CD 段和 DR 段组成。要产生沿着第二个界面（BC）传递的折射波，入射角 $i_{3,1}$ 和折射角 $i_{3,2}$ 需满足如下条件

$$\frac{\sin i_{3,1}}{\sin i_{3,2}}=\frac{v_{P1}}{v_{P2}} \qquad (4\text{-}20)$$

$$\sin i_{3,2}=\frac{v_{P2}}{v_{P3}} \qquad (4\text{-}21)$$

因此

$$\sin i_{3,1}=\frac{v_{P1}}{v_{P3}} \qquad (4\text{-}22)$$

每一部分的传播时间为

$$t_{SA}=t_{DR}=\frac{h_1}{v_{P1}\cos i_{3,1}} \qquad (4\text{-}23\text{a})$$

$$t_{AB}=t_{CD}=\frac{h_2}{v_{P2}\cos i_{3,2}} \qquad (4\text{-}23\text{b})$$

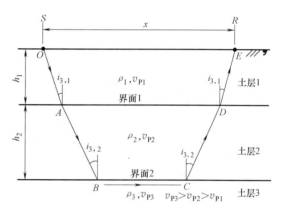

图 4-14　三层土中的第二个界面处波的折射

$$t_{BC}=\frac{\overline{BC}}{v_{P2}} \qquad (4\text{-}23\text{c})$$

折射波由振源 S 传播到 R 处所需的总时间 t 为

$$t=\frac{2h_1}{v_{P1}\cos i_{3,1}}+\frac{2h_2}{v_{P2}\cos i_{3,2}}+\frac{BC}{v_{P3}} \qquad (4\text{-}24)$$

因为 $BC=x-2h_1\tan i_{3,1}-2h_2\tan i_{3,2}$，代入得

$$t=\frac{2h_1}{v_{P1}\cos i_{3,1}}+\frac{2h_2}{v_{P2}\cos i_{3,2}}+\frac{x-2h_1\tan i_{3,1}-2h_2\tan i_{3,2}}{v_{P3}}$$

$$=2h_1\left(\frac{1}{v_{P1}\cos i_{3,1}}-\frac{\sin i_{3,1}}{v_{P3}\cos i_{3,1}}\right)+2h_2\left(\frac{1}{v_{P2}\cos i_{3,2}}-\frac{\sin i_{3,2}}{v_{P3}\cos i_{3,2}}\right)+\frac{x}{v_{P3}} \qquad (4\text{-}25)$$

将式（4-21）和（4-22）代入上式，并整理得

$$t=2h_1\frac{\cos i_{3,1}}{v_{P1}}+2h_2\frac{\cos i_{3,2}}{v_{P2}}+\frac{x}{v_{P3}} \qquad (4\text{-}26)$$

式 (4-26) 表明, 时间 t 与距离 x 的关系为一条直线, 斜率就是第三层土的压缩波波速 v_{P3} 的倒数。令 $x=0$, 可得该直线 (经第三层土折射) 在时间轴上的截距为

$$t_{03} = 2h_1 \frac{\cos i_{3,1}}{v_{P1}} + 2h_2 \frac{\cos i_{3,2}}{v_{P2}}$$

同理, 对于多层土情况, 经过第 m 层和 $m-1$ 层之间的界面传递的折射波的距离 x-时间 t 关系可表示为

$$t = 2\frac{h_1 \cos i_{m,1}}{v_{P1}} + 2\frac{h_2 \cos i_{m,2}}{v_{P2}} + \cdots + 2\frac{h_{m-1} \cos i_{m,m-1}}{v_{Pm-1}} + \frac{x}{v_{Pm}} = \frac{x}{v_{Pm}} + 2\sum_{k=1}^{k=m-1} \frac{h_k \cos i_{m,k}}{v_{Pk}}$$

(4-27)

式中, v_{Pm} 为第 m 层土的波速; v_{Pk} 为第 k 层土的波度; h_k 为第 k 层的厚度; i_{m-k} 为在第 k 层中折射波线与垂线所成的临界入射角, 采用以式求得

$$\cos i_{m,k} = \sqrt{1 - \sin^2 i_{m,k}} = \sqrt{1 - \left(\frac{v_{Pk}}{v_{Pm}}\right)^2}$$

(4-28)

式 (4-27) 表示的距离-时间方程关系仍然是线性关系。

根据各传感器离开振源的距离 x 及各传感器接收到的首波传递时间 t, 绘制图 4-15 所示的时距曲线, 有几条折线段就代表有几个土层, 各折线段的斜率的倒数即为土层波速 v_{p}。如令 $x=0$, 可以得到第 m 条线段的延长线在时间轴上的截距 t_{0m}

$$t_{0m} = 2\sum_{k=1}^{k=m-1} \frac{h_k \cos i_{m,k}}{v_{Pk}} \quad (4\text{-}29\mathrm{a})$$

根据式 (4-29a), 可以由第 $m+1$ 折线的截距 t_{0m+1} 来计算第 m 层土的厚度 h_m

$$h_m = \frac{v_{Pm}}{2\cos i_{m+1,m}} \left(t_{0m+1} - 2\sum_{k=1}^{k=m-1} \frac{h_k}{v_{Pk}} \cos i_{m,k} \right)$$

(4-29b)

这种方法俗称 t_0 法。具体应用时, 按照 $m =$ 1, 2, 3, …从小到大顺序依次计算出各土层的厚度 h_m。

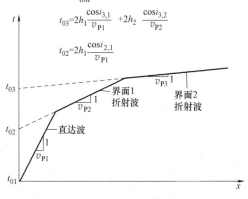

图 4-15　三层土的距离-时间曲线

4.3.3　现场操作

(1) 测线布置　根据勘探要求确定测线位置和测线方向。测线的布置主要考虑地形地质情况、所需勘探深度和范围。测试面积较大时, 可布置十字剖面。勘探深度要求较深时, 应把一次测线距离加长; 如果剖面线长超过一次测线长度, 可以分几次完成。

(2) 振源　振源有爆炸振源和锤击振源两种。由于在工程地质勘测中深度较浅, 一般用锤击振源, 如能量不够时, 可用爆炸振源。

(3) 检波器布置　检波器应垂直安放牢固。在靠近振源处应布置密一些, 然后逐步加大间距。测点布置疏密, 直接影响时距曲线精度。

(4) 激振, 记录信号　激振后记录各传感器接收的信号; 然后移动振源, 检波器位置不动, 以此类推进行多个位置的激振检测。这样做的目的是获得地层沿测线方向的变化情况。

例 4-1 某场地采用折射法的测试结果见表 4-2。表中给出了一条直线上布置的 14 个传感器与振源的距离以及各传感器接收到的首波的传播时间 t。场地地下水位埋深为 3.75m。根据表中给出的数据，分析现场土层的分布情况，以及各层土的波速及厚度。

表 4-2　某场地现场测试数据表

距离 x /m	放大倍率 /db	时间 t /ms	距离 x /m	放大倍率 /db	时间 t /ms
1	9	6	8	12	20.5
2	9	11	9	15	22
3	9	13.5	10	21	22.5
4	9	15.5	11	21	23.0
5	9	16.5	12	21	24.0
6	12	18.0	15	21	26.5
7	12	19.5	20	21	30.0

解： 1）根据表中数据绘制折射波时距曲线，如图 4-16 所示。

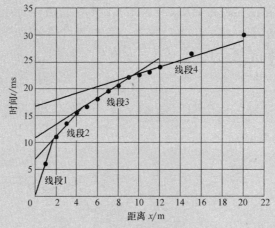

图 4-16　时距曲线

2）判断时距曲线可分为 4 条折线段，对应场地土的 4 种土层，确定出各折线段两点对应的时间 t 和距离 x，以及在纵坐标上的截距 t_0，并由此计算各层土的波速 v_p，见表 4-3。

表 4-3　测试成果表

线段编号	起点 t_1 /ms	终点 t_2 /ms	距离 x_1 /m	距离 x_2 /m	截距 t_0/ms	波速 v_p /(m/s)	厚度 h/m
1	0	11	0	2	0	182	0.648
2	11	15.5	2	4	6.5	444	0.837
3	15.5	18.0	4	9	10	770	2.729
4	18.0	30	9	21	16.5	1375	/

3）各层土的厚度计算采用 t_0 法。

第一层土的厚度

$$h_1 = t_{02} \frac{v_{P1}}{2\cos i_{2,1}} = \frac{6.5}{1000} \times \frac{182}{2} / \sqrt{1 - \left(\frac{182}{444}\right)^2} = 0.648\text{m}$$

第二层土的厚度

$$h_2 = \left(t_{02} - \frac{2h_1}{v_{P1}}\cos i_{3,1}\right) \frac{v_{P2}}{2\cos i_{3,2}} = \left[\frac{10}{1000} - \frac{2 \times 0.648}{182} \times \sqrt{1 - \left(\frac{182}{770}\right)^2}\right] \times \frac{444}{2} / \sqrt{1 - \left(\frac{444}{770}\right)^2}$$

$$= 0.837\text{m}$$

第三层土的厚度

$$h_3 = \left(t_{03} - \frac{2h_1}{v_{P1}}\cos i_{4,1} - \frac{2h_2}{v_{P2}}\cos i_{4,2}\right) \frac{v_{P3}}{2\cos i_{4,3}} = \left[\frac{16.5}{1000} - \frac{2 \times 0.648}{182} \times \sqrt{1 - \left(\frac{182}{1375}\right)^2} - \right.$$

$$\left. \frac{2 \times 0.837}{444} \times \sqrt{1 - \left(\frac{444}{1375}\right)^2}\right] \times \frac{770}{2} / \sqrt{1 - \left(\frac{770}{1375}\right)^2}\text{ m} = 2.729\text{m}$$

分析：现场的地下水位埋深为 3.75m。从计算成果可以看到第一层表土比较疏松，速度比较低，第二层粉质黏土速度高一些，第三层湿的粉质黏土的波速较高，原因是随着土中含水量的升高，压缩波波速增长比较快。处于地下水位以下的第四层土的波速接近清水中压缩波波速 1500m/s。可以看出土的饱和状态对压缩波波速的影响，当土中所含孔隙水尚未饱和时，压缩波波速为 700～900m/s；饱和时就要超过 1000m/s，随着孔隙率不同，波速将在 1500m/s 上下变化。

4.4　桩基质量检测低应变反射法

成桩工艺不当、沉桩方式不合理或地质条件等因素，都可能使桩基产生表 4-4 中列出的各种质量问题。因此工程中需要采用可靠的方法对桩基质量进行检测，判断缺陷性质、缺陷位置及缺陷程度。低应变反射法就是基于弹性杆件反射波原理，检测桩基质量的一种动力测试方法。

表 4-4　桩基常见质量问题

桩型	质量问题及原因
灌注桩	1. 断桩：(a) 侧向挤土断裂；(b) 拔管过快断裂；(c) 缩颈严重断裂；(d) 混凝土停灌断裂。 2. 混凝土离析：搅拌不均匀或振捣不密实。 3. 夹泥或空洞：(a) 孔壁出现塌落，泥土夹入桩料；(b) 混凝土搅拌不均匀，从而形成空洞。 4. 缩径：土质越软弱，桩径变小。扩径一般不作为缺陷。 5. 混凝土强度等级不达标。 6. 短桩：偷工减料。
混凝土预制桩	1. 断桩：(a) 接桩位置脱开；(b) 桩身拉断或剪断。 2. 裂缝：运输或打桩过程中混凝土拉裂。 3. 接桩不良：多节桩的接桩质量问题。 4. 混凝土强度等级不达标。

4.4.1 低应变反射法原理

把桩当作一维弹性杆件，竖向敲击桩顶，激发一压缩波沿桩身传播。由于脉冲力较小，桩体产生的应变在小应变（这里称为低应变）范围内。假设在某一位置 L' 处桩基的质量发生变化，由 A_1、E_1、ρ_1、v_1 变为 A_2、E_2、ρ_2、v_2（图 4-17a），其中 A 为截面积，E 为弹性模量，ρ 为弹性体密度，v 为波速。入射波到达这个界面处产生反射波，反射波和入射波的位移之间的关系为

$$\frac{u_b}{u_a} = \frac{1-\alpha}{1+\alpha}, \quad \alpha = A_2\rho_2 v_2 / A_1\rho_1 v_1 \tag{4-30}$$

式中，u_a 和 u_b 分别为反射波和入射波的位移，α 称为阻抗匹配系数，它反映了弹性体的突变特性，控制了反射波的相对幅值。

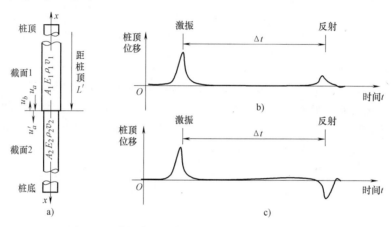

图 4-17 弹性波在桩身的反射及桩顶接收到的波形
a）阻抗变化处波的传播 b）$\alpha < 1$ 情况下 c）$\alpha > 1$ 情况下

可以看出，当截面 2 的阻抗减小时，$\alpha < 1$，此时反射波和入射波位移同号（振动方向相同），因此经过一段时间传至桩顶后也产生一个向下的位移，桩顶会接收图 4-17b 所示的波形。同理，当截面 2 的阻抗增加时，$\alpha > 1$，此时反射波和入射波位移符号相反（振动反向相反），经过一段时间传至桩顶后产生一个向上的位移，桩顶会接收图 4-17c 所示的波形。低应变反射法就是根据这些波形来判断桩身的质量。当出现图 4-17b 所示的同相波形时，认为在某一位置处存在缺陷而造成阻抗的降低，或者是桩端的正常反射；如果出现图 4-17c 所示的反相波形，则认为在某一位置阻抗增大。

激振脉冲与反射波之间的时间差 Δt 与桩身质量发生变化的位置 L' 之间的关系为

$$L' = \frac{v_{\mathrm{P}} \Delta t}{2} \tag{4-31}$$

由于桩顶的速度波形、加速度波形与图 4-17 中给出的位移波形曲线具有相同的性质，因此可分析任一类型的曲线来判别桩身质量。

4.4.2 现场操作

（1）桩头处理 要求桩头凿至设计标高，将桩头浮浆及不密实的部位凿除至露出混凝

土新鲜面，并处理平整，按设计要求锯掉桩顶过长的钢筋。

（2）传感器安装 桩顶安装传感器，要求垂直、牢固。可用石膏或特种胶水黏结。一般以安装在距离桩中心约 2/3 半径处为宜，如图 4-18b 所示。若桩径较大，可安装 2~3 个传感器，互相对比、补充，以提高桩基质量检测的准确性和全面性。

（3）仪器准备 选择仪器参数，包括采样速率、增益及记录的方式等，确保传感器及其他设备工作正常。

（4）锤击桩顶，记录信号 垂直向下锤击桩顶中心，如图 4-18b 所示。锤击设备主要有手锤和力棒，锤体的质量一般为几百克到几十千克。施加于桩顶的力脉冲持续时间主要受锤重、锤头材料软硬程度及其厚度的影响，材料越软，作用时间越长，产生的激振信号的频率越低。通常在检测基桩浅部质量时用产生高频信号的硬质锤，如钢锤；而在检测深部质量时用产生低频信号的软质锤，如硬橡胶锤。

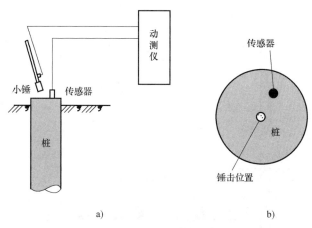

图 4-18 低应变法检测桩基质量
a）系统布置 b）传感器安装和锤击点位置

4.4.3 低应变动测曲线分析

1. 典型曲线

图 4-19 给出了 4 种情况下的典型曲线。完整桩的曲线比较光滑平整，在桩底反射前没有其他明显的反射信号。摩擦桩的桩底反射与桩顶同相（图 4-19a）；嵌岩桩的桩底反射与桩顶反相（图 4-19b）。当完整桩较短时，桩底反射清晰甚至可能会接收到多次反射。当桩较长时，桩底反射可能非常轻微而难以判断。当桩身存在缺陷时，缺陷位置会产生一个与桩顶位移同相的反射波（图 4-19c），桩端反射减弱；当桩断裂时，断裂位置会产生一个与桩顶位移同相的反射波，如断裂位置较浅，可产生多次反射，桩底信号缺失（图 4-19d）。

实测曲线是现场各种因素（气候、噪声、锤击方式、地层、桩基）综合作用的结果，因此实测曲线形态要复杂得多。低应变动测曲线的分析需要具备一定的经验，否则容易给出错误的结论。

2. 缺陷位置的判断

缺陷位置可根据式（4-31）确定，前提条件是需要知道桩身混凝土的压缩波波速 v_p。正常情况下，可以采用表 4-5 根据桩身混凝土的强度等级来估算混凝土波速。另外，当完整

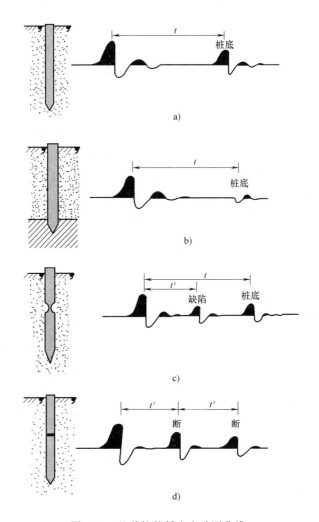

图 4-19　几种桩的低应变动测曲线

a) 摩擦桩—完整桩　b) 嵌岩桩—完整桩　c) 摩擦桩—缺陷桩　d) 摩擦桩—断桩

桩的桩底反射信号清晰可辨，桩长 L 又可以确定时，可以计算出实际的波速，用于缺陷桩的缺陷位置判断。

表 4-5　混凝土的强度等级与波速的关系

混凝土强度等级	纵波速度 v_P/(m/s)	混凝土强度等级	纵波速度 v_P/(m/s)
C15	2700~3100	C30	3600~4000
C20	3000~3200	C40	3900~4300
C25	3300~3700		

对于给出的缺陷位置，还要结合现场的实际情况进一步校核其可靠性。如多节桩一般会在接桩位置产生缺陷。如果缺陷位置正好处于地层的分界处，还要进一步分析是否是地层变化造成了波形的变化，避免误判。

3. 缺陷的类型和程度

缺陷的类型与桩型及施工方法有关。表 4-4 中给出了灌注桩和混凝土预制桩的常见质量问题及原因。要准确判断缺陷类型，必须对现场的情况进行充分了解，并尽量核实验证。

缺陷的程度一般根据反射波信号的强弱进行定性的判别，缺陷位置反射波信号强的认为缺陷较为严重，反之则认为较为轻微。工程上一般把桩的缺陷程度分为 4 类：完整桩、轻微缺陷桩、严重缺陷桩和断桩。当发现有严重缺陷桩和断桩时，首先要仔细进行复测，必要时采用更为可靠的方法进行验证。如浅部缺陷可以采用开挖的方法检验，深部缺陷可以采用钻孔取芯法检验。

——— 思 考 题 与 习 题 ———

1. 钻孔波速法的原理是什么？单孔法和跨孔法的数据整理方法有何不同？
2. 在钻孔波速测试过程中，哪些因素会影响测试结果的可靠性？
3. 与钻孔波速法相比，面波法的优点是什么？
4. 稳态面波法的基本原理是什么？数据处理方法是什么？
5. 折射波法适用的条件是什么？基本原理是什么？
6. 低应变法检测桩身结构完整性的基本原理是什么？哪些因素会影响到测试结果的可靠性？

土的动力性质 | 第5章

土的动力性质是指动荷载作用下土的变形（剪切变形和体积变形）或强度特性。动荷载可简化为冲击荷载和循环荷载两大类。冲击荷载下主要关注高速加载下土所表现出来的与加载速率有关的剪切变形特性和强度特性。循环荷载下主要关注的是各种试验条件下土所表现出来的与动荷载幅值和循环次数有关的剪切变形特性和强度特性，也是本章的重要内容。本章主要介绍循环荷载作用下土的动力特性的室内试验方法，从小应变到大应变的动剪切变形特性，土的动强度，常用的动力本构模型及参数确定方法。

5.1　循环荷载作用下土的基本特征

5.1.1　循环荷载

这里的循环荷载是指作用于土体的循环剪应力，一般用三角函数表示

$$\tau(t) = \tau_{d}\sin(\omega t) \tag{5-1a}$$

式中，τ_{d} 为循环剪应力的幅值，ω 为循环剪应力的圆频率。

根据土体初始应力状态的不同，土中循环剪应力会存在以下几种情况。取水平面作为剪切面，对于水平地层，在该剪切面上初始剪应力 $\tau_{0} = 0$，这种情况下的循环剪切可以用图 5-1a 所示的循环荷载来模拟，正反两个方向上的循环剪应力幅值相等。而对于倾斜地层（如边坡）及其他情况，水平剪切面上存在一个初始剪应力 τ_{0}，就需要用图5-1b或c所示的循环荷载来模拟。在图 5-1b 给出的加载方式中 $\tau_{d} > \tau_{0}$，循环剪应力正反两个方向交替，但幅值不等；在图 5-41c 中给出的方式中 $\tau_{d} < \tau_{0}$，循环剪应力始终为正。这样就有双向剪切（图5-1a和5-1b）和单向剪切两种情况（图 5-1c）。剪切面上总剪应力 τ 为

$$\tau = \tau_{0} + \tau_{d}\sin(\omega t) \tag{5-1b}$$

在后面的章节中，无特别说明之处指的均是初始剪应力 $\tau_{0} = 0$ 的情况，这也是最简单的一种情况。

循环荷载作用下土所表现的变形特性与动荷载的大小有关。土动力学中常用"动剪应力比"（又称"循环应力比""动应力比"）来代表动剪应力的相对大小，该参数定义为

$$R_{d} = \frac{\tau_{d}}{\sigma_{0}'} \tag{5-2}$$

式中，R_{d} 为动剪应力比，τ_{d} 为循环剪应力的幅值，σ_{0}' 为剪切面上的初始有效正应力（见图 5-1）。

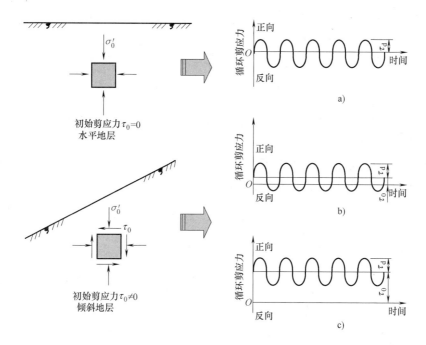

图 5-1　几种循环剪切方式（Yang 和 Sze，2011）

a）$\tau_0 = 0$，单向剪切　b）$\tau_d > \tau_0$，双向剪切　c）$\tau_d < \tau_0$，单向剪切

5.1.2　骨干曲线和滞回圈

如图 5-2 所示，土样在幅值为 τ_d 循环剪应力作用下产生幅值为 γ_d 的循环剪应变。循环剪应变具有与循环剪应力相同的周期和频率，但并不一定具有与循环剪应力相同的函数形式，即式（5-1）所示的三角函数形式。由循环剪应力曲线和循环剪应变曲线可以整理出一个周期内应力应变曲线，如图 5-2c 所示。剪应力为零的 B 点和 D 点所对应的应变并不为零，

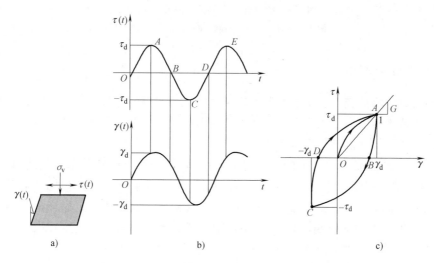

图 5-2　循环荷载下土的动应力应变关系

a）单元体受力与变形　b）循环剪应力和剪应变　c）滞回圈曲线

在这两个位置应变相对于应力表现出"滞后"特性，因此这种动应力-应变关系称为滞回圈曲线（Hysteresis Curve）。这也是循环荷载下土的动力特性的基本特征。从物理学角度讲，滞回圈是土的黏滞性和塑性这两种机理共同作用的结果。对于不同的土，或者同一种土在不同的荷载水平，应力-应变关系及滞回圈的形态是不同的，图 5-2c 给出的只是示意。

随着动荷载幅值的增大，应变幅值和滞回圈面积也会增大。图 5-3b 中给出了 τ_{dA}、τ_{dB} 两个应力水平下的滞回圈曲线，其中 $\tau_{dA} < \tau_{dB}$。将不同动荷载幅值下得到的滞回圈的应力幅值 τ_d 和应变幅值 γ_d 对应的点连成一条曲线，这条 τ_d-γ_d 曲线称为骨干曲线（Backbone Curve），类似于静荷载作用下的应力-应变关系曲线。骨干曲线具有非线性特征，剪切模量 G（图中给出的是割线模量）随剪应变 γ 的增大而减小（$G_B < G_A$），导致滞回圈向横轴的倾斜度增大。在小应变情况下（约小于 10^{-4} 或 10^{-5}），骨干曲线具有最大的剪切模量 G_0，它代表弹性阶段的剪切模量。

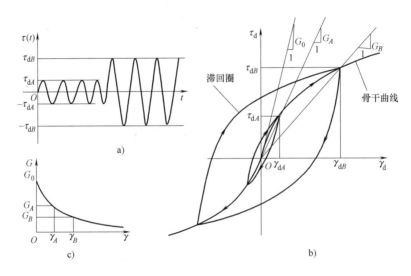

图 5-3　动荷载下土的非线性变形特征

a）循环剪应力　b）骨干曲线和滞回圈　c）刚度衰减

5.1.3　退化现象及破坏

在循环荷载的幅值较小、土的变形为小应变情况下（约小于 10^{-4} 或 10^{-5}），土处于弹性状态，应变幅值不会随着作用次数的增加而产生显著变化，骨干曲线和滞回圈也不会随着循环荷载作用次数的增加而产生显著变化。

当循环荷载的幅值较大、土的变形超过一定值时（称为应变阈值，约为几个 10^{-4} 或 10^{-5}），土进入塑性状态，滞回圈会随着循环荷载作用次数的增加而产生图 5-4 所示的"退化现象"（Degradation），或者称为"疲劳现象"。其特征是在幅值恒定循环荷载下，随着作用次数 N 的增加，土的动应变幅值 γ_d 逐渐增加，滞回圈向横轴的倾斜度加大，意味着剪切模量 G 随作用次数的增加而减小；滞回圈的中心向横轴的一侧偏移，应变中轴线（一个周期内最大值与最小值的均值）也相应逐渐偏离零位置，意味着残余变形（循环荷载 $\tau = 0$ 时的变形）的产生。

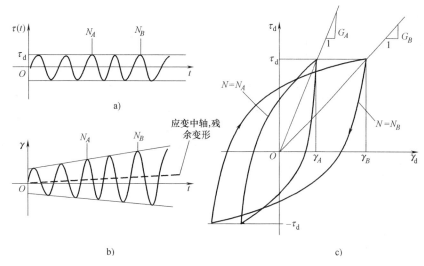

图 5-4 循环荷载作用下的 "退化现象"

a）循环剪应力 b）循环剪应变 c）滞回圈曲线

如果施加的动荷载较大，接近于土的强度，或者退化现象随着荷载作用次数的增加持续发展，就会表现出图 5-5 所示的破坏现象。随着作用次数的增加，滞回圈的中心向右侧迅速移动，不可恢复的残余变形迅速增加。关于循环荷载作用下的土的破坏现象和破坏过程，将在 5.8 节详细介绍。

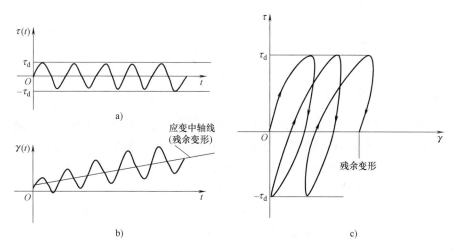

图 5-5 循环荷载作用下的土的破坏

a）循环剪应力 b）循环剪应变 c）滞回圈曲线

以上就是循环荷载作用下土的应力-应变关系的三个阶段。显然，循环荷载作用下土所表现出来的变形特性与动荷载的大小有关，也就是与动剪应力比有关，但也与初始剪应力的大小有关，因为初始剪应力影响剪应力总值的大小。饱和土的变形与强度受有效应力的控制。因此，循环荷载作用下的孔压增长对饱和土的有效应力状态、动应力应变关系及动强度有重要影响，而上述应力-应变关系的三个阶段内，孔压增长的模式也不相同。

5.1.4　动强度

退化现象导致得到的骨干曲线与作用次数 N 有关，会得到图 5-6 中所示的随次数 N 变化的骨干曲线。显然，动荷载作用下土的强度 τ_{df} 也与作用次数 N 有关。如图 5-6 所示，当 $N_B > N_A$ 时，得到的强度 $\tau_{dfB} < \tau_{dfA}$，这样就产生了土的动强度问题，即在确定循环荷载下土的强度的时候，需要考虑循环荷载的作用次数。如地震导致的"砂土液化"问题就是一个典型的动强度问题，砂土是否发生液化不仅与动荷载的大小有关，还与动荷载作用的次数有关。破坏时的振次 N_f 与动强度 τ_f 的关系，即 τ_f-$\lg N_f$ 曲线，称为土的动强度曲线（图 5-6b）。根据土的动强度还可以进一步得到土的动强度指标——动内摩擦角 φ_d 及动黏聚力 c_d。动强度指标常用于评价动荷作用下的承载力评估和土体稳定验算，特别像土坝、路堤、自然边坡、挡土墙等结构在地震作用或其他动荷载作用时的稳定。

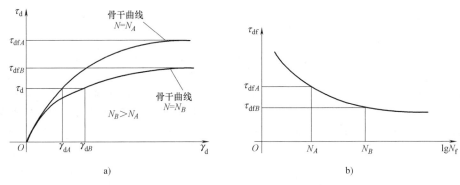

图 5-6　退化对变形和强度的影响

a）骨干曲线　b）动强度曲线

5.1.5　动力本构模型及参数

在土的动力分析中，需要根据实际情况选用合适的动力本构模型来模拟以上提到的各种复杂力学特性。土的动力本构模型主要包括弹性模型、黏弹性模型、弹塑性模型三类。这些模型将在后面的章节中具体介绍。Ishihara（1996）曾在他的关于地震工程的著作中给出了这三类本构模型及其参数的选取原则，内容概括如下。

当土处于小应变范围内（低于 10^{-5}），选用弹性模型是正确的，剪切模量是模拟土体行为的关键参数。当然，弹性模型无法模拟循环荷载作用下土的滞回现象、残余变形和破坏现象。

当土处于中等范围的应变，大约低于 10^{-3}，土的力学行为为弹塑性，剪切模量随剪应变的增加而趋于减小；同时，在循环荷载作用下能量逐渐消耗，导致滞后性。土体中的能量消耗与加载速率无关，可以用阻尼比来描述这种能量消耗。因为涉及的应变水平仍较小，土体不会产生疲劳退化，剪切模量、阻尼比不会随循环荷载的作用次数产生显著变化。这种行为称为无退化滞后型（Non-degraded Hysteresis Type），这种稳定阶段的土体特征可以采用等效线性黏-弹性模型模拟近似模拟。确定剪切模量、阻尼比与剪应变关系的非线性关系是描述这一阶段土体性能的关键参数。采用这一模型分析时，进行线性迭代计算，直到计算得到的应变与确定参数采用的应变是一致的。

对于剪切应变水平超出 10^{-2}，与循环次数有关的疲劳退化现象会变得显著，这种力学行为称为退化滞后型（Degraded Hysteresis Type）。此时需要采用复杂的弹塑性模型，以模拟较大的残余变形及破坏现象。由于采用了塑性本构模型，数值分析方法也将变得更为复杂，需采用逐步积分法求解。

5.2　土动力室内试验

室内试验是获得土的动力特性的重要方法之一，常用的试验方法包括波速试验、共振柱试验、动三轴试验、动单剪试验，选择测试方法时应考虑动荷载作用下土的应变所处的范围。图 5-7 给出了这几种试验方法对应的应变范围。小应变下土的模量 G_0 一般采用波速法来测定，通过波速来换算模量 G_0。能够确定小应变下土的模量 G_0 的试验还有共振柱试验，该试验还可以测得阻尼比 D。动三轴试验和动单剪试验主要用来获得应变较大情况下的动剪切模量 G 和阻尼比 D，以及与荷载作用次数有关的动强度，包括砂土液化的评价。

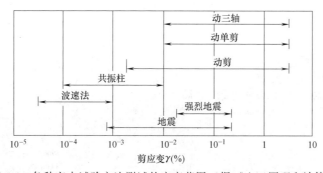

图 5-7　各种室内试验方法测试的应变范围（据《土工原理和计算》）

5.2.1　弯曲元波速试验

弯曲元波速试验是基于杆件中直达波的传递原理，采用压电陶瓷弯曲元传感器测试土的剪切波和压缩波波速的一种方法。这种方法可与一些土工试验配套，如压缩试验或三轴试验，测得土样在不同受荷状态下的波速和模量。

如图 5-8 所示，压电陶瓷弯曲元由中间绝缘层分开的两片可纵向伸缩的压电陶瓷晶体片组成。当电压加到弯曲元上时，极化方向相反的陶瓷晶片一片伸长，另一片则缩短，这样弯曲元便产生弯曲运动。反之，弯曲变形的弯曲元片也会产生一电信号。利于这种原理就可以制作成弯曲元剪切波传感器。按照同样的原理，通过不同的电路设计也可使两块贴在一起的压电陶瓷片产生纵向振动，制作成弯曲元压缩波传感器。

弯曲元波速测试系统如图 5-9 所示。将发射传感器和接收传感器分别安装于土样的两端，传感器和土样之间要耦合良好。信号发射器产生一频率适当的方波或正弦波脉冲信号，由压电线性放大器放大后输入发射端传感器；接收端传感器在接收到振动后产生电信号，然后经电荷放大器放大。发射端的信号和接收端的信号在示波器中显示，典型的测试信号曲线如图 5-10 所示。采用直达波波速的计算公式，就可以得到土样的波速，即

$$v = \frac{L}{\Delta t} \tag{5-3}$$

式中，v 为土样的剪切波波速或压缩波波速；L 为土样的长度（由于压电陶瓷片会插入土中一定的深度，精确的数值为压电陶瓷片端部之间的距离）；Δt 为剪切波或压缩波从发射端传至接收端的时间。

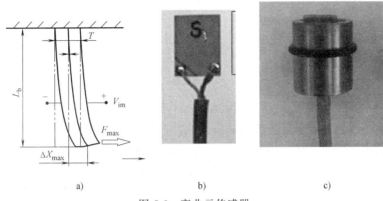

图 5-8 弯曲元传感器

a）工作原理　b）压电陶瓷弯曲元　c）弯曲元传感器

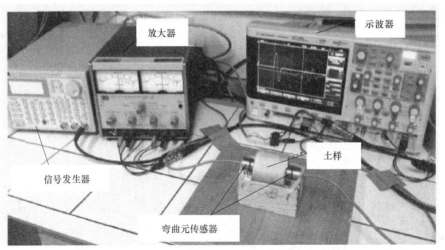

图 5-9 弯曲元波速试验系统（Wang 等，2017）

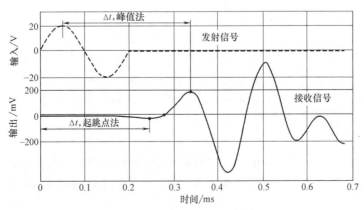

图 5-10 弯曲元试验的信号

对于图 5-10 中所示的信号，判断剪切波或压缩波传递的时间 Δt 有不同的方法。图中给出了常用的两种方法，一种是基于起跳点的方法（起跳点法），另外一种是基于峰值点的方法（峰值法）。

5.2.2　共振柱试验

共振柱试验是用一个纵向的或者扭转的动荷载去激振圆柱状或圆筒状土样（扭转激振下圆筒状土样的剪应变更为均匀），利用有限长杆件的振动原理，得到土样的共振频率，进而求得土样处于弹性状态的土样的波速（v_P、v_S）及模量（E、G）。共振柱试验可以通过土样的自由振动衰减曲线获得土样的阻尼比 D，还可以得到一定应变范围内模量和阻尼比随应变的变化规律。因此，这种试验方法在土的动力特性测试中应用广泛。

共振柱试验系统如图 5-11a 所示。圆柱状土样下端固定在底座，上端与激振系统连接。压力室内可以施加围压，模拟土样的原位应力，通常有气压加载和水压加载两种方式。激振系统为一电磁激振器，可以在土样顶端施加不同频率的稳态的扭转力矩或纵向激振力，如图 5-11b、c 所示。由于土样的共振频率在几百赫兹左右，因此激振器要能够产生上百赫兹的

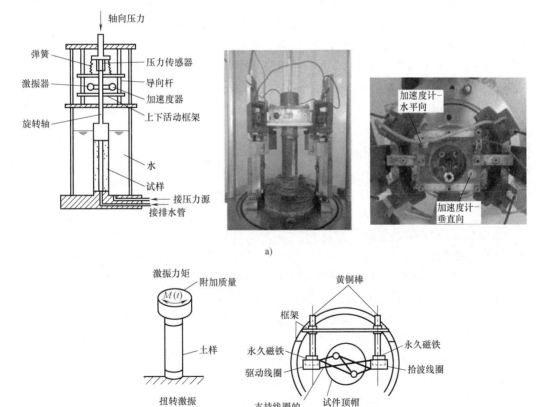

a)

b)

图 5-11　共振柱试验系统（一端自由、一端固定，哈尔和理查特，1963）
a）共振柱试验系统　b）扭转激振方式及装置

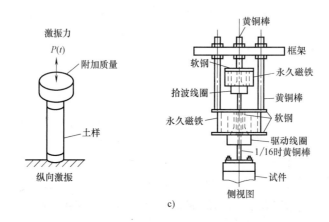

图 5-11　共振柱试验系统（一端自由、一端固定，哈尔和理查特，1963）（续）

c）纵向激振方式及装置

高频振动。电磁激振器通常由带有线圈的电磁铁铁芯和衔铁组成，衔铁直接固定于土样顶部，在铁芯与衔铁之间装有弹簧。当向线圈输入交流电，或交流电加直流电时，便产生周期变化的激励力。激振系统中安装有两个加速度传感器，分别用来测得土样顶端纵向振动的竖向加速度 a_v 以及扭转振动的水平向加速度 a_h，根据第 2 章中给出的简谐振动的加速度与位移的关系，就可以通过加速度信号来获得不同激振频率下土样的振动位移（竖向振动线位移和扭转振动角位移）。

　　共振柱试验可以简化为如图 5-11b、c 所示的底端固定、顶端有一附加质量块（激振系统）的强迫振动的模型。在第 3 章中，采用波动理论得到了这种情况下短柱（试样）的共振频率与波速的关系式

纵向振动
$$\frac{AL\rho}{m}=\beta\tan\beta, \quad v_P=\frac{2\pi f_n L}{\beta}, \quad E=\rho v_P^2 \tag{5-4a}$$

扭转振动
$$\frac{I}{I_0}=\alpha\tan\alpha, \quad v_S=\frac{2\pi f_n L}{\alpha}, \quad G=\rho v_s^2 \tag{5-4b}$$

　　对于圆柱形土样有 $I=\rho\pi D^4/32$，其中 D 为土样的直径，ρ 为土样的密度。

　　对于某一套特定的共振柱试验系统，试件尺寸及激振系统的质量通常是固定的，因此式（5-4a）、式（5-4b）中的参数 α 和 β 可根据这些信息确定。也就是说，这两个参数的数值主要由试验系统决定。

　　根据不同频率下的激振试验结果，可以绘制一条激振频率 f 与位移幅值 A 的关系曲线，如图 5-12 所示。这条频响曲线的最大幅值 A_{max} 对应的频率即土样的固有频率 f_n。将试验得到的土样的固有频率 f_n 代入式（5-4a）和式（5-4b）即可求得波速和模量。根据这条频响曲线还可以求得

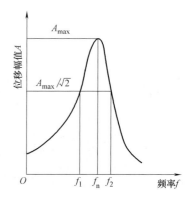

图 5-12　共振柱试验频响曲线

土样的阻尼比，在 f-A 曲线上找出 $A_{max}/\sqrt{2}$ 对应的两个频率 f_1 和 f_2，按下式计算阻尼比 D

$$D=\frac{f_2-f_1}{2f_n} \tag{5-5}$$

如在稳态振动中切断电磁激振器的电源，土样将产生有阻尼的自由振动，得到图 5-13a 所示的振动衰减曲线。在振动衰减曲线上提取各个波峰的幅值 A_N，绘制图 5-13b 所示的 $\ln A_N$ 与波峰数 N 的关系，根据这些试验数据点可以拟合一条直线，该直线的斜率即为振幅对数衰减率 δ，即

$$\delta = \frac{\ln A_b - \ln A_a}{N_a - N_b} \tag{5-6}$$

式中，A_a、A_b、N_a、N_b 分别为拟合直线上任意两点分别对应的振幅和振动次数。

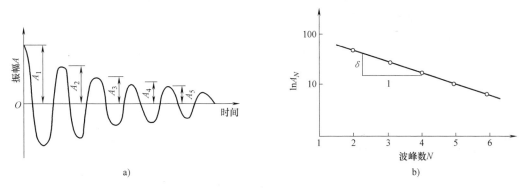

图 5-13 共振柱试验自由振动衰减曲线

a）振幅随时间的衰减 b）振幅对数随振动次数的衰减

5.2.3 动三轴试验

动三轴试验研究的是三轴应力状态下土的动应力-应变关系。与静三轴试验系统不同的是动三轴试验系统可以施加动荷载，一般仅在轴向施加（单向振动），有的也可以实现轴向和侧向同时振动（双向激振）。动荷载的施加方式主要有电磁式和电机式。图 5-14a 给出了一个电磁式动三轴试验系统的构成，主要包括以下三部分：

1）压力室及围压加载系统。用于固结土样，恢复土样所处的原位应力状态。

2）电—磁式轴向加载系统。包括交流稳压电源、超低频信号发生器、功率放大器等。用于施加轴向静荷载和动荷载，轴向荷载可采用应力式加载，也可以采用应变式加载。试验一般采用频率为 0.1~10Hz 的超低频振动。振动加载形式按波形可分为冲击型、周期型和任意型三种。

3）量测和显示系统。用来测量和显示轴力、围压、土样竖向变形、土样排水量（排水状态下）、土中孔压（不排水状态下）。

三轴剪切过程中，土样的变形和应力被认为是均匀的，因此这样的试验又称为"单元体"试验。土样应力、应变的定义如下

$$\sigma_a = \frac{F}{A}, \varepsilon_a = \frac{S}{H_0}, \gamma = \varepsilon_a - \varepsilon_r = \varepsilon_a(1+\nu) \tag{5-7}$$

式中，σ_a 为土样的轴向应力；F 为轴力；A 为土样横截面的面积；ε_a、ε_r 分别为土样的轴向应变和径向应变；S 为土样的轴向变形；H_0 为土样的初始高度；γ 为剪应变；ν 为泊松比。

如图 5-14b、c 所示，圆柱状的土样在一定的压力下固结，固结应力比 K_c 定义为固结状

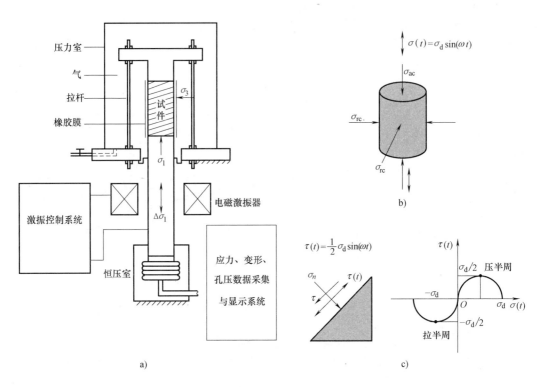

图 5-14 动三轴试验系统与原理

a）电磁式动三轴试验系统（摘自《动三轴试验的原理和方法》） b）三轴应力状态

c）土样 45°斜面上的受力状态

态有效轴压 σ'_{ac} 与有效围压 σ'_{rc} 的比值，即 $K_c = \sigma'_{ac}/\sigma'_{rc}$。固结状态分等向固结（$\sigma'_{ac} = \sigma'_{rc}$，$K_c = 1$）和不等向固结（$\sigma'_{ac} > \sigma'_{rc}$，$K_c > 1$）两种。在围压保持恒定的情况下，轴向按照某一频率（一般为 $1\sim20\mathrm{Hz}$）施加幅值为 σ_d、圆频率为 ω 的动荷载 $\sigma(t)$，即 $\sigma(t) = \sigma_d\sin(\omega t)$，动荷载作用次数为 N。在此过程中，根据莫尔圆原理，动荷载在土样 45°斜面上的动剪应力 $\tau(t)$ 为

$$\tau(t) = \frac{1}{2}\sigma_d\sin(\omega t) = \tau_d\sin(\omega t) \tag{5-8a}$$

可见，动剪应力的幅值 τ_d 为轴向动荷载幅值 σ_d 的一半。

动剪应力比 R_d 为

等向固结（$K_c = 1$） $$R_d = \frac{\tau_d}{\sigma'_0} = \frac{\sigma_d}{2\sigma'_0} = \frac{\sigma_d}{2\sigma'_{rc}} \tag{5-8b}$$

不等向固结（$K_c > 1$） $$R_d = \frac{\tau_d}{\sigma'_0} = \frac{\sigma_d}{2\sigma'_0} = \frac{\frac{1}{2}\sigma_d}{\frac{1}{2}(\sigma'_{ac} + \sigma'_{rc})} = \frac{\sigma_d}{\sigma'_{ac} + \sigma'_{rc}} \tag{5-8c}$$

不等向固结情况下，土样的 45°斜面上的初始剪应力 $\tau_0 \neq 0$，初始剪应力 τ_0 和总剪应力

τ 分别为

$$\tau_0 = \frac{1}{2}(\sigma_{ac} - \sigma_{ac}) = \frac{1}{2}\sigma_{ac}\left(1 - \frac{1}{K_c}\right) \tag{5-9a}$$

$$\tau = \tau_0 + \tau_d \sin(\omega t) = \frac{1}{2}\sigma_{ac}\left(1 - \frac{1}{K_c}\right) + \frac{1}{2}\sigma_d \sin(\omega t) \tag{5-9b}$$

动三轴试验得到的是图 5-15 所示轴向动应力 $\sigma(t)$ 与轴向动应变 ε_a 的关系曲线。由 $\sigma(t)$-ε_a 关系曲线可以得到土的割线弹性模量 E

$$E = \frac{\sigma_d}{\varepsilon_d} \tag{5-10}$$

式中，ε_d 为动应变的峰值。割线弹性模量 E 也就是图 5-15 中直线 OA 的斜率，其中 A 点的坐标为 (ε_d, σ_d)。割线弹性模量 E 和割线剪切模量 G 的关系为

$$G = \frac{E}{2(1+\nu)} \tag{5-11}$$

式中，ν 为土的泊松比。在不排水剪切试验中，$\nu = 0.5$，因此有 $E = 3G_u$。

根据图 5-15 所示的滞回圈曲线还可以得到土样的阻尼比 D。第 2 章中在介绍单质点质量弹簧体系的有阻尼强迫振动问题时分析了能量损耗的问题，给出了能量损耗与阻尼比 D 之间的关系，即

$$D = \frac{1}{4\pi}\frac{\Delta W}{W} \tag{5-12a}$$

式中，ΔW 为一个周期运动的能量损耗，W 为系统的总能量。

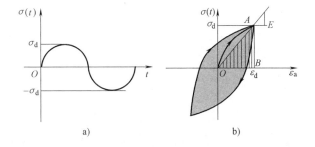

图 5-15 动三轴试验得到的变形曲线

a）轴向循环荷载 b）滞回圈曲线

在动三轴试验中，图 5-15b 中给出的滞回圈的面积（阴影部分）为一个周期运动的能量损耗 ΔW，三角形 OAB 的面积为系统的总能量 W。这样，动三轴试验计算阻尼比的公式可表示为

$$D = \frac{1}{2\pi}\frac{S}{\varepsilon_d \sigma_d} \tag{5-12b}$$

式中，S 为滞回圈的面积。

改变动荷载幅值 σ_d，就可以得到不同动应力水平、不同作用次数下的骨干曲线和滞回圈曲线，根据这些试验结果，可以得到参数 G 和 D 随剪应变 γ 的变化规律。由动三轴试验中还可以得到土的动强度曲线、动强度参数及动孔压曲线，详细介绍见本章 5.8 节。

5.2.4 动单剪试验

单剪仪是直剪仪的改进，采用了一种特殊的剪切盒，可以保证剪切过程中试验产生均匀的剪切变形。单剪仪试验的原理如图 5-16 所示。剪切盒有两种类型：一种是圆柱试样，用有侧限环的橡胶膜或绕钢弦的橡胶膜包裹；另一种是方形土样，放在由四块刚性板构成的剪切盒内，刚性板之间用插销链接。这些特殊的构造都是为了使得剪切过程中土样能够产生均

匀的剪切变形，以实现应力和变形均匀的"单元体"状态。

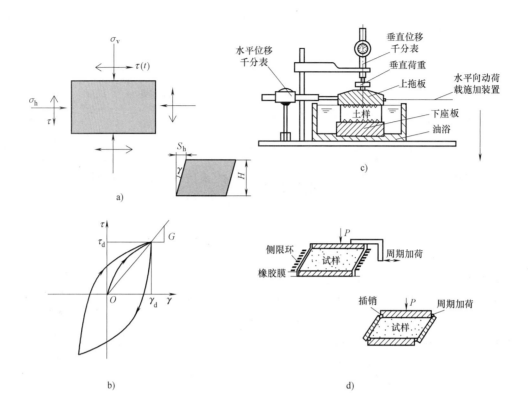

图 5-16　动单剪试验的原理和设备
a）受力与变形　b）应力-应变曲线　c）动单剪仪　d）剪切盒

土样在侧限条件下固结至原位应力状态，竖向和水平向的正应力分别为 σ_v 和 σ_h。在 σ_v 和 σ_h 保持恒定的状态下，在土样顶端施加圆频率为 ω、幅值为 τ_d 的动剪应力 $\tau(t)$，即 $\tau(t) = \tau_d \sin(\omega t)$。土样产生均匀的剪切变形，对应的剪应变幅值为 γ_d。根据试验结果绘制剪应力 τ 与剪应变 γ 的关系曲线，剪应变 γ 采用下式计算

$$\gamma = \frac{s_h}{H} \tag{5-13}$$

式中，s_h 为由位移传感器获得的水平向的剪切位移，H 为土样的高度。

根据试验得到的 τ-γ 曲线可以确定循环荷载作用下土的滞回曲线和骨干曲线（τ_d-γ_d 曲线），并参照前面给出的方法，进一步得到割线剪切模量 G 和阻尼比 D。动单剪试验还可以得到动强度曲线，即破坏时的动剪应力 τ_{df} 与破坏振次 N_f 的关系曲线。在动单剪试验中，动剪应力比 R 为剪应力幅值 τ_d 与竖向有效固结应力的比值，即 τ_d/σ_v'。

同三轴剪切试验不同的是，单剪试验剪切过程中"单元体"的正应力 σ_v 和 σ_h 是恒定的，改变的是"单元体"水平面上的剪应力 τ，因此存在主应力轴方向旋转的现象。这种试验状态与地震荷载下土的受力状态非常接近，因此广泛应用于地震工程的相关试验中。

5.3* 线性黏—弹性模型

5.3.1 开尔文体的动力本构关系

如图 5-17 所示的开尔文体，由一个弹性元件（用 E 表示）和一个黏性元件（用 O 表示）构成。这两个力学元件的剪应力 τ 与剪应变 γ（或应变率 $\dot{\gamma}$）之间关系可表示为

弹性元件 $$\tau = G\gamma \tag{5-14a}$$

黏性元件 $$\tau = c\dot{\gamma} \tag{5-14b}$$

式中，G 为剪切模量（kPa）；c 为黏滞系数（kPa·s/m）。

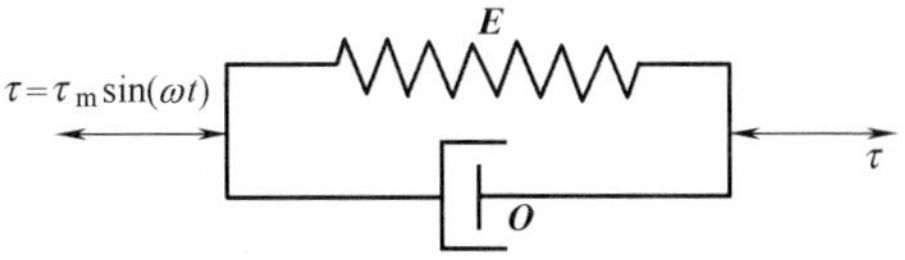

忽略这两个元件的质量，并假定这两个元件的参数 G 和 c 为常数，这样就组成了一个质量为零的线性黏—弹性体。在这个单元体上作用简谐荷载 τ，即

$$\tau = \tau_m \sin(\omega t) \tag{5-15}$$

式中，τ_m 为荷载的幅值；ω 为圆频率。

建立力的平衡方程

$$\tau_m \sin(\omega t) = G\gamma + c\dot{\gamma} \tag{5-16}$$

这个方程的解为

$$\gamma = \frac{\tau_m}{\sqrt{G^2 + (c\omega)^2}} \sin(\omega t - \delta) \tag{5-17a}$$

$$\delta = \arctan(c\omega / G) \tag{5-17b}$$

式中，δ 为相位角。

由式（5-17a）可以看出，变形响应与输入的应力一样，也是一个正弦曲线，但由于黏性的影响而出现滞后现象，滞后的相位角 δ 与各参数间的三角关系如图 5-18 所示。可以看出，这种滞后现象不仅与元件的特性有关，还和动应力的频率有关。频率越高，这种滞后现象越明显。

图 5-17 简谐荷载作用的开尔文体

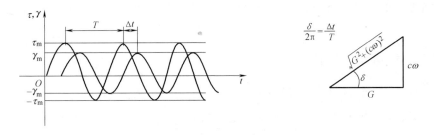

图 5-18 开尔文体应变的滞后

5.3.2 滞回圈及其分解

图 5-19 给出了式（5-17a）表示的动应力-应变曲线，为一个倾斜的封闭的近似椭圆的滞回圈。图中还给出了滞回圈与两个坐标轴的交点 b、c、e、f 以及应力、应变幅值对应的点 a、g 与模型参数之间的关系。

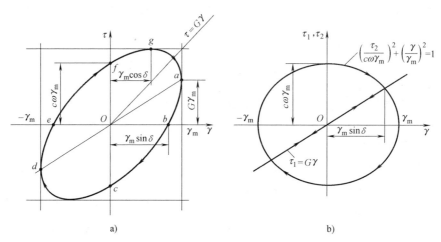

a)   b)

图 5-19 开尔文体的应力-应变关系及分解（Ishihara，1996）

a) 动应力应变关系   b) 动应力-应变关系的分解

由应变方程求导可以得到应变率方程如下

$$\dot{\gamma} = \frac{\tau_m}{\sqrt{G^2 + (c\omega)^2}} \omega \cos(\omega t - \delta) = \gamma_m \omega \sqrt{1 - \left(\frac{\gamma}{\gamma_m}\right)^2} = \omega \sqrt{\gamma_m^2 - \gamma^2} \tag{5-18}$$

代入式（5-16），可得到应力方程

$$\tau = G\gamma + c\omega \sqrt{\gamma_m^2 - \gamma^2} = \tau_1 + \tau_2 \tag{5-19}$$

总的剪应力可以分解为两部分，第一部分 τ_1 为弹性力，第二部分 τ_2 为黏滞力。黏滞力 τ_2 与应变 γ 之间的关系可进一步表示为

$$\left(\frac{\tau_2}{c\omega\gamma_m}\right)^2 + \left(\frac{\gamma}{\gamma_m}\right)^2 = 1 \tag{5-20}$$

可以看出，其应力-应变关系为一椭圆，椭圆的长轴为 γ_m，短轴为 $c\omega\gamma_m$（图 5-19b）。可以看出，阻尼越大，频率越大，椭圆的面积越大。这样，图 5-19a 所示的黏—弹性体的应力-应变关系就可以看作图 5-19b 中的一条直线（线弹性元件）和一个椭圆（黏性元件）叠加的结果。

5.3.3 复合模量和阻尼比

由式（5-17a）可以得到位移幅值 ε_m 为

$$\varepsilon_m = \frac{\tau_m}{\sqrt{G^2 + (c\omega)^2}} \tag{5-21}$$

可以看出，由于黏性的影响，应变幅值比单纯的弹性元件要小一些。黏性不仅造成了变

形滞后的现象，还造成了表观模量的增加和变形的减小。由应力幅值和应变幅值可以定义一个模量 G^*，即

$$G^* = \frac{\tau_m}{\gamma_m} = \sqrt{G^2 + (c\omega)^2} > G \tag{5-22}$$

G^* 综合反映了弹性和黏性的影响，称为复合模量，真值要大于弹性体的剪切模量 G（图 5-19a）。注意这个模量虽然能够用来分析应力幅值和应变幅值之间的关系，但正如前面讲到的，这两个物理量并不是同步的。

注意第 2 章在介绍单质点质量弹簧体系的有阻尼强迫振动问题时也分析了能量损耗的问题，且建立了能量损耗与阻尼比 D 之间的关系，即

$$D = \frac{1}{4\pi} \frac{\Delta W}{W} \tag{5-23}$$

式中，ΔW 为一个周期运动的能量损耗；W 为系统的总能量。

应用这个方程就可以通过能量分析得到黏—弹性体的阻尼比。弹性元件在一个加载周期内能量不会改变。黏性元件不能储存能量，因而外力做的功全部耗散。黏性单元在一个周期内耗散的能量 ΔW 即图 5-19b 的椭圆的面积，即

$$\Delta W = \int \tau \mathrm{d}\gamma = \int c\omega \sqrt{\gamma_m^2 - \gamma^2} \, \mathrm{d}\gamma = c\omega\pi\gamma_m^2 \tag{5-24a}$$

可以看出，一个加载周期内的能量损耗不仅取决于黏滞系数 c 还取决于加载频率 ω，能量损耗随着加载频率线性增长。可以证明，图 5-19a 中的滞回圈面积与图 5-19b 中的椭圆面积相差不大。对于质量弹簧体系，式中的 W 为弹簧储存的最大应变能，而对于黏—弹性体，式中的 W 可以看作是单位体积的材料能够储存的最大弹性应变能，即图 5-20 中的三角形阴影部分的面积

$$W = \frac{1}{2} G\gamma_m^2 \tag{5-24b}$$

将式（5-24a）和式（5-24b）代入式（5-23），可得

$$D = \frac{1}{4\pi} \cdot \frac{c\omega\pi\gamma_m^2}{\frac{1}{2}G\gamma_m^2} = \frac{1}{2} \cdot \frac{c\omega}{G} \tag{5-25}$$

式（5-25）给出了阻尼比 D 和黏滞系数 c 之间的关系。可以看出，阻尼比的大小还与加载频率有关，随着加载频率的增大而线性增大。

5.4* 　等效线性黏—弹性模型

当剪应变增大到一定程度（$10^{-5} \sim 10^{-3}$），动应力应变特性会呈现出非线性，如图 5-21a 所示。把图 5-21a 中的骨干曲线当作弹性元件的响应，把滞回圈当作黏性元件的响应。这样，按照上一节讲的黏—弹性理论，图 5-21a 的变形曲线可以分解成图 5-21b 的两部分：τ_1-γ 和 τ_2-γ，分别对应于弹性元件和黏性元件的响应。注意按照这种方法分解出的黏性元件的

τ_2-γ 曲线并不完全是椭圆形状。应当指出的是，土体在动荷载作用下表现出的滞回圈的现象，或者说能量耗散的现象，是各种各样复杂的能量耗散机理引起的（如塑性也会造成能量耗散），并不是简单的黏滞阻尼能够完全代表的。因此，由滞回圈确定的阻尼比也称为等效阻尼比。通过这种等效阻尼比得到的椭圆形滞回圈只能近似模拟实际试验中得到的形态复杂的滞回曲线。

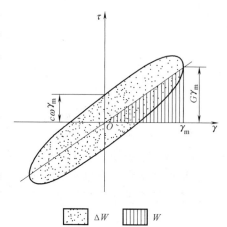

图 5-20　基于滞回圈的能量分析
(Ishihara, 1996)

等效线性黏—弹性模型就是将等效剪切模量 G（割线模量）和等效阻尼比 D 表示为动剪应变 γ 的函数，采用这两个参数反映土体变形非线性和滞后性的两个主要特征，利用上一节介绍的线性黏—弹性理论分别模拟图 5-21b 所示的骨干曲线和滞回曲线，进而解决非线性状态下的动应力—应变关系。

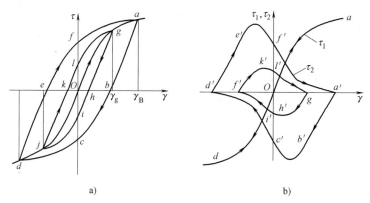

a)　　　　　　　　　　　　　　b)

图 5-21　滞回曲线的分解（Ishihara, 1996）
a）典型的滞回曲线　b）滞回曲线分解

5.4.1　骨干曲线和割线剪切模量

模拟骨干曲线非线性的模型，常用的有双曲线模型及 Ramberg-Osgood 模型。

1. 双曲线模型

Konder、Zelasko（1963）和 Duncan、Zhang（1970）等提出了双曲线模型模拟土的非线性变形特性，即

$$\tau = \frac{\gamma}{\dfrac{1}{G_0} + \dfrac{\gamma}{\tau_{\max}}} \qquad (5\text{-}26)$$

式中，G_0 为双曲线原点（$\gamma = 0$）的初始斜率（通过对式（5-26）求导可以得到这个结论），也就是最大剪切模量；$\tau_{\max}$ 为剪应变为无穷大（$\gamma \to \infty$）时 τ 的渐近值。

重新整理式（5-26）得

$$\frac{\tau/\gamma}{G_0} = \frac{1}{1 + \dfrac{\gamma}{\tau_{\max}/G_0}} \tag{5-27}$$

由于 $\gamma = \tau/G$（图 5-22，G 为割线模量），并定义参考应变 γ_r 为

$$\gamma_r = \frac{\tau_{\max}}{G_0} \tag{5-28}$$

则式（5-26）转化为

$$\frac{G}{G_0} = \frac{1}{1 + \dfrac{\gamma}{\gamma_r}} \tag{5-29}$$

式（5-29）就是由双曲线方程得到的剪切模量比 G/G_0 与剪应变 γ 的关系，G/G_0 随 γ 的增大而减小。

γ_r 是这个关系式中的一个重要的参数。根据式（5-28）的定义，它与 G_0、

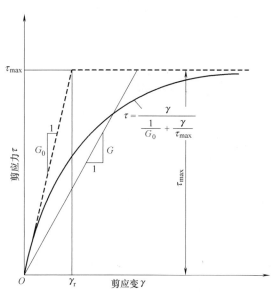

图 5-22　双曲线模型剪应力-剪应变关系

$\tau_{\max}$ 有关。如果将 $\tau_{\max}$ 当作土的强度，则根据摩尔—库仑强度理论，可以采用下式来计算 $\tau_{\max}$

$$\tau_{\max} = \left[\left(\frac{1+K_0}{2} \sigma'_v \sin\varphi' + c'\cos\varphi' \right)^2 - \left(\frac{1-K_0}{2} \sigma'_v \right)^2 \right]^{\frac{1}{2}} \tag{5-30}$$

式中，K_0 为静止土压力系数；σ'_v 为竖向有效应力；c'、φ' 为用有效应力表示的静强度参数。

双曲线模型给出的 G/G_0 与 γ/γ_r 的关系［式（5-29）］是唯一的，而试验结果表明，不同土的或者同一种土在不同试验条件下得到的 G/G_0 与 γ/γ_r 的关系并不完全相同。因此，在双曲线模型的基础上，不同的学者提出了不同的改进方法，主要集中在参考应变 γ_r 的修正方面。Hardin 和 Drnevich（1972）根据各种土的试验结果，对 γ/γ_r 这一项引入了一个修正系数 β，即

$$\frac{G}{G_{\max}} = \frac{1}{1 + \beta \dfrac{\gamma}{\gamma_r}} \tag{5-31}$$

修正系数 β 与土的种类、应变比 γ/γ_r 及循环荷载的特征有关，具体表达式如下

$$\beta = 1 + a e^{-b(\gamma/\gamma_r)} \tag{5-32}$$

式中，a、b 为与土的种类、加载次数及频率等有关的参数，具体取值见表 5-1。

表 5-1　a、b 参数取值

土的种类	剪切模量或阻尼比	a	b
纯净干砂	模量	$a = -0.5$	$b = 0.16$
	阻尼	$a = 0.6(N^{-1/6}) - 1$	$b = 1 - N^{-1/12}$
饱和砂	模量	$a = 0.2\log N$	$b = 0.16$
	阻尼	$a = 0.54(N^{-1/6}) - 1$	$b = 0.65 - 0.65N^{-1/12}$
饱和黏土	模量	$a = 1 + 0.25(\log N)$	$b = 1.3$
	阻尼	$a = 1 + 0.2(f^{1/2})$	$b = 0.2f(e^{-\sigma'_0}) + 2.25\sigma'_0 + 0.3(\log N)$

注：1. f 为频率（rad/s）；σ'_0 为平均有效主应力（10^2kPa）；N 为振动次数。

2. 纯净干砂的模量与阻尼值均根据小于 50000 次的循环加载确定。

2. 莱姆贝尔格-奥斯古特（Ramberg-Osgood）模型

莱姆贝尔格-奥斯古特模型的原始表达式给出的是一种由剪应力表示的剪应变关系，即

$$\gamma = \frac{\tau}{G_0} + K\left(\frac{\tau}{G_0}\right)^R \tag{5-33a}$$

式中，K 和 R 为两个参数。这个模型将剪应力 τ 作用下的剪应变 γ 分为两部分：第一部分为线性弹性变形，由弹性参数 G_0 控制；第二部分为非线性塑性变形，由参数 K 和 R 控制。如果定义 τ_y 为屈服应力，并定义另外一个参数 α 如下

$$\alpha = K\left(\frac{\tau_y}{G_0}\right)^{R-1} \tag{5-33b}$$

这样式（5-33a）可以转化为

$$\gamma = \frac{\tau}{G_0} + \alpha\frac{\tau}{G_0}\left(\frac{\tau}{\tau_y}\right)^{R-1} \tag{5-33c}$$

式（5-33c）所表示的应力-应变关系如图5-23所示，可以很好地模拟材料在接近屈服时及屈服后的非线性行为。由图5-23可以看出，参数 α 的物理意义是：当 $\tau = \tau_y$ 时，塑性变形（$\alpha'\tau_y/G_0$）与弹性变形（τ_y/G_0）的比值。

令 $\gamma_y = \tau_y/G_0$，式（5-33c）可以进一步转化为

$$\frac{\gamma}{\gamma_y} = \frac{\tau}{\tau_y}\left[1 + \alpha\left|\frac{\tau}{\tau_y}\right|^{R-1}\right] \tag{5-33d}$$

这就是莱姆贝尔格-奥斯古特非线性模型的最终形式。这个模型共有四个参数 α、R、γ_y 和 τ_y。α 和 R 为拟合参数，γ_y 和 τ_y 在具体应用时为按照某种规则选取的剪应变和剪应力，通常分别采用抗剪强

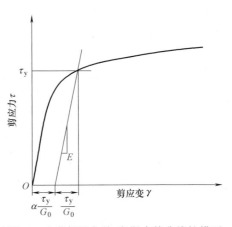

图5-23　莱姆贝尔格-奥斯古特非线性模型

度 τ_f 和参考应变 $\gamma_r(\gamma_r = \tau_f/G_0)$，这样式（5-33d）改写为由剪应变表示剪应力关系，即

$$\tau = \frac{G_0\gamma}{1 + \alpha\left|\dfrac{\tau}{\tau_y}\right|^{R-1}} \tag{5-34}$$

因为 $G = \tau/\gamma$，$\gamma_r = \tau_f/G_0$，因此式（5-34）可进一步改写为

$$\frac{G}{G_0} = \frac{1}{1 + \alpha\left|\dfrac{G}{G_0}\cdot\dfrac{\gamma}{\gamma_r}\right|^{R-1}} \tag{5-35}$$

这就是该模型给出的割线剪切模量 G 与剪应变 γ 的关系式。式（5-35）与双曲线模型给出的 G/G_0 表达式（5-29）形式接近，但多出 α 和 R 两个参数，通过这两个参数可以调整 G/G_0 与 γ/γ_r 曲线的形态，因此适用范围更广。

5.4.2　滞回圈和阻尼比

滞回圈的模拟相对来说要复杂一些，目前采用的方法主要有曼辛二倍法（Masing rule），由骨干曲线的数学方程变换得到滞回曲线的数学方程，然后得到阻尼比。还有一种方法是根

据阻尼比与剪应变的经验关系，直接确定阻尼比。

1. 曼辛二倍法

曼辛二倍法认为滞回曲线和骨干曲线的形状有关，可以将骨干曲线按照一定规则的数学变换得到滞回曲线。假定骨干曲线的统一表达式为

$$\tau = f(\gamma) \tag{5-36}$$

如图 5-24 所示，在单调加载至 $A(\gamma_m, \tau_m)$ 点后卸载。假定卸载滞回曲线①与骨干曲线的线段①形状一致，为骨干曲线的线段①的原点移至 A 点后扩大两倍得到，因此卸载阶段的滞回曲线可以表达为

$$\frac{\tau - \gamma_m}{2} = f\left(\frac{\gamma - \gamma_m}{2}\right) \tag{5-37}$$

卸载至 B 点（$-\gamma_m$，$-\tau_m$）后加载，同样认为加载滞回曲线②与骨干曲线的线段②形状一致，为骨干曲线的线段②的原点移至 B 点后扩大两倍得到，因此加载阶段的滞回曲线可以表达为

$$\frac{\tau + \gamma_m}{2} = f\left(\frac{\gamma + \gamma_m}{2}\right) \tag{5-38}$$

根据阻尼比的定义，阻尼比可以根据储存的能量 W 和一个周期内的能量耗散 ΔW 得到。这两部分能量分别对应于图 5-24 中所示的三角形 OAD 的面积及滞回圈包围的面积。三角形 OAD 的面积为

$$W = \frac{1}{2}\gamma_m f(\gamma_m) \tag{5-39}$$

根据曼辛二倍法，滞回曲线包围的面积 ΔW 为图 5-24 所示的骨干曲线包围面积 $OCAO$ 的 8 倍，因此可表示为

$$\Delta W = 8\left[\int_0^{\gamma_m} f(\gamma)\,\mathrm{d}\gamma - W\right] \tag{5-40}$$

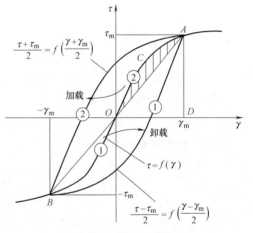

图 5-24 曼辛二倍法

这样就可以根据骨干曲线方程 $\tau = f(\gamma)$ 得到阻尼比 D。

综上所述，只要骨干曲线确定了，就可以根据曼辛二倍法得到相应的滞回曲线和阻尼比了。由双曲线模型和莱姆贝尔格-奥斯古特模型得到的滞回曲线方程为

双曲线模型
$$\tau \pm \tau_m = \frac{\gamma \pm \gamma_m}{\dfrac{1}{G_0} + \dfrac{\gamma}{\tau_{max}}} \tag{5-41}$$

莱姆贝尔格-奥斯古特模型
$$\frac{\gamma \pm \gamma_m}{\gamma_y} = \frac{\tau \pm \tau_m}{\tau_y}\left[1 + \alpha\left|\frac{\tau \pm \tau_m}{\tau_y}\right|^{R-1}\right] \tag{5-42}$$

2. 经验关系法

Hardin 和 Drnevich（1972）研究给出了阻尼比和剪切模量比之间的关系

$$\frac{D}{D_{max}} = 1 - \frac{G}{G_0} \tag{5-43}$$

式中，D_{max}为最大阻尼比，即$G=0$（破坏时）对应的阻尼比。当$G=G_0$时，有$D=0$。将式（5-43）代入式（5-31），并引入修正函数β，得

$$\frac{D}{D_{max}}=1-\frac{1}{1+\beta\dfrac{\gamma}{\gamma_r}}=\frac{\beta\dfrac{\gamma}{\gamma_r}}{1+\beta\dfrac{\gamma}{\gamma_r}} \tag{5-44}$$

修正系数β的定义为式（5-32），计算β的参数a、b取值见表5-1。对于最大阻尼比D_{max}，表5-2给出了不同类型土的经验值。

表5-2　D_{max}的取值（Hardin 和 Drnevich，1972）

土的种类	$D_{max}(\%)$
纯净干砂	$33-1.5(\log N)$
纯净饱和砂	$28-1.5(\log N)$
饱和粉土	$26-4\sigma_m'^{1/2}+0.7f^{1/2}-1.5(\log N)$
各种饱和黏性土	$31-(3+0.03f)\sigma_m'^{1/2}+1.5f^{1/2}-1.5(\log N)$

注：频率f的单位为Hz，有效平均应力σ_m'的单位是10^2kPa。

例5-1　一干砂地基，天然重度为17kN/m³，有效内摩擦角为35°，采用钻孔波速法测得12m深度处的剪切波速为180m/s，采用双曲线模型，预测当剪应变γ分别为0.05%、0.5%和5%时的割线剪切模量及阻尼比。

解：1）计算初始剪切模量G_0。

$$G_0=\rho v_s^2=1.7\times180^2\text{kPa}=55080\text{kPa}=55.08\text{MPa}$$

2）计算参考应变γ_r。

$$\tau_{max}=\sigma'\tan\varphi'=17\times12\times\tan35°\text{kPa}=142.8\text{kPa}$$

$$\gamma_r=\frac{\tau_{max}}{G_0}=\frac{142.8}{55080}=0.00259$$

3）计算割线剪切模量G。

$$G_{0.05}=G_0\frac{1}{1+\dfrac{\gamma}{\gamma_r}}=G_0\frac{1}{1+\dfrac{0.05\%}{0.00259}}=0.878G_0=48.3\text{MPa}$$

$$G_{0.5}=G_0\frac{1}{1+\dfrac{\gamma}{\gamma_r}}=G_0\frac{1}{1+\dfrac{0.5\%}{0.00259}}=0.418G_0=23\text{MPa}$$

$$G_{0.5}=G_0\frac{1}{1+\dfrac{\gamma}{\gamma_r}}=G_0\frac{1}{1+\dfrac{5\%}{0.00259}}=0.067G_0=3.69\text{MPa}$$

4）计算阻尼比。根据表5-2，取$D_{max}=0.33$，采用式（5-43）计算阻尼比D。

$$D_{0.05}=D_{max}\left(1-\frac{G}{G_0}\right)=0.33\times(1-0.878)=0.04$$

$$D_{0.5} = D_{max}\left(1 - \frac{G}{G_0}\right) = 0.33 \times (1 - 0.418) = 0.192$$

$$D_{0.5} = D_{max}\left(1 - \frac{G}{G_0}\right) = 0.33 \times (1 - 0.067) = 0.308$$

分析：从以上计算可以看出割线剪切模量和阻尼比的非线性。在剪应变较小时，剪切模量较大而阻尼比较小，这个时候可以忽略土的阻尼作用；在剪应变较大时，剪切模量减小至很小的值而阻尼比增大到最大值。土动力计算参数的合适选取取决于剪应变的实际大小。

5.5　双线性模型

双线性模型是基于弹-塑性理论来模拟循环荷载作用下土的滞回效应及能量耗散的一种模型，由于形式简单而被广泛应用。

两个弹性元件（G_1、G_2）和一个塑性元件（τ_y）按照图 5-25 所示的方式组成一个弹—塑性模型。塑性元件的应力-应变关系为

当 $|\tau| < \tau_y$ 时　　$\gamma = 0$　　　　　　　　　　　(5-45a)

当 $|\tau| = \tau_y$ 时　　$\gamma =$ 任意非零值　　　　(5-45b)

式中，τ_y 是塑性元件的屈服应力。塑性元件的在循环荷载下的应力-应变关系曲线如图 5-26a 所示。在小于屈服应力时，塑性元件不发生变形；在 A 点达到屈服应力 τ_y 后，塑性元件在恒定的应力下滑移至 B 点；当卸载至屈服应力 $-\tau_y$ 即 C 点后，塑性元件屈服发生滑移。这样一个循环荷载内的应力-应变关系及荷载时程曲线为图 5-26 中的 $ABCDE$。

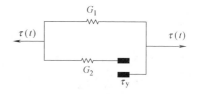

图 5-25　双线性模型的元件组合

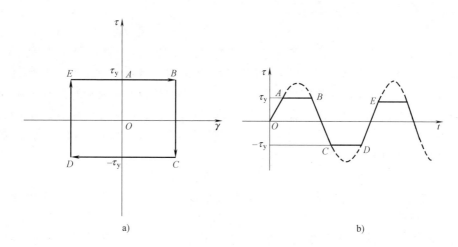

a)　　　　　　　　　　　　　　　　b)

图 5-26　循环荷载下塑性单元的应力应变

a) 应力-应变关系　b) 荷载时程曲线

当组合模型中的塑性元件的应力达到 τ_y 时，也就是组合模型的应变 $\gamma = \tau_y / G_1$ 时，组合模型达到屈服状态，这时组合模型的屈服应变 γ_{y0} 和屈服应力 τ_{y0} 可表示为

$$\gamma_{y0} = \frac{\tau_y}{G_1} \tag{5-46a}$$

$$\tau_{y0} = \tau_y + G_2 \gamma_{y0} = \left(1 + \frac{G_2}{G_1}\right)\tau_y \tag{5-46b}$$

通过力的平衡可以得到组合模型在弹性阶段（$|\tau| < \tau_{y0}$）和弹塑性阶段（$|\tau| \geqslant \tau_{y0}$）的应力-应变关系如下

弹性阶段（$|\tau| < \tau_{y0}$）　　　　　$\tau = (G_1 + G_2)\gamma$ (5-47a)

弹塑性阶段（$|\tau| \geqslant \tau_{y0}$）　　　　$\tau = \tau_y + G_2\gamma$ (5-47b)

这就是单调加载下的应力-应变关系，即骨干曲线（图 5-27）。

循环荷载作用下的滞回曲线如图 5-27 所示。加载至 B 点后卸载，BC 段的卸载模量与弹性阶段模量 $G_1 + G_2$（简化为 G）相等，当卸载产生的应变达到 $2\gamma_{y0}$ 后产生反向屈服，模量为 G_2。这样得到的滞回曲线为由两组直线组成的平行四边形，这两组直线的斜率分别为 G_2 和 $G_1 + G_2$，前者为塑性阶段的模量，后者为弹性阶段的模量。因此，只要确定了骨干曲线弹性阶段和塑性阶段的模量，就可以模拟滞回效应了。可以看出，在这一类模型中，滞回圈的能量损耗通过塑性耗能来模拟，并未采用阻尼的概念。这也是弹塑性模型与黏弹性模型在理论上的区别。

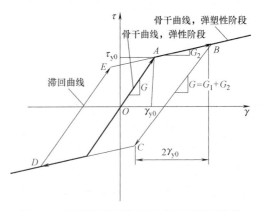

图 5-27　双线性模型的骨干曲线和滞回曲线

5.6　土的初始剪切模量 G_0

土的初始剪切模量也就是小应变（不大于 10^{-4}）情况下的弹性阶段的剪切模量。一方面这个模量可以用来模拟小应变情况下土的行为，如波的传播；另一方面，这个模量也是模拟循环荷载下土的非线性行为的一个基本参数。测定土的初始剪切模量的室内试验主要有动三轴试验和共振柱试验，原位测试方法主要是波速试验，由剪切波速换算初始剪切模量。

根据 Whitman（1960）汇总影响土的工程特性的诸多因素，Hardin 和 Black（1968）给出了描述影响土的初始剪切模量的因素

$$G_0 = f(\sigma'_m, e, H, S, \tau_0, C, A, F, T, \theta, K) \tag{5-48}$$

式中，σ'_m 为有效平均应力；e 为孔隙比；H 为应力历史；S 为饱和度；τ_0 为初始剪应力；C 为颗粒特性，包括颗粒形状、尺寸、级配及矿物；A 为振幅；F 为频率；T 为固结阶段的次压缩效应；θ 为土的结构；K 为温度，包括冻结。其中，e、C、θ、S 可以看作是与土性有关的因素，而 σ'_m、H、τ_0、A、F、T、K 为与试验条件有关的参数。在这些因素中，土样所处的有效平均应力 σ'_m 及土的孔隙比 e 是最重要的两个因素。

5.6.1　G_0 与 σ'_m、e 的关系

Hardin 和 Richart（1963）、Hardin 和 Black（1968）采用共振柱试验对砂土和黏土的初始剪切模量进行了研究，图 5-28 给出了渥太华砂共振柱试验结果，可以看出，G_0 随 σ'_m 增大而增大，随 e 增大而减小。他们根据试验结果认为 G_0 与 σ'_m 和 e 的关系具有如下形式

$$G_0 = AF(e)(\sigma'_m)^n \qquad (5-49)$$

式中，A 和 n 为两个参数；$F(e)$ 为孔隙比 e 的函数；σ'_m 为平均应力，$\sigma'_m = (\sigma'_1 + \sigma'_2 + \sigma'_3)/3$，其中 $\sigma'_{1\sim3}$ 为三个有效主应力。

式（5-49）其后被各学者广泛接受和采用。Kokusho（1987）汇总了 Hardin 及其他学者在这方面的试验成果，给出了表 5-3 所示的三大类土（砂土、黏性土和砾石土）的参数 A、n 的值以及 $F(e)$ 的表达式，其中 σ'_m 和 G_0 的单位为 100kPa。试验得到的参数 n 大多为 0.5，$F(e)$ 的表达式也大多沿用 Hardin 早期给出的关系，而参数 A 的数值变化较大。参数 A 考虑了除 σ'_m 和 e 以外的其他各种因素，这也许是该参数变化范围较大的原因。图 5-29 进一步给出了这三大类土的 $G_0/(\sigma'_m)^{0.5}$ 与孔隙比 e 的经验关系的对比，可以看出，砂土的离散性小一些，而黏性土和砾石土的离散性要相对大一些。

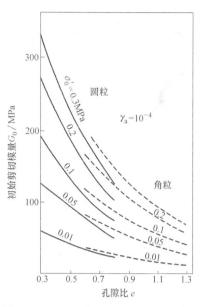

图 5-28　Hardin 和 Richart（1963）给出的干的圆粒砂和角粒砂的剪切模量

表 5-3　三大类土的初始剪切模量 G_0 经验公式汇总

（G_0 和 σ'_m 的单位均为 kgf/cm²，即 100kPa）

土类	研究者	土性	试验类型	公式	A	$F(e)$	n
砂土	Hardin 和 Richart（1963）	渥太华（Ottawa）圆粒砂，$e=0.3\sim0.8$	共振柱	$G_0 = \dfrac{7000(2.17-e)^2}{1+e}(\sigma'_m)^{0.5}$	7000	$(2.17-e)^2/(1+e)$	0.5
	Hardin 和 Richart（1963）	角粒砂 $e=0.6\sim1.3$	共振柱	$G_0 = \dfrac{3300(2.97-e)^2}{1+e}(\sigma'_m)^{0.5}$	3300	$(2.97-e)^2/(1+e)$	0.5
	Shibata 和 Soelarno（1975）	纯净砂	超声波	$G_0 = 42000(0.67-e/(1+e))$ $(\sigma'_m)^{0.5}$	42000	$0.67-e/(1+e)$	0.5
	Iwasaki et al.（1978）	纯净砂	共振柱	$G_0 = \dfrac{9000(2.17-e)^2}{1+e}$ $(\sigma'_m)^{0.38}$	9000	$(2.17-e)^2/(1+e)$	0.38
	Kokusho（1980）	Toyoura 砂	动三轴	$G_0 = \dfrac{8400(2.17-e)^2}{1+e}(\sigma'_m)^{0.5}$	8400	$(2.17-e)^2/(1+e)$	0.5
	Yu 和 Richart（1984）	纯净砂	共振柱	$G_0 = \dfrac{7000(2.17-e)^2}{1+e}(\sigma'_m)^{0.5}$	7000	$(2.17-e)^2/(1+e)$	0.5

（续）

土类	研究者	土性	试验类型	公式	A	F(e)	n
黏性土	Hardin 和 Black（1968）	低塑性高岭土，IP = 21，e = 0.6~1.5	共振柱	$G_0 = \dfrac{3300(2.97-e)^2}{1+e}(\sigma'_m)^{0.5}$	3300	$(2.97-e)^2/(1+e)$	0.5
	Marcuson 和 Wahls（1972）	重塑膨润土，IP = 60，e = 1.5~2.5	共振柱	$G_0 = \dfrac{450(4.4-e)^2}{1+e}(\sigma'_m)^{0.5}$	450	$(4.4-e)^2/(1+e)$	0.5
	Humphries 和 Wahls（1972）	重塑高岭土，IP = 35	共振柱	$G_0 = \dfrac{4500(2.97-e)^2}{1+e}(\sigma'_m)^{0.5}$	4500	$(2.97-e)^2/(1+e)$	0.5
	Kokusho 等（1982）	正常固结原状淤泥，e = 1.5~4.0	动三轴，γ = 10~5	$G_0 = \dfrac{90(7.32-e)^2}{1+e}(\sigma'_m)^{0.6}$	90	$(7.32-e)^2/(1+e)$	0.6
	Zen 和 Umehara（1978）	重塑黏土，IP = 0~35	共振柱	$G_0 = \dfrac{2000(2.97-e)^2}{1+e}(\sigma'_m)^{0.5}$	2000~4000	$(2.97-e)^2/(1+e)$	0.5
砾石土	Prange（1981）	石渣，d = 40，C_u = 3	共振柱	$G_0 = \dfrac{7230(2.97-e)^2}{1+e}(\sigma'_m)^{0.5}$	7230	$(2.97-e)^2/(1+e)$	0.38
	Kokusho 等（1981）	碎石，d = 30，C_u = 10	动三轴	$G_0 = \dfrac{13000(2.17-e)^2}{1+e}(\sigma'_m)^{0.5}$	13000	$(2.17-e)^2/(1+e)$	0.55
	Kokusho 等（1981）	圆砾，d = 10，C_u = 20	动三轴	$G_0 = \dfrac{8400(2.17-e)^2}{1+e}(\sigma'_m)^{0.5}$	8400	$(2.17-e)^2/(1+e)$	0.60
	Tanaka 等（1987）	砾，d = 10，C_u = 20	动三轴	$G_0 = \dfrac{3080(2.17-e)^2}{1+e}(\sigma'_m)^{0.5}$	3038	$(2.17-e)^2/(1+e)$	0.60
	Goto 等（1997）	砾，d = 2，C_u = 10	动三轴	$G_0 = \dfrac{1200(2.17-e)^2}{1+e}(\sigma'_m)^{0.5}$	1200	$(2.17-e)^2/(1+e)$	0.85
	Nishio 等（1985）	砾，d = 10.7，C_u = 13.8	动三轴	$G_0 = \dfrac{9360(2.17-e)^2}{1+e}(\sigma'_m)^{0.5}$	9360	$(2.17-e)^2/(1+e)$	0.44

注：d 为平均粒径（mm）；C_u 为土的不均匀系数。

上述经验公式是在各向等压的条件下获得的，而现场的土体处于非等向固结的状态（$\sigma'_1 \neq \sigma'_3$），尽管如此，这些经验公式后来经各种试验结果的检验而被广泛接受。Peiji 和 Richart（1984）对非等向固结的渥太华干砂进行共振柱试验，发现在相同的有效平均应力下，G_0 有随固结应力比 K（$K = \sigma'_1/\sigma'_3$）增加而减小的趋势，但当 K 小于 2.5~3.0 时剪应力对 G_0 的影响小于 10%。罗思勒（Roesler，1979）发现在三向应力条件下，剪切波速 v_S 只与波动面内的应力有关，即与波的传播方向及质点振动方向的应力 σ'_1 和 σ'_3 有关，与垂直波动面的应力 σ'_2 无关。因此经验公式用平均主应力 σ'_m 表示就不恰当，应用波动面上的平均应力 $(\sigma'_1+\sigma'_3)/2$ 来代替。然后，费（Fei）及理查特对剪切波与主应力方向成一定角度传播时问题进行了研究，认为采用三个主应力表述更为客观。不过，目前还是用 σ'_m 来反映应力大小对 G_0 的影响。

5.6.2 黏性土的几个特性对 G_0 的影响

对于黏性土，除了孔隙比 e 和应力 σ'_m 的影响外，还需要考虑黏性土固有的一些特性对

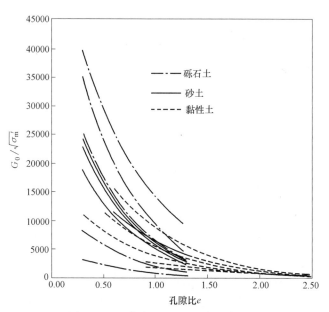

图 5-29　三大类土的 G_0 经验公式对比

G_0 的影响，包括塑性、超固结比、次压缩及黏性土的结构性。

1. 次压缩效应

Hardin 和 Brack（1968）指出，对于黏性土，次压缩引起的时间效应的问题必须予以考虑。时间效应指的是黏性土在固结压力下完成了初始固结后，其剪切模量（或剪切波速）将继续随着时间的增加而增加，而这种效应不能完全用次压缩造成的孔隙比减小来解释。这种效应对沉积时间长久的天然黏性土是很重要的。图 5-30 是 Hardin 和 Brack（1968）给出的共振柱试验得到的底特律黏土的 G_0-$\log t$ 关系图。试样的主固结在 100min 左右完成，随后剪切波

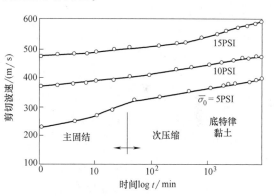

图 5-30　共振柱试验中的时间效应（Hardin 和 Brack，1968）

速基本上随时间的对数线性增长。Afifi 和 Richard（1973）定义了一个参数 N_G 来描述时间效应对剪切模量的影响，这个参数定义为

$$N_G = \frac{\Delta G_0}{G_{0P}} \tag{5-50}$$

式中，ΔG_0 为次压缩阶段一个对数周期内 G_0 的增长量，也就是 G_0-$\log t$ 曲线的斜率；G_{0P} 为主固结结束时的剪切模量。参数 N_G 代表着一个对数周期内剪切模量的增长比例。

Kokusho 等（1982）汇总了前人的研究成果，给出了黏性土 N_G 与塑性指数 I_P 的关系如下

$$N_G = 0.027 \sqrt{I_P} \tag{5-51}$$

当 $I_P = 10 \sim 60$ 时，N_G 多为 $0.10 \sim 0.25$，意味着一个对数周期内剪切模量增长 10% ～

25%，可见时间效应对黏土剪切模量的影响非常显著。这也说明室内基于重塑土的试验的结果并不能够完全反映经历了漫长的原位压缩的天然土的真实特性。

2. 黏性土的应力历史

土的应力历史用超固结比 OCR 来表示。OCR 为土体历史上受到的最大应力与当前应力的比值，应力一般采用竖向有效应力 σ'_v。Hardin 和 Black（1968）根据重塑高岭土共振柱试验结果给出了考虑 OCR 的经验公式

$$G_0 = \frac{3230\,(2.97-e)^2}{1+e}(OCR)^K(\sigma'_m)^{0.5} \tag{5-52}$$

式中，K 为一个取决于塑性指数 I_p 的参数，G_0 和 σ'_m 的单位均为 100kPa。K 的经验取值见表 5-4，表中还给出了 OCR = 2 的情况下的 $(OCR)^K$ 值。可以看出，超固结比的影响随着 I_p 的增大而增大。对于超固结比不大的低塑性土，这种影响是较小的。

表 5-4　参数 K 值与塑性指数 I_p 的关系（Hardin 和 Black，1968）

塑性指数 I_p	20	40	60	80	≥100
K 值	0.18	0.30	0.41	0.48	0.50
$(OCR)^K$，OCR＝2	1.13	1.23	1.33	1.39	1.41

3. 黏性土的塑性和结构性

大多数研究结果表明，在其他条件都相同的情况下，土的塑性越大，G_0 越小。一般采用塑性指数 I_p 来反映塑性的影响。Kagawa（1992）根据 5 个场地的 38 个具有不同塑性（$I_p = 30 \sim 50$）的原状海洋沉积软黏土的共振柱试验和循环单剪试验结果，建立了如下关系

$$G_0 = \frac{358-3.8I_p}{0.4+0.7e}\sigma'_m \tag{5-53}$$

可以看出，原状土的 G_0 与 σ'_m 成正比（即 $n=1$）且具有相同的量纲。

陈国兴、谢君斐和张克绪（1995）给出了一个根据 I_p 和 σ'_m 确定黏性土 G_0 的关系式

$$G_0 = [a_1+a_2\exp^{-a_3 I_p}]\sqrt{\sigma'_m/p_a} \tag{5-54}$$

式中，a_1、a_2 和 a_3 为三个与 σ'_m 有关的参数，具体取值见表 5-5；p_a 为一个大气压（即 100kPa）。计算得到的 G_0 的量纲为大气压。

表 5-5　参数 a_1、a_2 和 a_3

a_1	a_2	a_3	$\sigma'_m/100\text{kPa}$
140	540	0.055	<1.0
180	500	0.050	1.0～2.0
135	625	0.038	2.0～4.0

图 5-31 给出了 Hardin-Black（1968）、Marcuson-Wahls（1972）和 Kokusho 等（1982）给出的三个经验公式的对比，对应的三种类型土样分别为：

1）低塑性重塑高岭土，$I_p = 21$，$e = 0.6 \sim 1.5$。

2）重塑膨润土，$I_p = 60$，$e = 1.5 \sim 2.5$。

3）正常固结原状淤泥，$I_p = 40 \sim 44$，$e = 1.5 \sim 4.0$。

可以看出，这些黏性土的孔隙比范围以及 G_0-e 关系曲线差别较大。而黏性土的结构性

对 $G_0\text{-}e$ 关系也有一定的影响，对于孔隙比较大的原状软土，由于结构效应，重塑土的经验公式可能会低估 G_0。

5.6.3 土样扰动的影响

不可避免的取土扰动可能会造成室内试验结果不能够反映现场的真实情况。Kokusho（1987）对室内试验和原位测试的结果进行了对比，给出的结果如图 5-32 所示，室内试验和原位测试测得的模量分别记为 G_{0L} 和 G_{0F}。比值 G_{0L}/G_{0F} 的分布较为离散，整体上有随着 G_{0F} 的增大而减小的趋势。当剪切模量在 30~50MPa（剪切波速为 150~160m/s）变化时，G_{0F} 和 G_{0L} 较为接近；当 G_{0F} 较小时，扰动会造成固结过程中土样的过度压密，导致 G_{0L} 可能大于 G_{0F}；而当 G_{0F} 较大时，扰动造成的结构破损容易导致 G_{0L} 小于 G_{0F}。

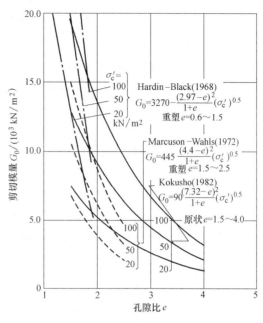

图 5-31 正常固结黏性土的经验公式的对比（Kokusho 等，1982）

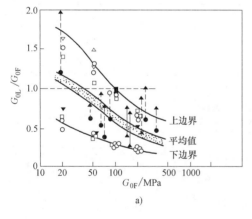

a)

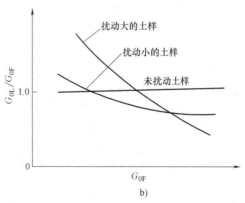

b)

图 5-32 G_{0L} 和 G_{0F} 的对比及取样扰动分析（Kokusho，1987）

5.6.4 确定 G_0 的其他经验公式

1. 基于相对密实度 D_r 表达式——粗颗粒土

Seed 和 Idriss（1970）统计了 30 种砂的 75 组试验结果，给出了一个基于相对密实度 D_r 的经验关系式

$$G_0 = 218.8 K_{max} (\sigma'_m)^{0.5} \tag{5-55}$$

式中，σ'_m 和 G_0 的单位均为 kPa，K_{max} 为与砂土的相对密实度 D_r（%）有关的参数。K_{max} 和

砂土的相对密实度 D_r（%）的关系如下

$$K_{max} = 61[1+0.01(D_r-75)] \tag{5-56}$$

Seed 等（1986）认为上式也适用于砾石，只是砾石的 K_{max} 比砂土的要大 $1.5\sim2.5$ 倍。

2. 基于不排水抗剪强度 S_u 的表达式——饱和软黏土

对于饱和软黏土，Seed 和 Idriss（1970）给出 G_0 与不排水抗剪强度 S_u 的关系表达式

$$G_0 = 2200S_u \tag{5-57}$$

式中，G_0 和 S_u 的单位均为 kPa。Martin 和 Seed（1982）后来把这个系数改为 2050。实际上，这个系数与黏性土的成因及结构性有关，并非是一个比较稳定的数值。如对于泥炭，这个系数的值可能小于 200（陈国兴等，1995）。

3. 基于标贯击数 N 的经验公式

Imai 和 Yoshimura（1970）根据剪切波速 v_S 与标贯击数 N 的统计关系，认为粗颗粒土的初始剪切模量 G_0 与标贯击数 N 具有如下关系

$$G_0 = aN^b \tag{5-58}$$

式中，a 和 b 为两个参数。表 5-6 给出了不同学者给出的各种类型土的参数 a、b 值，采用这些参数值计算得到的 G_0 的单位是 MPa。可以看出，参数 a 大多为 $10\sim20$，参数 b 为 $0.55\sim0.8$。

表 5-6　G_0 与标贯击数 N 的关系

序号	文献中的作者	公式/MPa	土性
1	Imai 和 Yoshimura(1970)	$G_0 = 9.81N^{0.78}$	混合土
2	Ohba 和 Toriumi(1970)	$G_0 = 11.96N^{0.62}$	冲积土
3	Ohta 等(1972)	$G_0 = 13.63N^{0.72}$	次生土,洪积砂、黏性土
4	Ohsaki 和 Iwasaki(1973)	$G_0 = 11.94N^{0.78}$	所有土类
5	Ohsaki 和 Iwasaki(1973)	$G_0 = 6.374N^{0.94}$	砂土
6	Ohsaki 和 Iwasaki(1973)	$G_0 = 11.59N^{0.76}$	中间土
7	Ohsaki 和 Iwasaki(1973)	$G_0 = 13.73N^{0.71}$	黏性土
8	Ohsaki 和 Iwasaki(1973)	$G_0 = 11.77N^{0.8}$	所有土类
9	Hara 等(1974)	$G_0 = 15.49N^{0.668}$	冲积、洪积和次生土
10	Imai 和 Tonouchi(1982)	$G_0 = 17.26N^{0.607}$	冲积黏土
11	Imai 和 Tonouchi(1982)	$G_0 = 12.26N^{0.611}$	冲积砂
12	Imai 和 Tonouchi(1982)	$G_0 = 24.61N^{0.555}$	洪积黏土
13	Imai 和 Tonouchi(1982)	$G_0 = 17.36N^{0.631}$	洪积砂
14	Imai 和 Tonouchi(1982)	$G_0 = 14.12N^{0.68}$	所有土类
15	Anbazhagan 和 Sitharam(2010)	$G_0 = 24.28N^{0.55}$	含少量黏粒的粉砂
16	Anbazhagan 等(2012)	$G_0 = 16.40N^{0.65}$	数据来自 Ottta 等(1972)&Hara 等(1974) and Anbazhagan and Sitharam(2010)

例 5-2 某软黏土土层的孔隙比为 1.5，饱和重度为 17.6kN/m³，静止土压力系数 $K_0 = 0.5$，超固结比 OCR 为 1.0，塑性指数为 20，不排水抗剪强度为 25kPa，场地地下水埋深为 0m，采用不同方法计算深度为 5m 处的初始剪切模量 G_0。

解： 计算平均有效自重应力 σ'_m

$$\sigma'_v = (17.6 - 10) \times 5 \text{kPa} = 38 \text{kPa}, \sigma'_h = K_0 \sigma'_v = 0.5 \times$$

$$38 \text{kPa} = 19 \text{kPa}, \sigma'_m = \frac{1}{3}(38 + 2 \times 19) \text{kPa} = 25.3 \text{kPa}$$

采用 Hardin-Black 经验公式

$$G_0 = \frac{3230(2.97-e)^2}{1+e}(\text{OCR})^K(\sigma'_m)^{0.5} = \frac{3230(2.97-1.5)^2}{1+1.5} \times (25.3)^{0.5} \text{kPa} = 13959 \text{kPa}$$

采用 Kokusho 经验公式

$$G_0 = \frac{90(7.32-e)^2}{1+e}(\sigma'_m)^{0.6} = \frac{90(7.32-1.5)^2}{1+1.5} \times (25.3)^{0.6} \text{kPa} = 8469 \text{kPa}$$

采用 Kagawa 经验公式

$$G_0 = \frac{358-3.8I_P}{0.4+0.7e}\sigma'_m = \frac{358-3.8 \times 20}{0.4+0.7 \times 1.5} \times 25.3 \text{kPa} = 4920 \text{kPa}$$

采用 Seed 和 Idriss 的经验公式

$$G_0 = 2050 S_u = 2050 \times 25 \text{kPa} = 51250 \text{kPa}$$

分析： 这些经验公式的计算结果差别较大，故应重视经验公式的适用条件，并应结合地区经验评价经验公式的适用性。

例 5-3 某砂土地层，标准贯入试验得到的某一深度处的标准贯入击数 N 为 25，该深度处的竖向有效自重应力 σ'_v 为 100kPa，相对密度 $D_r = 65\%$，采用不同的方法计算相应位置处砂土的 G_0。

解： 采用 Seed 和 Idriss 的统计关系式（5-56）

$$K_{max} = 61 \times [1+0.01(D_r-75)] = 61 \times [1+0.01 \times (65-75)] = 67.1$$

$$\sigma'_m = \frac{1}{3}(100+2 \times 50) \text{kPa} = 66.67 \text{kPa}$$

$$G_0 = 218.8 K_{max}(\sigma'_m)^{0.5} = 218.8 \times 67.1 \times (66.67)^{0.5} \text{kPa} = 119876 \text{kPa} \approx 120 \text{MPa}$$

采用 Ohta 经验公式（表 5-6）

$$G_0 = 13.63 N^{0.72} = 13.63 \times (25)^{0.72} \text{MPa} = 138 \text{MPa}$$

5.7* 剪切模量 G 和阻尼比 D 的非线性

当剪应变 γ 超过弹性临界应变 γ_e（Elastic Threshold Strain）后，就会出现剪切模量 G 减

小、阻尼比 D 增大的现象。对于剪切模量 G 随剪应变 γ 减小的规律，一般根据试验得到的应力-应变曲线（τ-γ 曲线）确定出割线模量 G 与 γ 的关系，并进一步总结出剪切模量比 G/G_0 与 γ 的关系，这种关系也可以通过静三轴试验得到。在数学关系式的选择方面，大多采用双曲线［式（5-29）］的改进关系式。对于阻尼比 D，一种方法是根据动三轴试验结果直接整理得到 D-γ 关系曲线；另外一种方法是根据动三轴试验结果得到 D-G/G_0 经验关系，由静三轴试验得到的 G/G_0-γ 关系得到 D-γ 关系。

5.7.1 砂土的 G/G_0 和阻尼比 D

Seed 和 Idriss（1970）统计了 30 种砂土的 75 组试验结果，给出了砂土 G/G_0 和 D 随剪应变 γ 的变化规律，如图 5-33 所示（G 为割线模量）。注意横坐标为剪应变 γ 的对数，以便于表达剪应变 γ 大范围变化的情况。可以看出，在单对数坐标系下，G/G_0 的变化有三个阶段：小应变阶段（$\gamma<\gamma_e$）的缓慢降低；中等应变下的迅速降低；大应变下维持一个较低的值。阻尼比 D 的变化则相反，随着剪应变 γ 的增加而增大，其变化过程也可大致分为三个阶段。

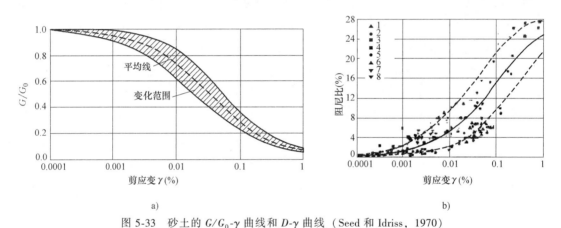

a) b)

图 5-33　砂土的 G/G_0-γ 曲线和 D-γ 曲线（Seed 和 Idriss，1970）

a）G/G_0-γ 曲线　b）D-γ 曲线

围压 σ_{3c} 的大小对砂土的 G/G_0-γ 曲线和 D-γ 曲线会有一定的影响。图 5-34 给出了 Kokusho（1980）通过动三轴试验得到的围压对 Toyoura 砂的 G/G_0-γ 曲线和 D-γ 曲线影响规

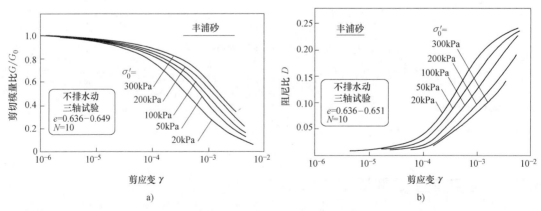

a) b)

图 5-34　围压 σ_{3c} 对砂土 G/G_0-γ、D-γ 曲线的影响（Kokusho，1980）

a）G/G_0-γ 曲线　b）D-γ 曲线

律。可以看出，随着围压的增大，G/G_0-γ 曲线向右上方移动，D-γ 曲线向右下方移动。表明围压增大会使相同剪应变 γ 下的 G/G_0 增大而 D 减小。

Oztoprak 和 Bolton（2013）统计了 454 组试验结果，包括干砂以及饱和砂的排水、不排水试验，给出的规律如图 5-35 所示。

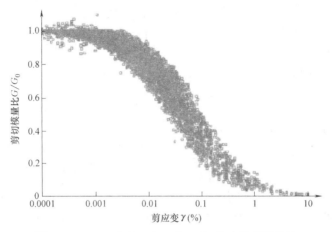

图 5-35   Oztoprak 和 Bolton（2013）给出的统计关系

可以看出，剪切模量 G 的变化集中在一个较狭窄的范围内，这为确定砂土的剪切模量提供了便利。他们给出的统计关系式为

$$\frac{G}{G_0} = \frac{1}{1 + \left(\dfrac{\gamma - \gamma_e}{\gamma_r}\right)^a} \tag{5-59}$$

式中，γ_e、γ_r 和 a 为三个参数。应变超过 γ_e 后，G/G_0 将减小；γ_r 为参考应变，但他们采用的是 $G/G_0 = 0.5$ 对应的应变，他们认为采用这个参考应变可以达到更好的拟合效果，得到的拟合曲线与砂土的类型、试验方法和围压压力大小无关。他们给出的这三个参数的具体数值为：

1) 平均 $\gamma_e = 0.0007\%$，$\gamma_r = 0.044\%$，$a = 0.88$。
2) 上限 $\gamma_e = 0.003\%$，$\gamma_r = 0.10\%$，$a = 0.88$。
3) 下限 $\gamma_e = 0\%$，$\gamma_r = 0.02\%$，$a = 0.88$。

当参数 $a = 1.0$，$\gamma_e = 0$ 时，式（5-59）也就退化为式（5-29），即双曲线 τ-γ 关系的理论解。

由于 G/G_0-γ 关系的研究成果较为丰富，Hardin 和 Drnevich（1972）提出了通过 D-G/G_0 关系来获得阻尼比 D 的方法［式（5-43）］。Khouri（1984）统计了前人的试验成果，给出砂土的 D-G/G_0 统计关系如图 5-36 所示。Ishibashi 和 Zhang（1993）根据这份资料提出如下拟合关系

$$D = 0.333\left[0.586\left(\frac{G}{G_0}\right)^2 - 1.547\left(\frac{G}{G_0}\right) + 1\right] \tag{5-60}$$

5.7.2   黏性土的剪切模量比 G/G_0 和阻尼比 D

由于黏性土的试验需要较长的时间，因此关于黏性土的研究成果相对少一些。与无黏土

相比，不同类型的黏性土的 G/G_0-γ 曲线的离散性要大得多，这主要归结于黏性土的塑性变化范围较大。Zen 和 Higuchi（1978）最早注意到并研究了塑性指数 I_P 对土的 G/G_0-γ 关系的影响。Vucetic 和 Dobry（1991）统计了 16 篇文献的资料，给出的不同超固结比（OCR = 1 ~ 15）和塑性（I_P = 0 ~ 200）的黏性土的 G/G_0-γ 曲线和 D-γ 曲线，如图 5-37 所示，可以看出如下规律：

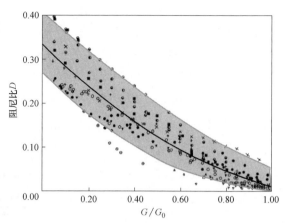

图 5-36 砂土的阻尼比 D 与 G/G_0 的关系

（Khouri，1984；Ishibashi 和 Zhang，1993）

1）塑性指数 I_P 对黏性土的 G/G_0-γ 曲线和 D-γ 曲线影响非常明显。在 $I_P < 50$ 的范围内的影响最为明显，影响程度随着塑性的增大而降低。由此造成不同塑性的黏性土的 G/G_0-γ 曲线和 D-γ 曲线变化范围较大。

2）随着 I_P 的提高，G/G_0-γ 曲线向上移动（G/G_0 增大），且弹性临界剪应变增大。

3）当剪应变较小时，I_P 对阻尼比 D 的影响不大；但当剪应变较大时，D-γ 曲线随 I_P 的提高而明显下移（D 减小）。

4）$I_P = 0$ 的对应 G/G_0-γ 曲线、D-γ 曲线与 Seed 和 Idriss（图 5-33）给出的平均曲线一致。因此，由于塑性的影响，黏性土的 G/G_0-γ 曲线要高于砂土的曲线，而 D-γ 曲线要低于砂土的曲线。

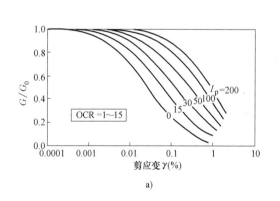

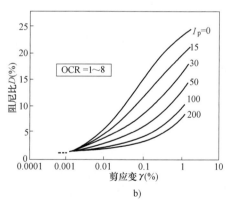

a)　　　　　　　　　　　　　　　　b)

图 5-37 不同塑性的黏性土的 G/G_0 和 D 与 γ 的关系（Vucetic 和 Dobry，1991）

a）G/G_0-γ 关系　b）D-γ 关系

Kokusho 等（1982）采用动三轴试验研究了应力历史对以中等和高塑性（I_P = 40 ~ 60）为主的日本柏市（Teganuma）原状黏性土的 G/G_0-γ 曲线和 D-γ 曲线的影响。土样的固结状态分为三种：正常固结（OCR = 1）、超固结（OCR = 5 ~ 15）以及似超固结（固结时间为 10^4 min），得到的试验结果如图 5-38 所示。尽管应力历史对黏性土的 G_0 影响显著，但从图 5-38 可以看出，应力历史对 G/G_0-γ 曲线的影响较小，而围压的大小也几乎不影响 G/G_0-γ 曲线的形态。因此只要通过波速法确定了现场土的 G_0 值，就可以采用某一围压下室内试验得到的 G/G_0-γ 曲线来预估原位的剪切模量。与 G/G_0-γ 曲线相比，应力历史对 D-γ 曲线的影响更为显著。

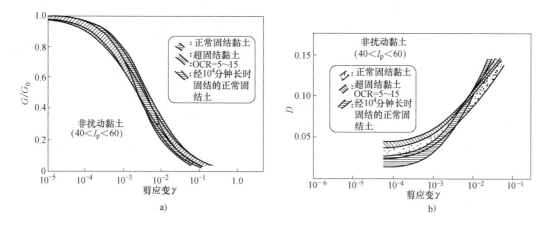

a)　　　　　　　　　　　　　　b)

图 5-38　应力历史对原状黏性土 G/G_0-γ、D-γ 曲线的影响（Kokusho 等，1982）

a) G/G_0-γ 曲线　b) D-γ 曲线

5.8　动荷载作用下土的破坏

5.8.1　土的破坏方式

不同类型荷载作用下土的破坏方式也不同。以三轴试验为例，静荷载作用下（$N=1$ 次）的土样的变形曲线，即偏应力 $q=\sigma_1-\sigma_3$ 与轴向应变 ε_a 关系曲线，可以分为三类（见图 5-39 所示），其特征如下：

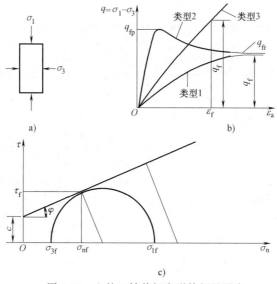

图 5-39　土的三轴剪切变形特征及强度

a) 受力方式　b) 应力-应变关系　c) 摩尔圆和强度参数

类型 1：偏应力随着变形的增大而增大，但增大到一定程度后达到极限值 q_f，轴向变形持续发展。这种类型称为理想塑性型，稳定应力状态代表破坏状态。

类型 2：偏应力随着变形的增大而增大，达到峰值 q_{fp} 后降低，然后稳定在某一极限值 q_{fr}。这种类型称为应变软化型，有峰值强度（与 q_{fp} 对应）和残余强度（与 q_{fr} 对应）之分。

类型 3：偏应力随着变形的增大而持续增大，并不会出现一个极限状态。这种类型称为应变硬化型，一般以某一选定的破坏应变 ε_f 作为破坏标准。

除了 $q\text{-}\varepsilon_a$ 曲线外，有时还需要采用有效应力比 $\sigma_1'/\sigma_3'\text{-}\varepsilon_a$ 关系曲线来确定破坏状态及对应的有效强度参数 c'、φ'。如忽略 c' 对松散砂土强度的影响，φ' 与 σ_1'/σ_3' 的关系可表示为

$$\sin\varphi' = \frac{\sigma_1'-\sigma_3'}{\sigma_1'+\sigma_3'} = \frac{\sigma_1'/\sigma_3'-1}{\sigma_1'/\sigma_3'+1} \tag{5-61}$$

图 5-40 给出了一个松散饱和砂在低围压下的三轴不排水剪切试验的结果。$q\text{-}\varepsilon_a$ 曲线与 $\sigma_1'/\sigma_3'\text{-}\varepsilon_a$ 曲线的形态明显不同，给出的强度参数也不同。由 $q\text{-}\varepsilon_a$ 关系曲线确定的 q_{max} 得到的有效内摩擦角 $\varphi_p' = 16.1°$，而由 $(\sigma_1'/\sigma_3')_{max}$ 确定的有效内摩擦角为 $\varphi' = 30°$，φ_p' 远小于 φ'。σ_1'/σ_3' 稳定不变的代表土的内摩擦角不变，这种破坏状态称为极限状态，是土破坏的一种特殊状态，对应的强度称为极限强度，由此确定的强度线称为极限强度线。

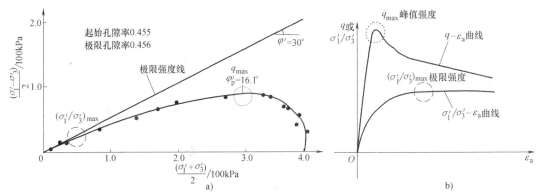

图 5-40　低围压下松砂的三轴固结不排水剪切（自《土的工程性质》）

a）有效应力路径　b）应力-应变关系

冲击荷载或快速加载作用下土的破坏一般表现为应变软化型，达到峰值强度后强度迅速降低。应力-应变关系的峰值代表破坏与强度。

循环荷载作用下，随着荷载作用次数的增加，土样发生破坏。这种情况下，施加的循环荷载的大小是给定的，需要确定土样发生破坏的作用次数 N_f。N_f 的确定与循环荷载作用下土的破坏方式有关。循环荷载作用下土的破坏方式较为复杂，大致可概括为以下三种（见图 5-41）：流动破坏（flow-type failure），循环活动性破坏（cyclic mobility）和塑性应变累积破坏（accumulated plastic strain），其特征为：

1）流动破坏（图 5-41a）。破坏前变形很小，在某一振此次下会突然破坏，强度迅速丧失，变形迅速增大。破坏振次 N_f 容易判断。

2）循环活动性破坏（图 5-41b）。初始几个加载周期内变形很小，在某一振次后变形随循环次数的增大而增大。破坏振次不容易判断，一般采用双应变幅（$2\varepsilon_d$）达到某一临界值（如 5% 或 10%）时所对应的振次作为破坏振次 N_f。

3）塑性应变累积破坏（图 5-41c）。尽管每一次循环荷载作用造成的变形有限，但变形随着加载次数的增大不断累计增长，且变形只是朝着一个方向发展。破坏振次不容易判断，一般采用轴向总应变（总应变 $\varepsilon =$ 残余应变 $\varepsilon_r +$ 动应变 ε_d）达到某一临界值（如 5% 或 10%）时所对应的振次作为破坏振次 N_f。

土在循环荷载作用下还有一个特殊的强度准则，称为临界循环应力比（critical ratio of cyclic stress）。表示当动剪应力比小于某一临界值后，试样的变形将趋于稳定，不会产生循环破坏。

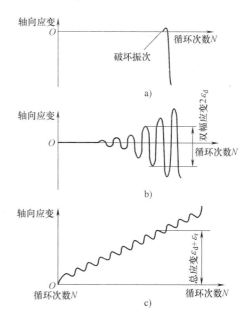

图 5-41 循环荷载作用下土的破坏方式

（Yang 和 Sze，2011）

a）流动破坏 b）循环活动性破坏 c）累积塑性变形破坏

5.8.2 摩尔—库仑强度理论和参数

尽管影响土的强度的因素众多，但颗粒之间的摩擦仍然是土的强度的基本组成部分，因此土的强度一般指抗剪强度，采用摩尔—库仑强度理论，即

$$\tau_f = c + \sigma_n \tan\varphi \qquad (5\text{-}62a)$$

式中，τ_f 为土的抗剪强度；σ_n 为破坏时（注意不是剪切前或剪切过程中）破坏面上的正应力；c 和 φ 分别为土的黏聚力和内摩擦角。

如采用主应力表示，摩尔—库仑强度理论可表示为

$$\frac{\sigma_{1f}+\sigma_{3f}}{2} = c\cos\varphi + \frac{\sigma_{1f}+\sigma_{3f}}{2}\sin\varphi_c \qquad (5\text{-}62b)$$

式中，σ_{1f}、σ_{3f} 分别表示土样破坏时的最大主应力和最小主应力。

根据破坏时的最大主应力方向的区别，三轴循环荷载作用下试件的破坏有压缩破坏和拉伸破坏两种，破坏时的最大主应力方向分别在轴向和径向，根据式（5-62b），这两种破坏方式出现的应力条件可表示为：

压缩破坏

$$\frac{(\sigma_{ac}+\sigma_d)-\sigma_{rc}}{2} = c_{dc}\cos\varphi_{dc} + \frac{\sigma_{ac}+\sigma_d+\sigma_{rc}}{2}\sin\varphi_{dc} \qquad (5\text{-}63a)$$

拉伸破坏

$$\frac{\sigma_{rc}-(\sigma_{ac}-\sigma_d)}{2} = c_{de}\cos\varphi_{de} + \frac{\sigma_{rc}+\sigma_{ac}-\sigma_d}{2}\sin\varphi_{de} \qquad (5\text{-}63b)$$

式中，σ_d 为轴向动荷载幅值；σ_{ac}、σ_{rc} 分别为循环剪切前土样的初始轴压和围压；c_{dc}、φ_{dc} 分别为压缩破坏时的黏聚力和内摩擦角；c_{de}、φ_{de} 分别为拉伸破坏时的黏聚力和内摩擦角。

对于饱和土的不排水循环剪切，如果试验时也量测了孔隙水的压力 u，则还可以得到用有效应力表达的破坏条件：

压缩破坏

$$\frac{(\sigma'_{ac}+\sigma_d)-\sigma_{rc}}{2} = c'_{dc}\cos\varphi'_{dc} + \left(\frac{\sigma'_{ac}+\sigma_d+\sigma'_{rc}}{2}-\Delta u_f\right)\sin\varphi'_{dc} \qquad (5\text{-}64a)$$

拉伸破坏 $\quad \dfrac{\sigma'_{rc}-(\sigma'_{ac}-\sigma_d)}{2}=c'_{de}cos\varphi'_{de}+\left(\dfrac{\sigma'_{rc}+\sigma'_{ac}-\sigma_d}{2}-\Delta u_f\right)sin\varphi'_{de}$ （5-64b）

式中，Δu_f 为破坏时孔隙水压力增量；c'_{dc}、φ'_{dc} 分别为压缩破坏时的有效黏聚力和有效内摩擦角；c'_{de}、φ'_{de} 分别为拉伸破坏时的有效黏聚力和有效内摩擦角。

对数个初始固结状态相同的（相同的 K_c）的试件施加不同的动荷载 σ_d，得到各试样破坏时的振动次数 N_f，即可绘制动剪应力 τ_d 或 $\sigma_d/2$ 与破坏振次 N_f 的关系曲线，这样曲线称为动强度曲线（见图 5-42a）。横坐标 N_f 常采用对数形式，这样动强度曲线接近直线。一般情况下固结应力越大，动强度也越大。为了消除固结应力的影响，动强度曲线也会整理成动剪应力比 R_d 与破坏振次 N_f 的关系曲线。注意当 $\tau_0\neq0$ 时，总的破坏剪应力为 $\tau_f=\tau_0\pm\tau_d$，这个强度称为总强度。

针对某一破坏振次 N_f，以围压 σ_{rc} 为小主应力，破坏时的轴压 $\sigma_{af}(=\dot{\sigma}_{ac}+\sigma_d)$ 为大主应力为绘制若干个应力摩尔圆（见图 5-42b），就可以得到与该试验状态对应的（同一固结应力比 K_c、同一破坏振次 N_f）动内摩擦角 φ_d 和动黏聚力 c_d，也称为动强度指标。动强度指标常用于评价动荷作用下的地基承载力及土坝、路堤、自然边坡、挡土墙等结构的稳定性。对于某一种土，动强度指标并不是固定的数值，确定动强度指标采用的固结比 K_c 和破坏振次 N_f 须与工程实际情况相符。

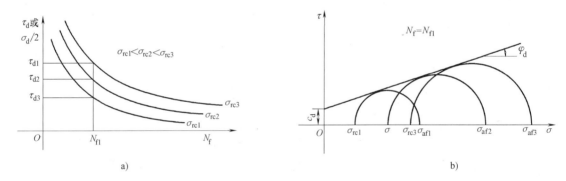

图 5-42　动强度曲线和动强度指标的整理

a）三个固结压力下的动强度曲线　b）某一破坏振次下的动强度指标

动三轴试验中还可以测得循环荷载作用下动孔隙水压力 u_d 的变化，给出动孔隙水压力随时间的变化曲线，即 u_d-t 曲线。据此可以给出有效应力随时间的变化，绘制有效应力路径。根据土样破坏时的孔压 u_{df}，就可以计算得到破坏时的有效应力 σ'_{rf} 和 σ'_{af}，进而得到有效动强度指标——有效动内摩擦角 φ'_d 和有效动黏聚力 c'_d。

将动强度指标代入式（5-62a），就可以计算动荷载作用下土的总强度 τ_f，用来判断动荷载作用下土体是否会破坏；也可根据土体所处的应力状态采用式（5-63）和式（5-64）判断动荷载作用下是否会产生破坏。

5.8.3　土的强度机理

土体是靠土颗粒间的接触和联接而形成的。土的强度可理解为土体在外荷载及自重作用下为保持其一定形状，所不允许超载的极限或临界应力状态。摩擦作用是造成土的强度的基本机理，除了摩擦作用外，还有其他复杂因素影响土的强度。

除了摩擦力以外，无黏性土所表现出来的强度还源于剪胀（剪切造成的体积膨胀）以及颗粒挤碎和定向排列。滑动摩擦力符合库仑理论，与法向应力成正比；剪胀作用在低应力下为正，增加土的强度，而在高应力下为负（即剪缩，剪切造成体积的缩小），降低土的强度；挤碎和重新排列作用则随着应力的增大而增大。

黏性土的强度要比无黏性土的复杂得多，其内部影响因素主要包括以下几个方面：

（1）黏性土复杂的土-水系统的相互作用 黏土颗粒和孔隙水之间的复杂的物理化学作用不仅影响黏土颗粒间的作用力，还导致了黏性土突出的黏滞性。这种作用与土的矿物成分及黏粒含量有关，还与孔隙水的化学成分及含量有关。

（2）土中胶结物作用 由于胶结物的存在而在黏土颗粒间产生胶结力。胶结物种类的不同，其强度特性也不同。

（3）土的结构性 结构性指土颗粒之间的排列和连接方式，由于沉积环境的不同，黏性土表现出复杂多样的结构性，如分散型结构和絮凝型结构。各向异性也是结构性的一个体现。

动静荷载作用下土所表现出来的种种复杂力学特性既与土的自身特性有关，还与所处应力状态有关，如围压的大小、初始剪应力的大小。图 5-43 给出了不同围压下松砂和密砂的应力-应变关系。可以看出，随着围压的增大，密砂的应力-应变关系由应变软化程度逐渐降低，低围压下的剪胀作用转化为高围压下的剪缩作用。松砂也有同样的趋势，不过，松砂总体上表现出强烈的剪缩。静荷载可以看作循环荷载的一个特例，因此循环荷载作用下土的变

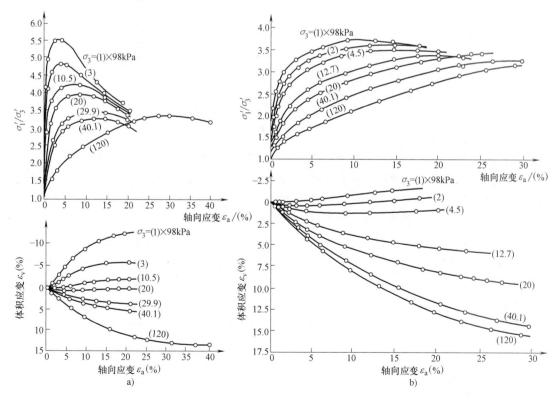

图 5-43 不同围压下砂土的三轴排水剪切试验结果（据《土的工程性质》，黄文熙）

a）密砂 b）松砂

形特性与静荷载作用下土的变形与强度特性有一定的相关性，了解静荷载作用下的变形特性有助于分析了解循环荷载下土的变形与强度特性。

剪切过程中有些土会产生剪缩，而有些土会产生剪胀。Casagrande（1936）根据无黏性土在剪切变形过程中的体积变化的特性，即密的剪胀和松的剪缩，认为在两者之间存在着一个临界密度或临界孔隙比 e_{cr}。当土样处于临界孔隙比 e_{cr} 时，在剪应力作用下的体积不会改变。处于临界状态的孔隙比 e_{cr} 与有效平均应力 p' 的关系曲线及有效平均应力 p' 与偏应力 q 的关系曲线称为"临界状态线"（critical state line），如图 5-44 所示。临界状态线在有些文献中也称为极限状态线。

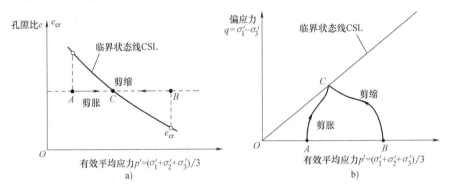

图 5-44　一个重要的参数状态-临界状态

临界状态为确定无黏性土和黏性土的"结构状态"提供了一个重要的参考状态。对于图 5-44a 中的 A 点，初始孔隙比 e_0 小于临界孔隙比 e_{cr}（位于 CSL 的下方），将发生剪胀，不排水剪切过程中孔隙水压力减小，有效应力增大（图 5-44b），逐渐靠近临界状态 C；对于图 5-44a 中的 B 点，初始孔隙比 e_0 大于临界孔隙比 e_{cr}（位于 CSL 上方），将发生剪缩，不排水剪切过程中孔隙水压力增大，有效应力减小（图 5-44b），同样逐渐靠近临界状态 C。在这个概念的基础上，剑桥大学的两位学者 Rosce 和 Schofiled 后来创立了临界状态土力学理论（critical state soil mechanics），对土力学理论产生了深远的影响，该理论在解释和模拟土的动、静力特性中也得到广泛应用。

冲击荷载作用下土的变形和强度与黏滞性导致的速率效应有关。正如黏弹性理论给出的结果，黏滞性会造成速率效应，加载速率越大，土体抵抗变形的能力越强。黏性土的黏滞性要比无黏性土的强烈得多，因而这方面的效应较为突出。

循环荷载作用下无论是黏性土还是无黏性土，力学性能均会随着荷载作用次数的增加表现出一定程度的弱化，这是造成荷载幅值不变情况下变形增大、强度降低的主要原因。这种影响超过了荷载频率的影响。在不排水剪切条件下，累积的剪缩作用造成的孔隙水压力的增大和有效应力的减小是导致动强度随荷载作用次数增加而降低的主要原因。当然，造成这种剪缩作用的机理是复杂的，可以笼统地用疲劳退化来解释。另外，无论是黏性土还是无黏性土，均会表现出一定程度的各向异性，造成在同样的应力条件下，在薄弱的方向（如拉伸侧）先产生破坏。

5.9* 冲击荷载作用下土的动强度

静荷载一般是缓慢增加的应力或变形，直到土样破坏，整个过程在实验室内一般为几个小时到几天。冲击荷载是短时间（几秒以内）施加一个冲击峰，然后较快地衰退下去（见图 5-45），土样在短时间内破坏。冲击荷载作用下土的动强度主要研究冲击荷载的"加载时间" t_L 或"加载速度"对强度的影响。

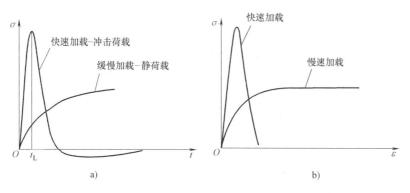

图 5-45　加载速度与变形

冲击荷载作用下黏性土的动强度受"加载时间"或"加载速度"影响明显。图 5-46 给出了 Casagrande 等（1948）得到的冲击荷载作用的多种状态的黏土的强度 $\sigma_{ap} = (\sigma_1 - \sigma_3)_f$ 与

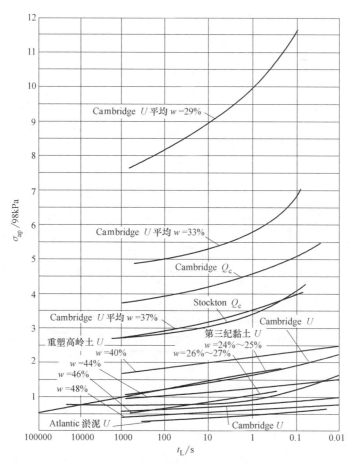

图 5-46　多种状态黏土抗压强度与加荷时间关系曲线汇总（Casagrande 等，1948）

"加荷时间" t_L 之间的关系。其中 "加荷时间" 指的是从开始加载到试样破坏（峰值荷载）的时间。图 5-47 给出的是抗压强度比 R 与加荷时间的关系曲线。抗压强度比 R 定义为 $R = (\sigma_1 - \sigma_3)_f / (\sigma_1 - \sigma_3)_{f10}$，其中 $(\sigma_1 - \sigma_3)_{f10}$ 为加荷时间 $t_L = 10$s 对应的强度。可以看出，各类黏土表现出同样的规律：动强度与 "加荷时间" 的对数值近似呈正比关系。但对于不同的黏土，动强度随加荷时间变化的程度有所不同。冲击荷载作用下的黏性土的动强度与应变速率 $\dot{\varepsilon}_a$ 的关系也呈现出类似的规律，这种现象又被称为 "速率效应"。冲击荷载下黏性土动强度的速率效应来源于黏滞性。

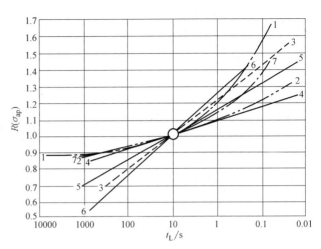

图 5-47　7 种状态黏土抗压强度比与加荷时间关系曲线汇总（Casagrande 等，1948）

1—Cambridge U　2—Cambridge Q_c　3—Atlantic 淤泥 U
4—重塑高岭土 U，$w = 40\%$　5—重塑高岭土 U，$w = 48\%$
6—第三纪黏土 U　7—Stockton Q_c

相对黏性土而言，砂土动强度的速率效应则要小很多。图 5-48 和图 5-49 分别给出了两

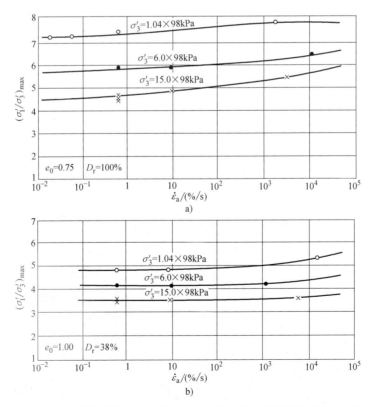

图 5-48　Antioch 烘干砂在不同周围压力下最大主应力比与轴向应变速率关系图（Lee 等，1969）

a）密砂　b）松砂

种状态的干砂（密砂和松砂）的动强度 $(\sigma_1'/\sigma_3')_{max}$、强度比 R 与轴向加载速率 $\dot{\varepsilon}_a$ 之间的关系。其中强度比 R 定义为不同应变速率下的强度与 $\dot{\varepsilon}_a=0.1\%/min$ 下得到的强度之比。可以看出，一般固结压力下，干砂的强度几乎不受应变速率的影响，或略有上升；但密砂在高固压下会表现出一定的速率效应。

饱和砂在快速荷载作用下的情况比较复杂，明显受试件剪胀和剪缩趋势所引起的孔隙水压力变化及其在试件中分布的不均匀性和不稳定渗流的影响，但是这种孔隙水压力的变化在实验中很难准确测量（汪闻韶，1997）。从已有的报道看，饱和砂的强度表现出一定的速率效应，强度随加载速率的增大而增大。

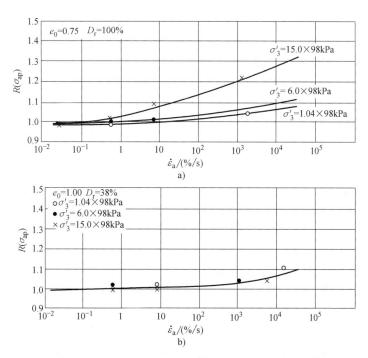

图 5-49　Antioch 烘干砂在不同周围压力下不同应变速率强度与
每分 0.1% 应变速率强度之比与应变速率关系图（Lee 等，1969）

a）密砂　b）松砂

5.10* 循环荷载作用下土的动强度

5.10.1 干砂的动强度

干砂的强度主要取决于内摩擦角。干砂在循环荷载作用下的动静摩擦系数比 $\tan\varphi_c'/\tan\varphi_s'$ 与振动次数 N_f 的关系如图 5-50 所示。总体上讲，动内摩擦角仅在振次小于 1000 次内略微减小，在超过 1000 次后变化非常小，长期振动的动摩擦系数仅降低 10% 左右。饱和砂不排水循环荷载剪切作用下的结果也与之类似。因此可以认为，当振次较小（小于 100）时，$\sigma_c' \approx \sigma_s'$。

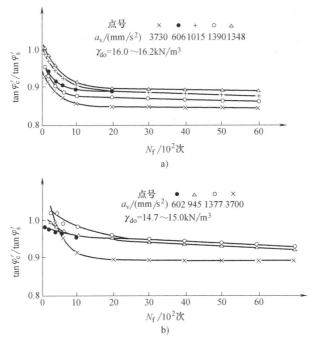

图 5-50　振动作用下干砂抗剪强度试验结果示例（常亚屏，1984）

a）密砂　b）松砂

5.10.2　饱和砂土的破坏过程

对于饱和砂土，长期循环荷载作用下一般可认为处于排水状态。因此，需要考虑不排水动强度的情况，常只限于短期循环荷载作用。地震作用下的饱和砂土的动强度是被关注最多的，它往往与液化问题联系在一起。本节主要介绍短期循环荷载作用下饱和砂土的破坏过程及机理，具体包括：流动破坏，循环活动性破坏和塑性应变累积破坏。关于各种因素对循环荷载作用下饱和砂土动强度（或液化）的影响，将在第 8 章详细阐述。

1. 流动破坏（流动液化）。

图 5-51 给出了饱和松砂在循环荷载作用下产生流动破坏的试验结果，土样初始剪应力 $\tau_0 = 0$。土样破坏前变形很小，但孔压不断累积增长，表现出剪缩特性；有效应力达到某种状态时，变形突然增大，产生"流滑"，流滑后孔压也瞬间增大到围压的数值。"流滑"的触发点（图中 A_c 点，低于极限状态线，恰好为动剪切有效应力路径与静力剪切有效应力路径（即单程应力路径）的相交点，对应的 $\varphi'_{cr} = 16.6°$。流滑产生后应力状态迅速稳定在极限状态线上，对应有的 $\varphi'_f = 35°$。饱和松砂易产生这一类破坏。注意在该例中，初始剪应力 $\tau_0 = 0$，土样属于拉伸破坏（$\sigma_{af} < \sigma_{rf}$），这种各向等压固结土样的拉伸破坏与初始结构的各向异性特性有关。如初始剪应力 $\tau_0 > 0$，土样则容易出现压缩破坏（$\sigma_{af} > \sigma_{rf}$）。可以看出，借助单程应力路径与极限状态线，可以很好地解释循环荷载作用下松砂所表现出来的流动破坏现象：在动荷载幅值不变的情况下，土的结构调整和剪缩导致孔压随着荷载作用次数的增加而累积，但有效应力状态始终在单程应力路径下；当有效应力路径与单程应力路径相交时，动荷载超过静强度，迅速产生破坏。

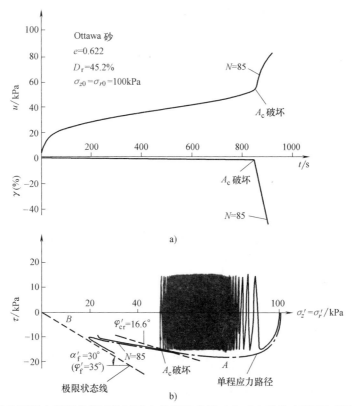

图 5-51　饱和松砂的不排水循环扭剪三轴试验中的流动破坏（自《土的动力强度和液化特性》，汪闻韶）
a）时程曲线　b）有效应力路径

2. 循环活动性破坏（循环活动性液化）

图 5-52 给出了饱和中密砂在三轴循环剪切作用下产生循环活动性破坏的结果，土样初始剪应力 $\tau_0 = 0$。初始 4 个加载周期内以剪缩作用为主，孔压不断累计增长，有效应力路径在上半周（压缩）为逆时针方向，在下半周（拉伸）为顺时针方向，但轴向变形很小；从第 4 个周期开始，出现了剪胀作用，也就是所谓的"相变"，加载时产生剪胀而卸载时剪缩，导致有效应力路径产生反转，在上半周（压缩）为顺时针方向，在下半周（拉伸）为逆时针方向。"相变"产生后的这一阶段，孔压最大值接近围压，短暂出现有效应力为零的现象，应变幅值随着荷载作用次数的增加而持续增大，在一个周期内，加载时（剪胀）应力始终稳定在极限状态线上，卸载时（剪缩）则回落到极限状态线下。密砂在初始剪应力 $\tau_0 = 0$ 的情况下容易出现这一类破坏。

3. 塑性应变累积破坏

图 5-53 给出了动三轴试验得到的饱和中密砂在循环荷剪切作用下产生塑性应变累积破坏的动三轴试验结果，土样的初始剪应力 $\tau_0 = 120\text{kPa}$，动剪应力的幅值 $\tau_d = q_{\text{cyc}}/2 = 120\text{kPa}$，因此属于单向剪切。每一个周期中，加载（剪应力增加）造成剪胀和孔压减小，卸载（剪应力减小）造成剪缩和孔压增大。每一周期内孔压和变形的变化有限，但是孔压和变形（主要为残余变形）随着加载次数的增大不断累积增长，且变形只朝着压缩方向累积增长，残余变形不断增大，最终超过了某一界限（如 5%）。整个过程中孔压始终小于围压，不会出现典型液化中的有效平均应力等于零的情况，倾斜的有效应力路径的顶端处于极限状态线

的附近。密砂在非对称循环荷载剪切下容易出现这一类破坏。

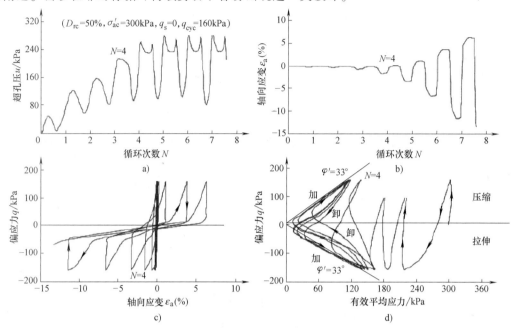

图 5-52　饱和中密砂不排水三轴循环剪切下（$\tau_0 = 0$）的循环活动性破坏（Yang 和 Sze，2011）

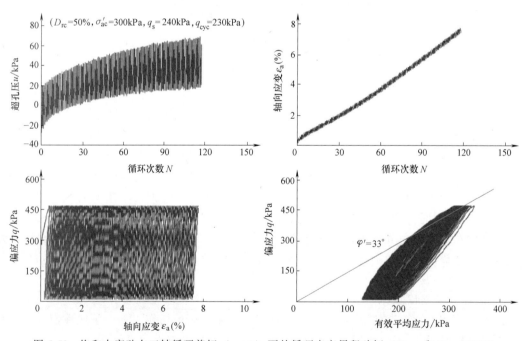

图 5-53　饱和中密砂在三轴循环剪切（$\tau_0 > 0$）下的循环应变累积破坏（Yang 和 Sze，2011）

5.10.3　黏性土的动强度

黏性土的动强度受振动的影响较砂土小，但高灵敏度的软土和淤泥质土除外，后者在振动下可以变成流动状态。循环荷载作用下黏性土的动强度影响因素有加载速度、动载作用次数幅值、黏性土的塑性等。图 5-54 给出了一个典型结果，可以看出以下规律：

（1）速度的影响　加载越慢（周期 T 越长），到达破坏的时间越长，则土的动强度越低。这种影响与黏性土的黏滞性（或速率效应）有关。当加载速度较大（周期 T 越小）、加载时间较小而作用次数又较少（小于 5 次）的情况下，动强度出现了高于静强度的情况。循环荷载作用下砂土的动强度则几乎不受加载速度的影响。

（2）振动次数的影响　动强度随振动次数的增加而降低。不论加载速度如何，这种降低的趋势是一致的。振次越大，动强度越低，长期振动下的动强度最低。

因此，黏性土的动强度会表现出速率效应和疲劳退化两种效应，而这两种效应造成的结果是相反的，前者造成动强度增大而后者造成动强度减小。黏性土一般可取动有效内摩擦角等于静有效内摩擦角，黏聚力亦然。土的塑性越大，动强度越高。同一种土的含水量越小，动强度也越高。

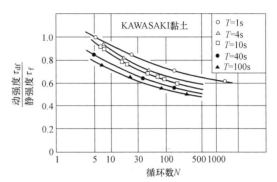

图 5-54　Kawasaki 黏土强度与循环次数和振动周期 T 的关系（梅原等）

我国为了解决 6～9 度地震下土的动强度问题，曾在固结比 $K_c = 1$ 和 1～5Hz 低频条件下做了振动次数为 10～30 次的等幅循环荷载试验，得到的一些黏性土的动、静强度对比见表 5-7。可以看出，对较好的黏性土都有动强度大于静强度，但对软土则动强度小于静强度。

表 5-7　各种土的动静强度之比（自《动力工程地质》）

土类	动强度 p_d/静强度 p_s	备注
老黏性土	1.15	
黏性土：$R = 10.0$kPa	0.95	
$R > 300$kPa	1.15	R—土的基本允许承载力
新沉积黏性土	0.85	
软土	0.85	

注：p_d 为破坏时的动、静应力之和。

近年来发展的近海土力学研究了近海软土在海浪循环作用下的强度。海浪荷载属于周期较长的长期荷载。近海软黏土在波浪循环作用后的静不排水抗剪强度，一般都比未经循环作用的低。对于超固结比较大的黏性土，这种影响则要小很多。

思考题与习题

1. 叙述循环荷载作用下土的动应力-应变关系三个阶段的主要特征。

2. 如何采用三轴试验确定土样的阻尼比？

3. 如何采用共振柱试验获得土样的初始剪切模量？

4. 土的动强度的定义是什么？何为土的动强度曲线？

5. 与砂土相比，黏性土的剪切模量、阻尼比与剪应变的非线性关系有何不同？

6. 一土样的直径为 4cm、高度为 8cm，共振柱试验测得该土样的初始剪切模量 $G_0 = 25$MPa、阻尼比 $D =$

0.2，如果采用开尔文体模拟土样的应力-应变关系，确定开尔文体模型的参数，并给出幅值为25kPa、频率为5Hz的循环剪应力作用下，土的动剪应力-动剪应变的关系。

7. 采用一饱和土样进行不排水三轴试验，围压为150kPa，屈服前的弹性阶段，在偏应力（轴压-围压）为100kPa的作用下，得到的轴向应变为0.2%；在超过屈服应力（屈服应力为150kPa）后，在偏应力（轴压-围压）为300kPa的作用下，得到的轴向应变为1.2%。根据试验结果确定双线性模型的参数。

8. 某饱和砂土的孔隙比为0.75，饱和重度为17.6kN/m³，静止土压力系数 $K_0 = 0.5$，场地地下水埋深为0，采用Hardin和Richart（1963）给出的圆粒砂的经验公式，给出该砂土场地10m深度范围内的初始剪切模量 G_0 与深度 z 的关系。

9. 一干砂地基，采用钻孔波速法测得12m深度处的剪切波速为180m/s，采用Oztoprak和Bolton（2013）给出的经验关系式，预测当剪应变 γ 分别为0.05%，0.5%和5%时的割线剪切模量 G，采用Ishibashi和Zhang（1993）给出的经验关系式，预测当剪应变 γ 分别为0.05%，0.5%和5%时的阻尼比 D。

动力机器基础的振动 第6章

随着工业的发展，出现了大量重型精密机械和仪表，对基础变形及隔振防振提出了越来越高的要求；另一方面从劳动保护、改善劳动条件出发，也需严格控制动力机器基础的振动。动力机器基础的振动分析，是在满足静力条件以后，研究在机器动荷载作用下基础的振动反应和振动波能量在土中的传播。基础振动分析和振动控制是动力机器基础设计的一个重要内容，也是土动力学解决的一个重要工程问题。

由振动荷载引起的基础位移可分为两大类：

1）振动荷载作用下由土与基础的弹性变形引起的往复位移，属于往复弹性变形。对于地基土来说，动荷载相比于静荷载要小得多，所以地基土表现出一种弹性性质。

2）地基土被压实产生的永久变形，属于非弹性变形。这种变形有些情况下可能会逐渐收敛；有的则稳定不下来，导致基础变形加剧，严重的会使基础开裂。

本章主要介绍动力机器基础往复弹性变形分析的两种方法。一种是弹性半空间理论法，采用弹性理论来解决动力机器基础的振动问题；另外一种是集总参数系统法，采用第2章介绍的单质点强迫振动理论来解决基础的振动问题，其核心是合理确定地基土的弹簧刚度和或阻尼比。

6.1 动力机器基础的振动类型与设计要求

6.1.1 动力机器基础及机器动荷载

如图6-1所示，动力机器基础的结构形式主要有三类：块式、墙式、架构式，其他的有薄壳式、箱式和地沟式等。不同类型基础的质量和刚度均有较大的差别。大块式基础刚度大，可作为刚体考虑，缺点是不够经济，且工艺布置时受很大的限制；墙式基础的刚度相对较大，要求机器安装在离地面一定高度的位置，下部可以布置其他辅助或转运设备；框架式基础的高度较小，一般用于高、中频机器，如汽轮发电机、离心机等。

动力机器基础的动荷载来源于安装在基础上的机器的动扰力，主要分为下列几种：

（1）旋转式机器的扰力 风机、透平压缩机、汽轮发电机等旋转式机器均属于此类。这类机器在出厂前都经过动平衡试验，然而由于安装、加工制造等原因，还有轴瓦之类零部件的磨损均可以造成偏心不平衡动扰力。这类机器的动扰力可表示为

$$P = P_0 \sin\omega t \tag{6-1}$$

式中，P_0 为常数或 $P_0 = m_0 e\omega^2$，其中 m_0 为偏心质量，e 为偏心距；ω 为机器的圆频率。

（2）往复式机器的动扰力 内燃机、蒸汽机、活塞式压缩机等曲柄连杆机器产生的扰

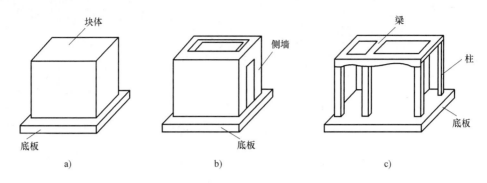

图 6-1　动力机器基础形式

a）块式　b）墙式　c）架构式

力属于这一类。如图 6-2 所示，当活塞块 b 沿气缸做直线运动时，曲柄销 a 的动力轨迹为圆形。此时，曲柄销 a 点在 z 方向的加速度为

$$\frac{\mathrm{d}^2 z_a}{\mathrm{d}t^2} = \gamma_0 \omega^2 \cos\omega t \tag{6-2}$$

活塞块 b 点在 z 方向的加速度为

$$\frac{\mathrm{d}^2 z_b}{\mathrm{d}t^2} = \gamma_0 \omega^2 \left(\cos\omega t + \frac{r_0}{l_0} \cos 2\omega t \right) \tag{6-3}$$

连杆的质量可以分别集中在曲柄销 a 点和活塞块 b 点，于是在 z 方向的总动扰力为

$$P_z = (m_a + m_b)\gamma_0 \omega^2 \cos\omega t + m_b \frac{r_0}{l_0} \omega^2 \cos 2\omega t \tag{6-4}$$

在 y 方向的动扰力为

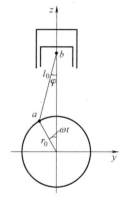

图 6-2　曲柄连杆
机构示意

$$P_y = m_a \gamma_a \omega^2 \sin\omega t \tag{6-5}$$

式中，m_a 为旋转部分的质量；m_b 为往复运动部分的质量。

（3）冲击荷载　主要是指冲压机、锻锤、落锤等机械工作时产生的脉冲荷载。这类振动属于单脉冲振动，即前一个脉冲的影响消失之后，才开始后一个脉冲。为了计算该类荷载引起的基础反应，必须获得冲击力和时间的数据，或冲击能量、冲击速度等资料。

6.1.2　基础振动类型

在动力机器产生的动荷载作用下，块式基础将产生振动。如图 6-3 所示，这些荷载可以等效为经过块式基础重心 G 的三个正交方向的力（P_x、P_y 和 P_z）和弯矩（$M_{\varphi x}$、$M_{\varphi y}$ 和 T_ψ）。对应的，块式基础将产生 6 个自由度的振动，即三个坐标轴方向的平动和三个绕坐标轴的转动。z 方向的平动称为竖向振动，x 和 y 方向的平动称为水平向振动或滑移振动；绕 z 轴的转动称为扭转振动，绕 x 轴和 y 轴的振动称为摇摆振动。

在这 6 种基本振动形式中，竖向振动和扭转振动独立出现而不受其他类型振动的影响，而水平向振动（滑移）和摇摆振动往往耦合出现，被称为水平（滑移）—摇摆耦合振动。基

础的水平（滑移）—摇摆耦合振动将在 6.7 节详细介绍。

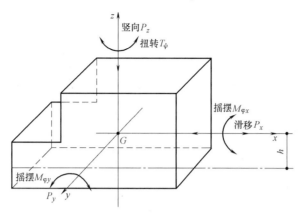

图 6-3 基础振动的 6 种基本形式

6.1.3 动力机器基础设计要求

动力机器基础需要满足强度、变形和使用要求，具体包括：

1）地基基础不应产生影响机器正常使用的变形。

2）基础本身应该具有足够的强度、刚度和耐久性。

3）基础不产生影响工人身体健康，妨碍机器正常运转、生产，造成建（构）筑物开裂和破坏的剧烈振动。

4）基础的振动不应影响邻近建筑物、构筑物或仪器、设备等的正常使用。

工程中一般将振幅（位移的幅度）作为控制标准，也有少数从加速度或速度方面进行限制。图 6-4 为理查特（1962）汇编的基础振动频率及最大允许振幅对人体和结构物的影响，依据图中给出的最大允许振幅可以得到最大允许加速度

$$最大加速度 = 最大位移 \times \omega^2 \qquad (6-6)$$

式中，ω 为振动圆频率。图中左下方的五条线表示了人们对振动所反映不同感受的几个范围，从"不为人所感觉"到"人感到强烈振动"。这些分类是对站着的人承受竖向振动所做的分类。对于机器与机器基础的界限只有一个安全界限，而不是一个机器运转良好的界限。在图右上方，还有两条虚线，表示与爆炸有关的极限动力条件，它们不能用于稳态振动。由图 6-4 还可以知道，这些标准中涉及的振幅要比静荷载下

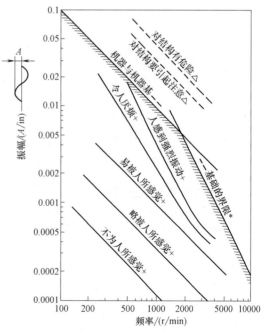

图 6-4 竖向振幅允许值（理查特，1962）

+ 根据赖黑尔（Reiher）和马依斯特（Meister）
（1931）——（稳态振动）

* 根据劳希（1943）——（稳态振动）

△ 根据克兰德尔（Crandell）（1949）——（由于爆炸）

基础设计时通常考虑的位移小得多，而且随着频率的增大而降低。当 ω 为 1000r/min 时，0.0001in（0.00254mm）的振幅就可能被人感觉出来；而 0.01in（0.254mm）的振幅就能导致机器或机器基础的破坏。图 6-4 反映出的人在生理上对机器振动的反应已为许多研究所证实，并被广泛采用。然而机器振动对人心理上的影响并没有反映在图中，这是机器振动需考虑的另一个因素，它将直接影响到劳动情绪和效率。

表 6-1 汇总了 GB 50040—1996《动力机器基础设计规范》中各类基础的振动控制标准，大部分采用基础的振动线位移（A_f）作为控制指标，少数同时对基础振动速度（v_f）和加速度（a_f）有要求。这些限值的确定主要取决于：保证机器的正常运转；由于基础振动产生的振动波，通过土体的传播，对附近的人员、仪器设备及建筑物不产生有害的影响。

表 6-1　各类基础的振动控制标准

基础类型	控制指标	具体规定
活塞式压缩机基础	A_f、v_f	$A_f \leqslant 0.20\text{mm}$，$v_f \leqslant 6.3\text{m/s}$
汽轮机组和电机基础	A_f	转速 $n = 3000\text{r/min}$，$A_f \leqslant 0.02\text{mm}$； 转数 $n = 1500\text{r/min}$，$A_f \leqslant 0.04\text{mm}$
破碎机基础	A_f	转速 $n < 300\text{r/min}$，$A_f \leqslant 0.25\text{mm}$； $300\text{r/min} < n \leqslant 750\text{r/min}$，$A_f \leqslant 0.20\text{mm}$； $n > 750\text{r/min}$，$A_f \leqslant 0.15\text{mm}$
锻锤基础	A_f、a_f	$A_f \leqslant 0.40 \sim 1.2\text{mm}$，与土类有关； $a_f \leqslant 0.45g \sim 1.3g$，与土类有关
破碎坑基础	A_f、a_f	$A_f \leqslant 2.5\text{mm}$； $a_f \leqslant 0.4g \sim 1.2g$，与土类有关
压力机基础	A_f	$A_f \leqslant 0.1 \sim 0.5\text{mm}$，与机组固有频率有关

动力基础设计首先要避免共振，一般应遵照下列原则：

1) 对于高速运转的机器（即 $\omega \geqslant 1000\text{r/min}$），基础—土系统的共振频率应该小于机器工作频率的一半。在这种情况下，当机器起动或停止时，机器会短暂地以共振频率振动。

2) 对于低速运转的机器（即 $\omega \leqslant 350 \sim 400\text{r/min}$），基础—土系统的共振频率至少是工作频率的两倍。

6.2　基础振动分析——弹性半空间理论法

弹性半空间理论法是采用弹性理论分析支撑在可视为均质各向同性的半无限体弹性介质上的基础在动荷载下的强迫振动。这种方法将地基土看作弹性介质，其弹性参数为剪切模量 G 和泊松比 ν。一般来说，土的性状与弹性材料有很大的不同，仅在应变水平很低时才能近似地把它看作弹性材料。尽管这种方法理论上只有当基础振幅很小时才能使用，但给出的结果对基础振动分析具有重要的价值。

1904 年，Lamb 研究了单一扰力作用在半无限弹性空间表面的振动问题，包括扰力作用在竖向和水平向的情况（图 6-5a、b），通常把这些问题称为"动布辛尼斯克问题"。在此基础上，Reissner（1936），Quinlan（1953）和沈志荣（1953）、Arnold 等（1955）、Bycroft

（1956）分析了圆形基础的竖向振动、滑移振动、摇摆振动和扭转振动的理论解。下面主要介绍这些研究成果。

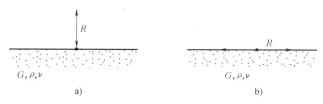

图 6-5　作用在弹性半空间的扰力

6.2.1　圆形基础竖向振动（Reissner，1936）

1. 常扰力下圆形基础的竖向强迫振动

圆形基础的竖向强迫振动分析示意图如图 6-6 所示。半径为 r_0、重量为 W（质量为 m）的圆形基础在动荷载 $Q_0 e^{i\omega t}$ 下产生振动。荷载作用于圆形基础的中心，因此只产生竖向振动。基底反力 q 的分布有以下三种情况（图 6-7）

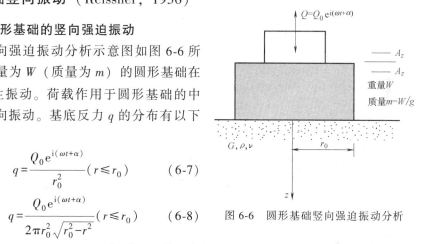

图 6-6　圆形基础竖向强迫振动分析

柔性圆形基础　　$q = \dfrac{Q_0 e^{i(\omega t+\alpha)}}{r_0^2}(r \leqslant r_0)$ 　　(6-7)

刚性圆形基础　　$q = \dfrac{Q_0 e^{i(\omega t+\alpha)}}{2\pi r_0^2 \sqrt{r_0^2 - r^2}}(r \leqslant r_0)$ 　　(6-8)

抛物线状的基础　　$q = \dfrac{2(r_0^2 - r^2)Q_0 e^{i(\omega t+\alpha)}}{\pi r_0^4}(r \leqslant r_0)$ 　　(6-9)

式中，r 为应力计算点离开基础中心的距离；α 为相位角。

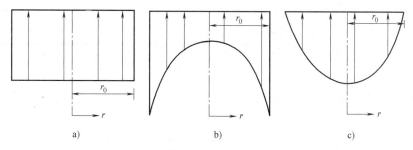

图 6-7　圆形基础的基底反力分布

a）柔性基础-均匀分布　　b）刚性基础-马鞍形分布　　c）抛物线分布

根据上述基底反力分布模式，求解力的平衡方程，得到圆形基础竖向振动位移为

$$z = \dfrac{Q_0 e^{i(\omega t+\alpha)}}{G r_0}(f_1 + i f_2) \tag{6-10}$$

式中，f_1、f_2 为位移函数。

由此可以得到竖向振动的振幅 A 为

$$A_z = \frac{Q_0}{G r_0} z^* \qquad (6\text{-}11)$$

式中，A_z 为基础振幅；z^* 为无因次振幅，表达式如下

$$z^* = \sqrt{\frac{f_1^2 + f_2^2}{(1 - b a_0^2 f_1)^2 + (b a_0^2 f_2)^2}} \qquad (6\text{-}12)$$

式（6-12）中的各参数说明如下：

1）b 为无因次质量比，按下式计算

$$b = \frac{m}{\rho r_0^3} \qquad (6\text{-}13)$$

式中，ρ 是地基土的密度。无因次质量比 b 的大小主要取决于基础的质量 m 和半径 r_0。相同质量情况下，窄而高的基础比宽而矮的基础具有较大的质量比。

2）a_0 为无因次频率，按下式计算

$$a_0 = \omega r_0 \sqrt{\frac{\rho}{G}} = \frac{\omega r_0}{v_S} \qquad (6\text{-}14)$$

式中，v_S 是弹性介质中的剪切波速。a_0 与动荷载的频率 ω 和半径 r_0 成正比，与剪切波速 v_S 成反比。

3）位移函数 f_1、f_2 与泊松比 ν 及无因次频率 a_0 有关，具体形式随基础的种类改变。表6-2、表6-3 分别给出了以 a_0 的幂级数形式表达的柔性基础和刚性基础的 f_1 和 $-f_2$ 值。

表 6-2 柔性基础的 f_1 和 $-f_2$ 值

泊松比 ν	f_1 值	$-f_2$ 值
0	$0.318310 - 0.092841 a_0^2 + 0.007405 a_0^4$	$0.214474 a_0 - 0.029561 a_0^3 + 0.001528 a_0^5$
0.25	$0.238733 - 0.059683 a_0^2 + 0.004163 a_0^4$	$0.148594 a_0 - 0.017757 a_0^3 + 0.000808 a_0^5$
0.5	$0.159155 - 0.039789 a_0^2 + 0.002432 a_0^4$	$0.104547 a_0 - 0.011038 a_0^3 + 0.000444 a_0^5$

表 6-3 刚性基础的 f_1 和 $-f_2$ 值

泊松比 ν	f_1 值	$-f_2$ 值
0	$0.250000 - 0.109375 a_0^2 + 0.010905 a_0^4$	$0.21447 a_0 - 0.039416 a_0^3 + 0.002444 a_0^5$
0.25	$0.187500 - 0.070313 a_0^2 + 0.006131 a_0^4$	$0.148594 a_0 - 0.023677 a_0^3 + 0.001294 a_0^5$
0.5	$0.125000 - 0.046875 a_0^2 + 0.003581 a_0^4$	$0.104547 a_0 - 0.014717 a_0^3 + 0.000717 a_0^5$

作为一个例子，图6-8 给出了地基土泊松比 $\nu = 0.25$ 情况下刚性基础的无因次振幅 z^* 与无因次频率 a_0 的关系，这些曲线的形态与第 2 章中给出的常扰力作用下单质点振动体系的强迫振动曲线（图2-10）非常相似，从中可以看出以下规律：

1）振幅随 a_0 增大，达到峰值（共振）后降低；尽管没有考虑地基土的材料阻尼，共振时振幅并不是无限大，这是由于几何阻尼也就是振动能量在半无限空间中传播的影响。

2）共振频率随无因次质量比 b 的增大而增大，共振振幅随无因次质量比 b 的增大而减小。无因次质量比 b 对基础振幅的影响类似于阻尼比 D 对单质点振动的影响，但是无因次质

量比 b 对基础共振频率的影响要比阻尼比 D 的影响显著得多，因此这两个参数对两类体系的振动的影响不完全等效。

3）由于大多数承受竖向振动的基础体系的质量比 b 值常小于 10，所以几何阻尼的影响很大，极度的振幅不会发生。

2. 由旋转质量型激振引起的圆形基础的振动分析

旋转质量型激振的特点是外界扰力的大小与频率有关，扰力的幅值可表示为

$$Q_0 = 2m_e e\omega^2 = m_1 e\omega^2 \qquad (6-15)$$

式中，m_1 为旋转质量总值；ω 为旋转质量的圆频率。

在这种条件下，振幅 A_z 有下列关系式

$$A_z = \frac{m_1 e\omega^2}{Gr_0}\sqrt{\frac{f_1^2+f_2^2}{(1-ba_0^2f_1)^2+(ba_0^2f_2)^2}} \qquad (6-16)$$

由式（6-11）可以用无因次频率 a_0 来替代圆频率 ω，即

$$\omega^2 = \frac{a_0^2 - G}{\rho r_0^2} \qquad (6-17)$$

将式（6-17）代入式（6-16）得

$$A_z = \frac{m_1 e a_0^2}{\rho r_0^3}\sqrt{\frac{f_1^2+f_2^2}{(1-ba_0^2f_1)^2+(ba_0^2f_2)^2}} = \frac{m_1 e}{\rho r_0^3}z' \qquad (6-18)$$

式中，z' 为变扰力情况下基础竖向振动的无因次振幅，具体表达式为

$$z' = a_0^2\sqrt{\frac{f_1^2+f_2^2}{(1-ba_0^2f_1)^2+(ba_0^2f_2)^2}} \qquad (6-19)$$

作为一个例子，图 6-9 给出了地基土的泊松比 $\nu = 0.25$ 时的刚性圆形基础的 z' 与 a_0 的关系。可以看出，图 6-9 中的曲线与变扰力作用下单质点体系的强迫振动曲线（图 2-12）也有一定的相似性。在变扰力激振情况下，在高频振动（大于共振频率）情况下，振幅不会出现像常扰力情况那样显著降低的现象。共振频率和共振振幅均随无因次质量比 b 的增大而减小。

3. 刚性圆形基础的共振分析

仍以刚性基础为例，对比两种扰力下圆形基础的共振特征。根据图 6-8 和图 6-9 给出的

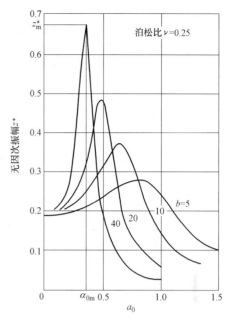

图 6-8　常扰力情况下刚性圆形基础的 z^* 与 a_0 的关系（$\nu = 0.25$）

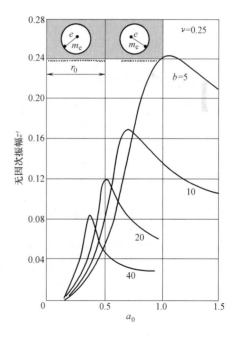

图 6-9　变扰力下刚性圆形基础的 z' 与 a_0 关系（$\nu = 0.25$）

$z^* \text{-} a_0$ 和 $z' \text{-} a_0$ 关系曲线，找到不同 b 值下共振点对应的 z^*（或 z'）和 a_0，分别记做 z_m^*（z_m'）和 a_{0m}，就可以绘制出图 6-10 所示的 $b \text{-} a_{0m}$ 曲线及图 6-11 所示的 $b \text{-} z_m^*$（z_m'）曲线。这两幅图中给出了三个泊松比（$\nu = 0$、0.25 和 0.5）情况下的 $b \text{-} a_{0m}$ 关系曲线。可以看出，这两种扰力的共振频率均随质量比的增加而减小；但两种扰力下的共振振幅与质量比的关系差别较大，常扰力情况下共振振幅随质量比的增加而减小，在变扰力下则相反。

图 6-10 和 6-11 给出的曲线可以方便地应用于基础设计。根据基础—地基振动系统的质量比 b，就可以采用图 6-10 确定基础—地基振动系统的共振频率，采用图 6-11 确定基础的振幅，然后与设计需要的频率及振幅控制标准对比，检验设计的合理性。

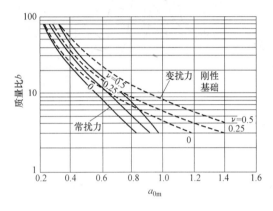

图 6-10 竖向振动共振时，质
量比 b 与 a_{0m} 的关系

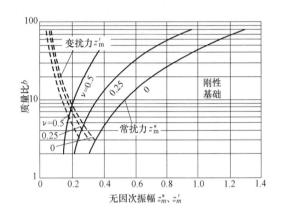

图 6-11 竖向振动共振时，质
量比 b 与无因次振幅 z_m^*、z_m' 的关系

4. 刚性矩形基础的设计

前面给出的结果仅局限于圆形刚性基础。如果设计一个长为 L、宽为 B 的矩形基础，就需要将其等效为半径为 r_0 的圆形基础。等效半径 r_0 按照基底面积相同的原则计算，即

$$r_0 = \sqrt{\frac{BL}{\pi}} \qquad (6\text{-}20)$$

6.2.2 圆形基础的滑移振动

刚性圆形基础的滑移振动如图 6-12 所示。在一水平向的扰力 $Q = Q_0 e^{i\omega t}$ 作用下基础产生滑移振动。实际上基础还会产生摇摆振动，这里只分析基础的滑移振动。

常扰力（即 $Q_0 =$ 常量）情况下刚性圆形基础滑移振动的理论解如下

$$A_x = \frac{Q_0}{Gr_0} x^* \qquad (6\text{-}21)$$

式中，A_x 为水平振幅；x^* 为无因次振幅。

变扰力（即 $Q_0 = m_1 e \omega^2$）情况下刚性圆形基础滑移振动的理论解如下

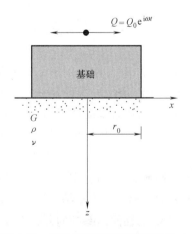

图 6-12 刚性圆形基础的滑移振动

$$A_x = \frac{m_1 e}{\rho r_0^3} x'$$ (6-22)

式中，x' 为无因次振幅。

作为一个例子，图 6-13a 给出了当地基土 $\nu = 0$ 时无因次振幅 x^* 和 x' 与无因次频率 a_0 的关系曲线，其中 b 为质量比且 $b = m/\rho r_0^3$。图 6-13b 则给出了共振时质量比 b 与 a_{0m} 的关系曲线。可以看出，共振振幅随 b 的增大而增大，共振频率随 b 的增大而减小。

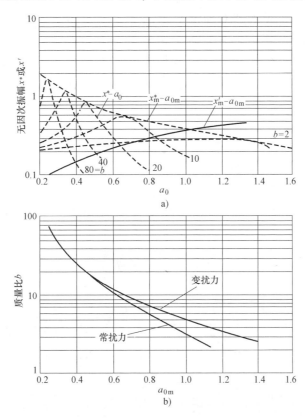

图 6-13　滑移振动

a）无因次振幅 x^*、x' 与 a_0 的关系　b）共振时质量比 b 与 a_{0m} 的关系

6.2.3　圆形基础的摇摆振动

如图 6-14 所示，圆形刚性基础产生绕基底中轴（y 轴）的摇摆振动，而不是绕重心的摇摆振动。这种情况下的基底水平位移为 0，剪应力为 0。基底任何一点 a 的竖向接触压力 q 可由下式表示

$$q = \frac{3M_y r \cos\alpha}{2\pi r_0^3 \sqrt{r_0^2 - r}} \mathrm{e}^{\mathrm{i}\omega t}$$ (6-23)

式中，M_y 为作用在基础上的外力矩（对 y 轴的力矩）；α 为图中所示的角度。

在大小为 M_y 的静外力矩作用下，基础的转角可表达为

$$\theta_{静} = \frac{3}{8}(1-\nu)\frac{M_y}{Gr_0^3} \qquad (6-24)$$

在外动力矩 M_y 作用下，转角的表达式为

$$\theta = \frac{M_y}{Gr_0^3}\theta^* \qquad (6-25)$$

式中，θ^* 为无因次转角。

由弹性理论得到的 $\nu=0$ 时的 θ^* 值与无因次频率 a_0 的变化关系曲线如图 6-15a 所示。由图 6-15a 给出的包络线确定的共振时 a_{0m} 与惯性比 b_i 值的关系如图 6-15b 所示。摇摆振动的惯性比 b_i 定义如下

$$b_i = \frac{I_0}{\rho r_0^5} \qquad (6-26)$$

式中，I_0 为基础绕基底 y 轴的转动惯量；ρ 为地基土的密度。

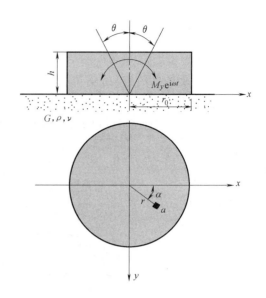

图 6-14 刚性圆形基础的摇摆振动

半径为 r_0、高度为 h、重量为 W_0 的圆形基础的转动惯量（质量惯性矩）可以表示为

$$I_0 = \frac{W_0}{g}\left(\frac{1}{4}r_0^2 + \frac{1}{3}h^2\right) \qquad (6-27)$$

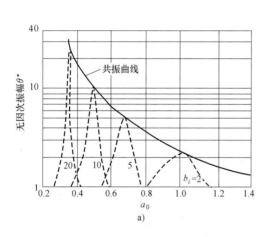

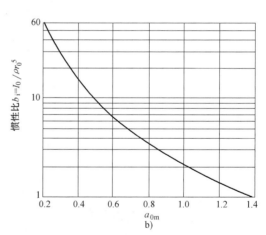

图 6-15 刚性圆形基础的摇摆振动无因次振幅、惯性比与无因次频率的关系
a）θ^* 与 a_0 关系　b）惯性比 b_i 与 a_{0m} 关系

对于矩形基础，按照惯性矩相同的原则来确定等效半径 r_0，计算公式为

$$r_0 = \sqrt[4]{\frac{BL^3}{3\pi}} \qquad (6-28)$$

式中，B、L 分别为矩形基础的长和宽，其中 L 为垂直于转动轴一边的长度。

6.2.4 圆形基础的扭转振动

图 6-16a 表示一个半径为 r_0 的圆形基础受到扭矩 $T = T_0 e^{i\omega t}$ 的作用而产生绕 z-z 轴的扭转振动。柔性基础的基底剪应力分布如图 6-16b 所示，从基础中心到周边的剪应力按线性变化。对于刚性基础，考虑从基础中心到周边的位移按线性变化，这时，剪应力可以表示为（当 $0 < r < r_0$）

$$\tau_{z\theta} = \frac{3}{4\pi} \frac{Tr}{r_0^3 \sqrt{r_0^2 - r^2}} \tag{6-29}$$

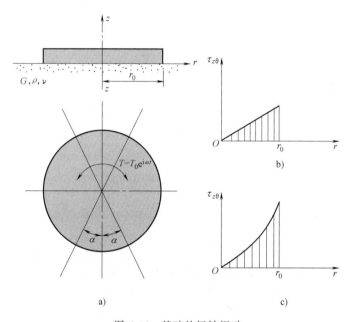

图 6-16 基础的扭转振动

a）示意图 b）柔性基础基底剪应力 c）刚性基础基底剪应力

静力扭矩 T 作用时的基础的转角 α 可以表示为

$$\alpha = \frac{3}{16 G r_0^3} T_{静} \tag{6-30}$$

当在刚性基础上作用一个动扭矩 $T = T_0 e^{i\omega t}$ 时，根据弹性理论得到的转角 α 可以表示为

$$\alpha = \frac{T_0}{G r_0^3} \alpha^* \tag{6-31}$$

式中，α^* 为扭转振动的无因次振幅。

地基土的泊松比不会影响基础的扭转振动。

图 6-17a 给出了两种类型的基础的无因次振幅 α^* 与无因次频率 a_0 的关系曲线；图 6-17b 给出了共振时的惯性比 b_t 与 a_{0m} 的关系，其中扭转振动的惯性比 b_t 的定义为

$$b_t = \frac{J_{zz}}{\rho r_0^5} \tag{6-32}$$

式中，J_{zz}为基础绕 z—z 轴转动的转动惯量（质量惯性矩），对于半径为 r_0、质量为 m 的圆形基础，$J_{zz} = mr_0^2/2$。

对于宽为 B 长为 L 的矩形基础，它的等效半径 r_0 可按绕 z—z 轴转动的极惯性矩相同的原则求得，即

$$r_0 = \sqrt[4]{\frac{1}{6\pi}BL(B^2+L^2)} \tag{6-33}$$

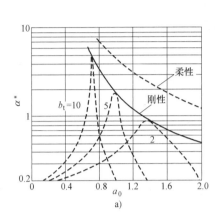
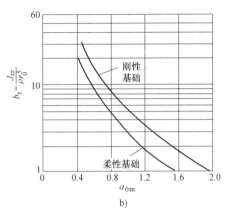

a)　　　　　　　　　　　　b)

图 6-17　圆形基础扭转振动解

例 6-1　一机器基础如图 6-18 所示，平面尺寸为 $L = 3$m，$B = 4$m，$H = 1.5$m。基础承受来自机器的正弦变化的水平向扰力，在离基础底 2m 处测得的幅值为 10kN，地基土为黏性砂土，已知：$G = 30000$kN/m^2，$\nu = 0$，$\rho = 1700$kg/m^3。

求：1）基础摇摆振动的共振频率。2）共振时振幅。

注意：①水平向动扰力的幅值与频率无关。②忽略机器的惯性矩。

解：1）基础摇摆振动共振频率。

① 计算等效半径。

$$r_0 = \sqrt[4]{\frac{1}{3\pi}B\,L^3} = \sqrt[4]{\frac{1}{3\pi}\times4\times3^3}\ \text{m} = 1.84\text{m}$$

② 计算基础惯性矩。

$$W_{基础} = 3\times4\times1.5\times23.58\text{kN} = 424.44\text{kN}$$

$$I_0 = \left(\frac{W_{基础}}{g}\right)\left[\left(\frac{1}{2}r_0\right)^2 + \frac{1}{3}h^2\right] = \frac{424.44}{9.81}\times\left(\frac{1}{4}\times1.84^2 + \frac{1}{3}\times1.5^2\right)\text{kg}\cdot\text{m}^2 = 6.91\times10^4\text{kg}\cdot\text{m}^2$$

③ 计算惯性比。

$$b_i = \frac{I_0}{\rho\,r_0^5} = \frac{6.91\times10^4}{1700\times1.84^5} = 1.93$$

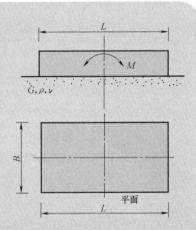

图 6-18　刚性矩形基础的等效半径：摇摆振动

④ 共振频率。由 $b_i = 1.93$ 查图 6-15b 可得

$$a_{0m} = 1.04$$

$$f_{共振} = \frac{1}{2\pi} \frac{a_{0m}}{r_0} \sqrt{\frac{G}{\rho}} = \frac{1}{2\pi} \times \frac{1.04}{1.84} \times \sqrt{\frac{30000000}{1700}}\, \text{r/s} = 11.95 \text{r/s}$$

2) 共振时摇摆振幅。查图 6-15a 可得

$$a_0 = 1.04 \text{ 时,} \quad \theta^* = 2.2$$

$$M_y = 10 \times 2 \text{kN} \cdot \text{m} = 20 \text{kN} \cdot \text{m}$$

摇摆振动的转角为

$$\theta = \frac{M_y}{G\, r_0^3} \theta^* = \frac{20}{30000 \times 1.84^3} \times 2.2 \text{rad} = 2.354 \times 10^{-4} \text{rad}$$

基础边的竖向振幅为　　$2.354 \times 10^{-4} \times 1.5 \text{m} = 0.353 \text{mm}$

6.3　基础振动分析——集总参数系统法

集总参数系统法是假定机器基础是刚性的振动体,同时将土体看成是无质量可压缩的弹簧,这样将地基—基础振动系统抽象和转化为一个弹簧—质量—阻尼器系统,继而可采用第 2 章介绍的单质点振动理论来进行动力机器基础的振动分析。各种振动类型的集总参数系统如图 6-19 所示。与静力学中同样把地基土当作弹簧的基床系数法不同的是,在集总参数系统法基础动力分析中增加了阻尼器,这是该方法得以正确预估基础振幅的保证。阻尼器的作

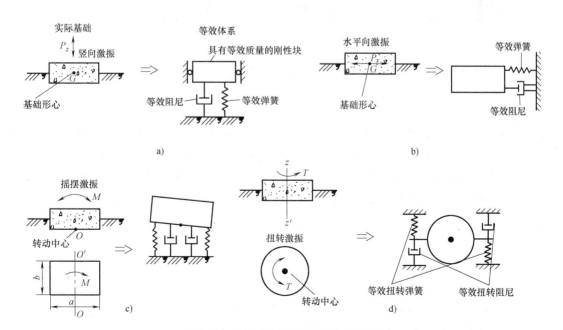

图 6-19　块体基础振动的集总参数系统

a) 竖向振动(z 方向)　b) 水平向振动(x 和 y 方向)　c) 摇摆振动　d) 扭转振动

用主要是模拟振动过程中的几何阻尼（又称为辐射阻尼），而不仅是地基土的材料阻尼。如果不考虑几何阻尼，质量—弹簧振动系统在共振时的振幅会无限大，这显然是与前面由弹性半无限空间理论得到的解答相悖的。

集总参数系统法的核心问题是如何合理确定各种振动的集总参数，即振动体质量 m（或质量惯性矩）、地基刚度 K 及阻尼比 D。一旦这些参数确定了，就可以通过第 2 章中介绍的单质点振动理论来进行动力机器基础的振动分析了。需要特别指出的是，集总参数系统法在将地基—基础振动系统转化为一个弹簧—质量—阻尼器系统的过程中需要进行合理的简化。弹性半空间理论的结果表明，集总参数是扰力频率的函数，为了应用方便，采用比拟法将集总参数简化为与扰力频率无关的常量。另外，正如第 5 章中介绍的，土体动力特性与应变范围有关，因此即使是同一种地基，集总参数也会随应力水平的变化而变化。因此，工程中往往会出现集总参数随外界扰力频率和幅值变化的复杂现象，这种复杂性在动力机器基础振动分析中需予以考虑。

6.3.1 集总参数 K、D 和 m

1. 地基刚度系数和地基刚度

（1）竖向振动的地基抗压刚度 K_z　假设基础的竖向振动在基底产生均匀的竖向应力和变形。此时，反映地基土弹性特征的集总参数是抗压刚度系数 S_z 和抗压刚度 K_z。

地基抗压刚度系数 S_z 的物理意义是基础产生单位竖向位移时基底的竖向弹性应力，即单位面积上的竖向弹性反力，定义为

$$S_z = \frac{\sigma_z}{\delta_z} \tag{6-34}$$

式中，σ_z 为基础弹性竖向位移为 δ_z 时地基的竖向反力（kN/m^2）。

由式（6-34）可以看出，地基抗压刚度系数 S_z 与基础静力分析中地基竖向基床系数的定义相同。

这样，竖向振动的地基抗压刚度 K_z 可表示为

$$K_z = \frac{P_z}{\delta_z} = \frac{\sigma_z F}{\delta_z} = S_z F \tag{6-35}$$

式中，K_z 为地基抗压刚度，其物理意义是使基础产生单位垂直位移时所需克服的地基竖向弹性反力（kN/m）；F 为基础底面积（m^2）；P_z 为作用在基础上的竖向动荷载（kN）。

（2）滑移振动的地基抗剪刚度 K_x　假定基础的滑移振动在基底产生均匀剪应力。此时，反映地基土弹性特征的集总参数是地基抗剪刚度系数 S_x 和地基抗剪刚度 K_x

$$S_x = \frac{\sigma_x}{\delta_x} \tag{6-36}$$

$$K_x = \frac{P_x}{\delta_x} = \frac{\sigma_x F}{\delta_x} = S_x F \tag{6-37}$$

式中，S_x 为基础产生水平向单位位移时基底产生的剪应力（kN/m^3），相当于基础静力分析中的地基水平向基床系数；K_x 为基础产生单位水平向位移时需克服的弹性剪切力（kN/m）；F 为基础底面积（m^2）；δ_x 为在剪力 P_x 作用下，基础的弹性水平位移（m）；σ_x 为基础水

平向弹性位移为 δ_x 时基底的剪应力（kN/m^2）；P_x 为作用在基底的剪力（kN）。

（3）摇摆转动的地基刚度 K_θ　基础的摇摆振动将在地基土内产生不均匀的竖向弹性应变。反映地基土弹性特征的参数是地基抗弯刚度系数 S_θ 和地基抗弯刚度 K_θ

$$S_\theta = \frac{\sigma_\theta}{\delta_\theta} = \frac{\sigma_\theta}{x\theta} \tag{6-38}$$

$$K_\theta = \frac{M}{\theta} = \frac{\int \sigma_\theta \mathrm{d}Fx}{\theta} = \frac{\int S_\theta x\theta \mathrm{d}Fx}{\theta} = \frac{S_\theta \theta \int x^2 \mathrm{d}F_\theta}{\theta} = \frac{S_\theta \theta I}{\theta} = S_\theta I \tag{6-39}$$

式中，S_θ 表示基础绕通过底面形心 OO' 的轴转动时，在基底距底面形心为 x 的任一点处地基产生的竖向反力与竖向变形的比值，与地基土竖向弹簧刚度系数性质相同（$kN/m^3 \cdot rad$）；K_θ 表示基础绕通过底面形心的转动轴旋转单位转角时需克服的弹性反力矩（$kN \cdot m/rad$）；δ_θ 为在力矩 M 的作用下基础底距底面形心为 x 的任一点处的弹性竖向位移（m）；σ_θ 为基础底距底面形心为 x 的任一点的弹性竖向位移为 δ_θ 时，在该处的地基竖向反力（kN/m^2）；θ 为在力矩 M 作用下基础的摇摆角度（rad）；M 为作用在基础上的力矩（$kN \cdot m$）；I 为基础底面绕转动轴 OO' 的抗弯惯性矩（m^4）。

对于矩形基础，其抗弯惯性矩为

$$I = \frac{1}{12}ba^3 \tag{6-40a}$$

式中，b 为基础底面与转动轴平行的一边的边长；a 为基础底面与转动轴垂直的一边的边长（见图 6-19c）。

对于半径为 r 的圆形基础，其抗弯惯性矩为

$$I = \frac{1}{4}\pi r^4 \tag{6-40b}$$

（4）扭转振动的地基刚度 K_ψ　基础绕过重心的竖轴（zz'轴）产生扭转振动，使基础下地基土产生一个非均匀的弹性剪切变形。反映这类振动的地基土弹性特征的集总参数是地基抗扭刚度系数 S_ψ 和地基抗扭刚度 K_ψ

$$S_\psi = \frac{\sigma_\psi}{\delta_\psi} = \frac{\sigma_\psi}{\rho\psi} \tag{6-41}$$

$$K_\psi = \frac{T}{\psi} = \frac{\int \sigma_\psi \mathrm{d}F\rho}{\psi} = \frac{\int S_\psi \rho\psi \mathrm{d}F \cdot \rho}{\psi} = \frac{S_\psi \psi \int \rho^2 \mathrm{d}F}{\psi} = \frac{S_\psi \psi J}{\psi} = S_\psi J \tag{6-42}$$

式中，S_ψ 表示基础扭转过程中，在距扭转中心为 ρ 的任一点处，地基产生的水平剪应力与扭转位移的比值，与地基土抗剪刚度系数本质相同（$kN/m^3 \cdot rad$）；K_ψ 表示基础绕竖轴 zz'轴扭转一单位角度时需克服的扭矩（$kN \cdot m/rad$）；δ_ψ 为在扭矩 T 的作用下，基础底距扭转中心 O 为 ρ 的任一点处的弹性水平剪切位移（m）；σ_ψ 为基础底距扭转中心为 ρ 的任一点处的弹性水平剪切位移为 δ_ψ 时，该处的地基水平剪切反应力（kN/m^2）；J 为基础底面绕竖轴 zz'的抗扭惯性矩（m^4）；ψ 为在扭矩 T 作用下基础的转角（rad）；T 为作用在基础上的扭矩（$kN \cdot m$）。

对于底面为矩形（边长为 a 和 b）的基础，其抗扭惯性矩为

$$J = \frac{1}{12}(ba^3 + ab^3) \tag{6-43}$$

对于半径为 r 的圆形基础，其抗扭惯性矩为

$$J = \frac{1}{2}\pi r^4 \tag{6-44}$$

2. 地基阻尼比 D

除了地基刚度以外，地基土的另一个重要动力参数是阻尼比 D。它是振动体系的阻尼系数与临界阻尼系数的比值，参照第 2 章得到的临界阻尼系数的表达式，不同振动形式下的阻尼比 D 的表达式如下

竖向振动 $$D_z = \frac{C_z}{2\sqrt{K_z m_z}} \tag{6-45}$$

滑移振动 $$D_x = \frac{C_x}{2\sqrt{K_x m_x}} \tag{6-46}$$

摇摆振动 $$D_\theta = \frac{C_\theta}{2\sqrt{K_\theta I_0}} \tag{6-47}$$

扭转振动 $$D_\psi = \frac{C_\psi}{2\sqrt{K_\psi J_{zz}}} \tag{6-48}$$

式中，C_z、C_x、C_θ、C_ψ 为地基土的阻尼系数。

集总参数系统中的阻尼比主要代表几何阻尼，而不仅是材料阻尼。

3. 振动体的质量 m 和质量惯性矩 I_0、J_{zz}

竖向振动和滑移振动中的质量 m，实际是基础质量 m_f、固定在基础上机器质量 m_m 以及参振土的质量 m_s 之和，即

$$m = m_f + m_m + m_s \tag{6-49}$$

摇摆振动和扭转振动中质量惯性矩（也称为转动惯量）I_0 和 J_{zz} 包括了基础的质量惯性矩、固定在基础上的机器的质量惯性矩，以及有效振动土体的质量惯性矩，因此

$$I_0 = I_{0(基础)} + I_{0(机器)} + I_{0(有效土体)} \tag{6-50}$$

$$J_{zz} = J_{zz(基础)} + J_{zz(机器)} + J_{zz(有效土体)} \tag{6-51}$$

4. 影响地基刚度与阻尼比的因素

（1）地基土的性质　它是决定地基刚度的基本因素，通常地基刚度随着地基土允许承载力的提高而提高，即与土的弹性模量成正比。

（2）基础的底面积　试验表明，基础底面积在 20m² 以下时，地基刚度系数随基底面积的增大而减小；基础底面积大于 20m² 以后，地基刚度系数变化不大。

（3）基础底面的压应力　根据现有资料，在一定的基底压应力范围内（约 60kPa 以下），地基刚度系数随基底压应力的增加而提高。

（4）基础的埋深　通常基础都有一定的埋置深度，这对地基—基础振动体系的刚度和阻尼都有影响。实验表明，埋置基础四周的地基土对提高地基刚度和阻尼都有一定的作用。

6.3.2　集总参数系统振动方程及解答

1. 常扰力情况

应用集总参数系统法，根据单质点振动体系的振动理论，刚性基础的运动微分方程如下：

竖向振动	$m\ddot{z}+C_{z}\dot{z}+K_{z}z=Q_{0}\mathrm{e}^{\mathrm{i}\omega t}$	(6-52)
滑移振动	$m\ddot{x}+C_{x}\dot{x}+K_{x}x=Q_{0}\mathrm{e}^{\mathrm{i}\omega t}$	(6-53)
摇摆振动	$I_{0}\ddot{\theta}+C_{\theta}\dot{\theta}+K_{\theta}\theta=M_{y}\mathrm{e}^{\mathrm{i}\omega t}$	(6-54)
扭转振动	$J_{zz}\ddot{\psi}+C_{\psi}\dot{\psi}+K_{\psi}\psi=T_{0}\mathrm{e}^{\mathrm{i}\omega t}$	(6-55)

可以看出，以上微分方程具有相同的形式，因此其解也具有相同的形式，依据第 2.2 节中给出的竖向振动方程微分方程的解答可以得到其他类型振动的解答。常扰力情况下各种振动类型的解如下：

竖向振动	$z=A_{z}\sin(\omega t+\alpha)$	(6-56a)
滑移振动	$x=A_{x}\sin(\omega t+\alpha)$	(6-56b)
摇摆振动	$\theta=A_{\theta}\sin(\omega t+\alpha)$	(6-56c)
扭转振动	$\psi=A_{\psi}\sin(\omega t+\alpha)$	(6-56d)

式中，A_{z}、A_{x}、A_{θ}、A_{ψ} 为振幅；ω 为扰力圆频率；α 为振动位移或转角与扰力之间的相位差。

振幅可表达为静荷载下的位移或转角乘以一个放大系数 β，即

竖向振动	$A_{z}=\dfrac{Q_{0}}{K_{z}}\beta_{z}$	(6-57a)
滑移振动	$A_{x}=\dfrac{Q_{0}}{K_{x}}\beta_{x}$	(6-57b)
摇摆振动	$A_{\theta}=\dfrac{M_{0}}{K_{\theta}}\beta_{\theta}$	(6-57c)
扭转振动	$A_{\psi}=\dfrac{T_{0}}{K_{\psi}}\beta_{\psi}$	(6-57d)

不同振动类型的放大系数 β 的统一表达式如下

$$\beta=\dfrac{1}{\sqrt{[1-(\omega/\omega_{n})^{2}]^{2}+[2D(\omega/\omega_{n})]^{2}}} \tag{6-58}$$

式中，ω_{n} 为不同振动类型的无阻尼自振圆频率，表达式如下：

竖向振动	$\omega_{nz}=\sqrt{\dfrac{K_{z}}{m}}$	(6-59a)
滑移振动	$\omega_{nx}=\sqrt{\dfrac{K_{x}}{m}}$	(6-59b)
摇摆振动	$\omega_{n\theta}=\sqrt{\dfrac{K_{\theta}}{I_{0}}}$	(6-59c)
扭转振动	$\omega_{n\psi}=\sqrt{\dfrac{K_{\psi}}{J_{zz}}}$	(6-59d)

常扰力下不同振动类型的放大系数 β 与频率比 ω/ω_{n} 的关系曲线如图 6-20 所示。

相位角 α 的表达式为

$$\alpha = \frac{2D(\omega/\omega_n)}{1-(\omega/\omega_n)^2} \qquad (6-60)$$

下面讨论不同振动类型的共振。共振频率 f_m 的表达式为

$$f_m = f_n\sqrt{1-2D^2} \qquad (6-61)$$

式中，无阻尼自振频率 $f_n = 2\pi\omega_n$。共振时位移或转角的放大系数 β_m 的表达式为

$$\beta_m = \frac{1}{2D\sqrt{1-D^2}} \qquad (6-62)$$

2. 变扰力情况

上面给出的是常扰力情况下的振动方程及其解答。同样，也可根据变扰力下竖向振动的分析结果给出其他振动类型的解答。

由安装在基础顶面的质量块旋转产生的变扰力荷载为

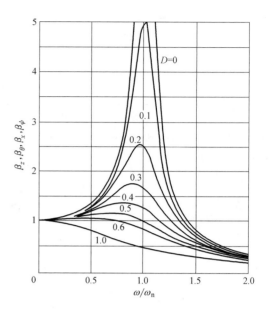

图 6-20 常扰力型振动的 β（β_z、β_θ、β_x、β_ψ）与 ω/ω_n 关系曲线

竖向振动　　　　　　　　$Q_z = m_0 e\omega^2\sin\omega t \qquad (6-63a)$

滑移振动　　　　　　　　$Q_x = m_0 e\omega^2\sin(\omega t + \pi/2) \qquad (6-63b)$

摇摆振动　　　　　　　　$M = m_0 ez'\omega^2\sin(\omega t + \pi/2) \qquad (6-63c)$

扭转振动　　　　　　　　$T = m_0 e\left(\frac{1}{2}x\right)\omega^2\sin(\omega t + \pi/2) \qquad (6-63d)$

式中，z' 为水平动荷载作用位置距基底的距离；x 为水平动荷载作用位置距基础中心的距离。

将以上各式代入到振动方程（6-52）~（6-55）的右侧，就得到了变扰力情况下的振动方程。位移（转角）的振幅的表达式的形式与方程（6-57）相同，只不过其中的放大系数有所不同。变扰力下的放大系数用 β' 表示，具体定义如下

竖向振动　　　　　　　　$\beta'_z = \frac{A_z}{m_0 e/m} \qquad (6-64a)$

滑移振动　　　　　　　　$\beta'_x = \frac{A_x}{m_0 e/m} \qquad (6-64b)$

摇摆振动　　　　　　　　$\beta'_\theta = \frac{A_\theta}{m_0 ez'/I_0} \qquad (6-64c)$

扭转振动　　　　　　　　$\beta'_\psi = \frac{A_\psi}{m_0 e\left(\frac{1}{2}x\right)/J_{zz}} \qquad (6-64d)$

变扰力下动力放大系数 β' 的表达式为

$$\beta' = \frac{(\omega/\omega_n)^2}{\sqrt{[1-(\omega/\omega_n)^2]^2 + [2D(\omega/\omega_n)]^2}} \qquad (6-65)$$

变扰力下不同振动类型的放大系数 β' 与频率比 ω/ω_n 的关系曲线如图 6-21 所示。由此可得共振频率 f'_m 和共振时的放大系数 β'_m 为

$$f'_m = f_n / \sqrt{1-2D^2} \tag{6-66}$$

$$\beta'_m = 1/(2D\sqrt{1-D^2}) \tag{6-67}$$

3. 不同频段下的简化解答

对理想集总体系来说，三类参数 m、c（或 D）及 K 在不同频段对基础动力反应所起的作用是不同的。以竖向振动为例，表 6-4 给出了三个频段（共振段、低频段及高频段）下的动力反应简化解答及控制参数，其余的三种单自由度振动（滑移、扭转、摇摆）也有同样的规律。三类参数 m、c（或 D）及 K 分别控制着高频区、共振区和低频区的振幅。熟悉这三类控制对制订基础减振措施是重要的，对理解下一节将讨论的弹性半空间理论实用化也是必需的。

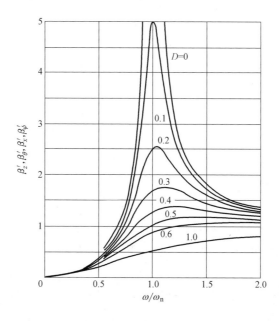

图 6-21　旋转质量型振动的 β'（β'_z、β'_θ、β'_x、β'_ψ）与 ω/ω_n 关系曲线

表 6-4　三个频段下的动力反应简化解答及控制参数（参照严人觉等，1981）

序号	频　段	控　制	动力反应简化式
1	低频段 $\omega \ll \omega_n$	弹簧 K 控制 忽略阻尼 D	常扰力 $z \approx \dfrac{Q_0}{K} \cdot \dfrac{1}{1-(\omega/\omega_n)^2}\cos\omega t$ 或 $z \approx \dfrac{Q_0}{K}\cos\omega t$ 变扰力 $z \approx \dfrac{m_e e}{m} \cdot \dfrac{(\omega/\omega_n)^2}{1-(\omega/\omega_n)^2}\cos\omega t = \dfrac{m_e e}{m} \cdot \dfrac{\omega^2}{\omega_n{}^2-\omega^2}\cos\omega t$ 忽略阻尼，动力反应与扰力同相位
2	共振段 $\omega \approx \omega_n$	阻尼 D 控制	常扰力 $z = \dfrac{Q_0}{K} \cdot \dfrac{1}{2D}\sin\omega_n t$ 变扰力 $z = \dfrac{m_0 e}{m} \cdot \dfrac{1}{2D}\sin\omega_n t$ 动力反应与扰力相位差为 $\pi/2$

（续）

序号	频　段	控制	动力反应简化式
3	高频段 $\omega \gg \omega_n$	质量 m 控制	常扰力　$z \approx -\dfrac{Q_0}{K} \cdot \dfrac{1}{(\omega/\omega_n)^2} = -\dfrac{Q_0}{m\omega^2}\cos\omega t$ 变扰力　$z \approx -\dfrac{m_0 e}{m} \cdot \dfrac{(\omega/\omega_n)^2}{(\omega/\omega_n)^2}\cos\omega t = -\dfrac{m_0 e}{m}\cos\omega t$ 动力反应与扰力相位差为 π

6.4　弹性半空间理论解的实用化

既然弹性半空间理论可给出基础振动的解析解，由此应该可以推导得到集总参数系统中各参数与地基土的弹性参数（剪切模量 G 和泊松比 ν）及基础几何形状之间的关系。谢祖空（1962）开创了弹性解实用化的途径，莱斯莫（1965）进一步推进了这项工作，提出了比拟法。采用这种方法，就可以根据地基土的弹性参数计算得到基础振动分析所需的集总参数，但是这种方法仅限于土质均匀的地基。

6.4.1　谢祖空法（Hsieh，1962）

如图 6-22a 所示，无质量刚性圆盘（半径为 r_0）在竖向谐和扰力 $P_z = P_0 e^{i\omega t}$ 作用下的竖向位移为

$$z = \frac{P_z}{Gr_0}(f_i + \mathrm{i}f_2) = \frac{P_0 e^{i\omega t}}{Gr_0}(f_i + \mathrm{i}f_2) \tag{6-68}$$

式中，f_1 及 f_2 的含义见 6.2 节。由式（6-68）解得 P_z 为

$$P_z = \frac{Gr_0}{f_1 + \mathrm{i}f_2}z = Gr_0\left(\frac{f_1}{f_1^2 + f_2^2} - \mathrm{i}\frac{f_2}{f_1^2 + f_2^2}\right)z = Gr_0\left[\frac{f_1}{f_1^2 + f_2^2}z - \mathrm{i}\omega\frac{f_2}{(f_1^2 + f_2^2)\omega}z\right] \tag{6-69}$$

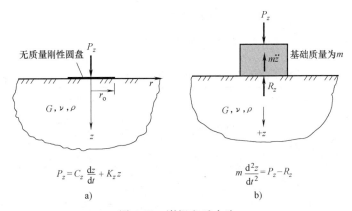

图 6-22　谢祖空反力法

对于谐和振动，$\mathrm{i}\omega z = \dot{z}$；再由无因次频率 $a_0 = r_0\omega\sqrt{\dfrac{\rho}{G}}$ 得 $\omega = \dfrac{a_0}{r_0}\sqrt{\dfrac{\rho}{G}}$，则可将式（6-69）

改写成

$$P_z = -Gr_0F_1z - \sqrt{G\rho}\,r_0^2F_2\dot{z} \tag{6-70}$$

式中，F_1 及 F_2 称为修订位移函数，且有

$$F_1 = -\frac{f_1}{f_1^2+f_2^2}, \quad F_2 = \frac{f_2}{a_0(f_1^2+f_2^2)} \tag{6-71}$$

式（6-70）就是基础对地基的波动力 P_z 与位移 z 及其速度 $\dot{z}$ 的关系式。P_z 也可认为是作用于半空间表面上的扰力。与之等值反向的由地基传递给基础的动反力为

$$R_z = Gr_0F_1z + \sqrt{G\rho}\,r_0^2F_2\dot{z} \tag{6-72}$$

式（6-72）表明等效集总体系应具有以下所示的等效刚度 K_z 与阻尼系数 C_z

$$K_z = Gr_0F_1, \quad C_z = \sqrt{G\rho}\,r_0^2F_2 \tag{6-73}$$

式（6-72）的建立为弹性半空间理论实用化提供了一把钥匙，使确定等效于弹性半空间体系的集总体系成为现实。式（6-73）中 C_z 相应于运动方程中速度项 $\dot{z}$ 前的系数，因此引入 C_z 形式上借用了黏滞阻尼的表达式，但由于它来源于体系的几何阻尼，所以这种阻尼称为仿效黏滞阻尼。由式（6-73）可知，刚度 K_z 与阻尼系数 C_z 是 F_1 及 F_2 的函数，也就是 f_1、f_2 及 a_0 的函数。而 f_1、f_2、a_0 均与频率 ω 有关。因此，K_z 及 C_z 也是扰力频率的函数，并不是一个常数。

如果考虑基础的质量（图 6-22b），基础的动力平衡方程可以表示为

$$m\ddot{z} = P_z - R_z \tag{6-74}$$

进一步转化为

$$m\ddot{z} + C_z\dot{z} + K_zz = P_0e^{i\omega t} \tag{6-75}$$

这个方程与单质点强迫振动方程完全相同。表明刚度 K_z 与仿效阻尼系数 C_z 就是等效的集总参数，而质量 m 就是基础的质量，并不包括参振土的质量。

采用以上方法就可以得到水平振动、摇摆振动和扭转振动下的刚度 K 与仿效阻尼系数 C 的表达式，这些成果汇总于表 6-5。修订位移函数 F_1 及 F_2 是泊松比 ν 及无因次频率 a_0 的函数，依据不同的振动形式采用不同的表达式。表 6-6 给出了 $\nu = 0$、0.25 和 0.5 三种情况下 F_1、F_2 与 a_0 关系。

表 6-5　刚度 K 与仿效阻尼系数 C

振 动 类 型	K	C
竖向振动	$Gr_0F_1(z)$	$\sqrt{G\rho}\,r_0^2F_2(z)$
水平向振动	$Gr_0F_1(x)$	$\sqrt{G\rho}\,r_0^2F_2(x)$
摇摆振动	$Gr_0^3F_1(\theta)$	$\sqrt{G\rho}\,r_0^4F_2(\theta)$
扭转振动	$Gr_0^3F_1(\psi)$	$\sqrt{G\rho}\,r_0^4F_2(\psi)$

表 6-6 四种单向振动的 F_1、F_2 表达式

振动类型	$\nu=0$	$\nu=1/4$	$\nu=1/2$
竖向振动 $(0<a_0<1.5)$	$F_1(z)=4.0-0.5a_0^2$ $F_2(z)=3.3+0.4a_0$	$F_1(z)=5.3-1.0a_0^2$ $F_2(z)=4.4+0.8a_0$	$F_1(z)=8.0-2.0a_0^2$ $F_2(z)=6.9$
水平向振动 $(0<a_0<2)$	$F_1(x)=4.5-2.0a_0^2$ $F_2(x)=2.4+0.3a_0$	$F_1(x)=4.8-0.2a_0^2$ $F_2(x)=2.5+0.3a_0$	$F_1(x)=5.3-0.1a_0^2$ $F_2(x)=2.8+0.4a_0$
摇摆振动 $(0<a_0<2)$	$F_1(\theta)=2.5-0.4a_0^2$ $F_2(\theta)=0.4a_0$	—	—
扭转振动 $(0<a_0<1.5)$	$F_1(\psi)=5.1-0.3a_0^2,F_2(\psi)=0.5a_0$（与 ν 无关）		

根据弹性半空间理论得到的 K 和 C 的表达式，可以看出其特征如下：

1）K 和 C 是无因次频率 a_0 与泊松比 ν 的函数，a_0 增大（频率 ω 增大）导致 F_1、K 的减小以及 F_2、C 的增大，ν 增大导致 F_1、F_2 及 K、C 的增大。

2）K 与地基土的 G 成正比，C 与地基土的 $\sqrt{G\rho}$ 成正比。

3）增大基础半径 r_0，则 K 和 C 均增大，且 C 增加得更多。"大而轻"（r_0 大，m 小）的基础能够提高刚度与阻尼，这一概念对于动力基础的设计实践至为重要。

6.4.2 比拟法

上述由弹性半空间理论转化得到的等效集总体系又称为原质变参体系，即振动块的质量 m（或 I_0）为基础质量（或转动惯量），并不包括土的参振质量；地基土的刚度 K 和阻尼系数 C 随频率而变。由于刚度 K 和阻尼系数 C 均随扰频而变，因此在工程应用中仍感不便。比拟法就是进一步实用化，将 K 和 C 简化为与扰力频率无关的常数，并使得到的动力反应与弹性理论精确解相近。

1. 基础竖向振动

刚盘在竖向谐和扰力 $Q_z=Q_0 e^{i\overline{\omega}t}$ 作用下的竖向振动的比拟解由莱斯默（Lysmer，1965）给出。它所依据的标本是原质变参等效集总体系的竖向振动方程

$$m\ddot{z}+C_z\dot{z}+K_z z=Q_0 e^{i\overline{\omega}t} \tag{6-76}$$

式中，m 为基础和机器的质量。将前面由反力法得到的 C_z 和 K_z［式（6-73）］分解成两个因式

$$K_z=k_z k_{1z}=k_z \frac{1}{\dfrac{k_z}{Gr_0}}F_1=Gr_0 F_1 \tag{6-77a}$$

$$C_z=c_z c_{1z}=k_z r_0 \sqrt{\frac{\rho}{G}}\frac{1}{\dfrac{k_z}{Gr_0}}F_2=\sqrt{G\rho}\,r_0^2 F_2 \tag{6-77b}$$

式中 k_{1z}、c_z、和 c_{1z} 的表达式如下

$$k_{1z}=\frac{Gr_0}{k_z}F_1 \tag{6-78a}$$

$$c_z = k_z r_0 \sqrt{\frac{\rho}{G}} \, , \, c_{1z} = \frac{1}{\dfrac{k_z}{Gr_0}} F_2 \tag{6-78b}$$

若式中的参数 k_z 采用静刚度，即

$$k_z = \frac{4Gr_0}{1-\nu} \tag{6-78c}$$

则 k_{1z} 和 c_{1z} 的表达式可进一步转化为

$$k_{1z} = \frac{1-\nu}{4} F_1 \, , \, c_{1z} = \frac{1-\nu}{4} F_2 \tag{6-78d}$$

可以看出，k_z 和 c_z 为常数（与外界扰力无关）；k_{1z} 和 c_{1z} 则分别与 F_1 及 F_2 有关，也就是与泊松比 ν 和无因次频率 a_0 有关。图 6-23 给出了在泊松比 $\nu = 1/3$ 的情况下，k_{1z} 和 c_{1z} 随 a_0 的变化曲线。可以看出，k_{1z} 随 a_0 的增大而减小，而 c_{1z} 随 a_0 的增大而增大。

由表 6-4 给出的三类控制原则可知，刚度控制低频，阻尼控制共振，质量控制高频。故低频只要刚度选取从严，中频只要阻尼选取从严，高频只要质量选取从严，其余参数的选取误差稍大也无妨。这说明三个频段通用的刚度应以低频为准，通用阻尼应以共振区为准。由图 6-23 可知，在低频区 k_{1z} 近乎为 1，故取低频区 $k_{1z} = 1$ 作为通用值；中频区（$0.3 < a_0 < 0.8$）c_{1z} 变化激烈，取 0.85 作为其平均值，故取 $c_{1z} = 0.85$ 作为通用值；高频区动力反应与 K、C 关系不大，故 $k_{1z} = 1$，$c_{1z} = 0.85$ 同样适用于高频区。据此

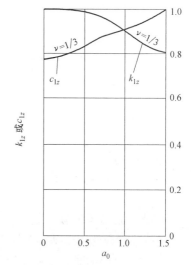

图 6-23　竖向振动 c_{1z}-a_0 曲线及 k_{1z}-a_0 曲线

$$K_z = k_z \times 1 = k_z = \frac{4Gr_0}{1-\nu} \tag{6-79a}$$

$$C_z = k_z r_0 \sqrt{\frac{\rho}{G}} c_{1z} = \frac{4Gr_0^2}{1-\nu} \sqrt{\frac{\rho}{G}} \times 0.85 = \frac{3.4}{1-\nu} \sqrt{G\rho} \, r_0^2 \tag{6-79b}$$

$$D_z = \frac{C_z}{C_c} = \frac{C_z}{2\sqrt{mK_z}} = \frac{\dfrac{3.4}{1-\nu}\sqrt{G\rho}\,r_0^2}{2\sqrt{m\dfrac{4Gr_0}{1-\nu}}} = \frac{0.425}{\sqrt{\dfrac{(1-\nu)}{4}\dfrac{m}{\rho r_0^3}}} = \frac{0.425}{\sqrt{B_z}} \tag{6-79c}$$

式中，B_z 为质量比，$B_z = \dfrac{1-\nu}{4} \cdot \dfrac{m}{\rho r_0^3}$。这些就是竖向振动的原质等效集总体系的定参数，它们的值与扰力的频率无关。这样，竖向振动方程可以改写为

$$m\ddot{z} + \frac{3.4 r_0^2}{1-\nu} \sqrt{G\rho} \cdot \dot{z} + \frac{4Gr_0}{1-\nu} z = Q_0 e^{i\overline{\omega} t} \tag{6-80}$$

由此可见，比拟法中的振动质量为基础质量（包括机器），刚度为静刚度，阻尼为一个

选用的合适的定阻尼，阻尼比与质量比有关。图 6-24 给出了在泊松比 $\nu=1/3$ 的情况下，由弹性半无限空间理论（式 6-11）和比拟法（式 6-80）得到的刚性基础竖向振动的动力放大系数的对比。可以看出，比拟法给出的结果与弹性半无限空间理论给出的是非常接近的。与弹性半无限空间理论解相比，比拟法最大的优点是采用了定刚度和定阻尼，建立了弹性半无限空间理论解与集总参数系统之间的桥梁。

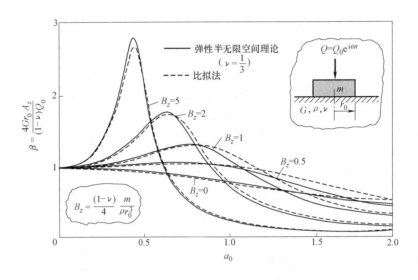

图 6-24　比拟法和弹性半无限空间理论结果对比（Lysmer 和 Richart，1966）

2. 比拟法结果汇总

比拟法得到的圆形基础和矩形基础的 4 种振动类型的 K 和 D 的表达式汇总于表 6-7、表 6-8 中。需要说明的是，这些结果仅适用于 $a_0<1.5$ 的情况。表 6-7 给出了埋置基础的刚度表达式，这些刚度采用的是静刚度。表 6-8 给出了埋置基础的仿效阻尼比。表 6-9 给出了埋深修正系数的表达式，从中可以看出，埋深对滑移振动、摇摆振动的影响要大于对竖向振动的影响。图 6-25 给出了基底形状修正系数的取值方法。

表 6-7　埋置基础的刚度 K

振动类型	圆形基础	矩形基础
竖向	$K_z=\dfrac{4Gr_0}{1-\nu}n_z$	$K_z=\dfrac{G}{1-\nu}\beta_z\sqrt{B_0L_0}\,n_z$
滑移	$K_x=\dfrac{32(1-\nu)}{7-8\nu}Gr_0n_x$	$K_x=2(1+\nu)G\beta_x\sqrt{B_0L_0}\,n_x$
摇摆	$K_\theta=\dfrac{8Gr_0^3}{3(1-\nu)}n_\theta$	$K_\theta=\dfrac{G}{1-\nu}\beta_\theta B_0L_0^2n_\theta$
扭转	$K_\psi=\dfrac{16}{3}Gr_0^3$	用等效圆形基础的值

注：1. 表中 β_z、β_x 及 β_θ 为形状修正系数，可查图 6-25。
　　2. B_0 及 L_0 的意义见图 6-25。
　　3. n_z、n_x 及 n_θ 为埋深修正系数，见表 6-9。

表 6-8　埋置基础的仿效阻尼比 D

振动类别	等效半径 r_0	仿效质量比 B	仿效阻尼比 D
竖向	$r_0 = \sqrt{\dfrac{B_0 L_0}{\pi}}$	$B_z = \dfrac{(1-\nu)}{4}\dfrac{m}{\rho r_0^3}$	$D_z = \dfrac{0.425}{\sqrt{B_z}}\alpha_z$
滑移	$r_0 = \sqrt{\dfrac{B_0 L_0}{\pi}}$	$B_x = \dfrac{7-8\nu}{32(1-\nu)}\dfrac{m}{\rho r_0^3}$	$D_x = \dfrac{0.288}{\sqrt{B_x}}\alpha_x$
摇摆	$r_0 = \sqrt[4]{\dfrac{B_0 L_0^3}{3\pi}}$	$B_\theta = \dfrac{3(1-\nu)}{8}\dfrac{I_\theta}{\rho r_0^5}$	$D_\theta = \dfrac{0.15}{(1+B_\theta)\sqrt{B_\theta}}\alpha_\theta$
扭转	$r_0 = \sqrt[4]{\dfrac{BL_0(B_0^2+L_0^2)}{6\pi}}$	$B_\psi = \dfrac{I_\psi}{\rho r_0^5}$	$D_\psi = \dfrac{0.5}{1+2B_\psi}$

注：1. B_0、L_0 为矩形基础的两边长，其中 L_0 平行于摇摆平面。

2. I_θ 为对基底形心的水平轴的质量惯性矩，I_ψ 为绕竖轴的质量惯性矩。

3. α_z、α_x、α_θ 为埋深修正系数，见表 6-9。

表 6-9　埋深修正系数

振动类别	刚度修正系数 $n=K_{埋置}/K_{明置}$	阻尼修正系数 $\alpha=D_{埋置}/D_{明置}$
竖向	$n_z = 1+0.6(1-\nu)\delta$	$\alpha_z = \dfrac{1+1.9(1-\nu)}{\sqrt{n_z}}\delta$
滑移	$n_x = 1+0.55(2-\nu)\delta$	$\alpha_x = \dfrac{1+1.9(2-\nu)}{\sqrt{n_x}}\delta$
摇摆	$n_\theta = 1+1.2(1-\nu)\delta+0.2(2-\nu)\delta^3$	$\alpha_\theta = \dfrac{1+0.7(1-\nu)\delta+0.6(2-\nu)\delta^3}{\sqrt{n_\theta}}$

注：δ 为埋深比，$\delta = \dfrac{h_b}{r_0}$（$h_b$ 为基础埋深），r_0 为基础半径或等效半径，ν 为泊松比。

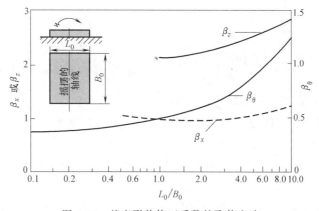

图 6-25　基底形状修正系数的取值方法

霍尔（1967）在采用比拟法求解摇摆振动的集总参数时发现，如果把一个附加质量惯性矩增加到实际的惯性矩数值上，可使共振频率与半空间理论所得的数值一致。因此，在采用表 6-8 确定摇摆振动的仿效阻尼比时，可以将计算得到的基础的 B_θ 乘以一个放大系数 N_θ，这个放大系数的取值见表 6-10。

表 6-10　摇摆振动中惯性矩比的修正系数 N_θ

B_θ	5	3	2	1	0.8	0.5	0.2
N_θ	1.079	1.110	1.143	1.219	1.251	1.378	1.600

3. 仿效阻尼比 D

注意比拟法得到的仿效阻尼比代表的是几何阻尼的大小，与弹性波能量的几何分布有关，控制着共振时的振幅。对于每一种类型的振动，表 6-8 中均给出了相应的仿效阻尼比 D 的表达式，其值与仿效质量比 B 有关，而仿效质量比 B 又与土的泊松比 ν、密度 ρ 及基础的质量 m、等效半径 r_0 有关。图 6-26 给出了明置基础的 4 种振动类型的仿效阻尼比 D 与仿效质量比 B 的关系。可以看出，转动型振动的阻尼比要比平动型振动的阻尼比小得多，特别是当 B 值较大时。因此，对于转动型振动，设计中应尽量采用较小的 B 值以减小转动幅度，也就是尽量增加基础的底面积。

相对于几何阻尼，动力机器基础振动分析中土的内阻尼 D_i（也就是材料阻尼）则要小得多，根据土的类型以及所处的应变范围，一般认为 $D_i = 0.01 \sim 0.1$。Whitman 和 Richart（1967）认为设计时可取地基土的阻尼比为仿效阻尼比加 0.05。

然而，由比拟法给出的仿效阻尼比与工程实践中的值差别较大，理论计算值远大于实测值（包括材料阻尼）而偏于不安全。GB 50040—1996《动力机器基础设计规范》规定明置基础的天然地基竖向阻尼比 D_z 按以下经验公式计算

黏性土　　$$D_z = \frac{0.16}{\sqrt{\overline{m}}}$$　　(6-81a)

砂土、粉土　$$D_z = \frac{0.11}{\sqrt{\overline{m}}}$$　　(6-81b)

$$\overline{m} = \frac{m}{\rho F \sqrt{F}} = \frac{m}{\rho \pi \sqrt{\pi r_0^3}} = 0.18 \frac{m}{\rho r_0^3}$$　(6-82)

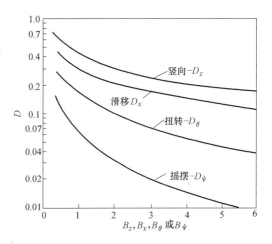

图 6-26　弹性半空间上刚性圆形基础振动时的等效阻尼比

式中，$\overline{m}$ 称为基组质量比，为基组质量（机器和基础）与地基土质量的比值；m 为基组的质量（t），包括基础与机器；ρ 为地基土的密度（t/m³）；F 为基底面积（m²）。

如取黏性土的泊松比 $\nu = 0.3$，由经验公式计算的 D_z 为比拟法理论解的 38%，经验值要远小于理论解。

根据经验，水平回转向阻尼比 $D_{x\varphi}$ 和扭转向阻尼比 D_ψ 与竖向阻尼比 D_z 的关系为

$$D_\psi = D_{x\varphi} = 0.5 D_z$$　　(6-83)

埋置基础的天然地基阻尼比为明置基础的阻尼比乘以基础埋深提高系数。考虑埋深影响的阻尼比提高系数 β 可按下列公式计算

竖向　　　　　　　　　　　　$$\beta_z = 1 + \delta_b$$　　　　　　　　　　(6-84a)

水平回转向　　　　　　　　　$$\beta_{x\varphi} = 1 + 2\delta_b$$　　　　　　　　　(6-84b)

4. 附加质量

下面以竖向振动为例来讨论附加质量问题。

根据集总参数系统法，地基基础的无阻尼自振频率（固有频率）可以表示为

$$\omega_n = \sqrt{\frac{K_z(\omega)}{m}} \qquad (6\text{-}85a)$$

注意：式中的 $K_z(\omega)$ 并非定值，而是 $\omega = \omega_n$ 时的 K_z。当泊松比 $\nu = 0.5$ 时，有 $F_1(z) = 8.0 - 2.0a_0^2$，因此

$$\omega_n = \sqrt{\frac{Gr_0 F_1}{m}} = \sqrt{\frac{Gr_0(8.0 - 2.0a_0^2)}{m}} = \sqrt{\frac{Gr_0(8.0 - 2r_0^2\omega_n^2\rho/G)}{m}} \qquad (6\text{-}85b)$$

解得

$$\omega_n^2 = \frac{4Gr_0/(1-\nu)}{m + 2\rho r_0^3} = \frac{K_{zs}}{m + 2\rho r_0^3} = \frac{K_{zs}}{m(1 + 2/b)} = \frac{K_{zs}}{m\xi} \qquad (6\text{-}85c)$$

式中，K_{zs} 为地基的静刚度，也就是表 6-7 给出的算式；b 为质量比，$b = m/\rho r_0^3$；ξ 为所谓的"附加质量系数"，$\xi = 1/(1 + 2b)$。式中 $2\rho r_0^3$ 就是所谓的"附加质量"。因此，附加质量可以看作是以静刚度替代动刚度时为了使系统的固有频率等效于弹性半无限空间理论值所需的质量修正。从图 6-24 给出的结果来看，如不进行质量修正（采用基础质量），比拟法给出的共振频率要略大于弹性理论解给出的结果，尤其是在质量比 b 较大的情况下。根据式（6-85c），质量修正系数 ξ 的大小与质量比 b 有关，质量比 b 越小，附加质量越大。因此"大而轻"的基础会增大附加质量，采用比拟法结果分析共振频率时需要考虑附加质量。

参照以上分析方法，表 6-11 汇总了分析地基基础振动系统的固有频率时的附加质量 m_s、I_{0s} 和 J_{zzs} 理论表达式。

表 6-11　附加质量 m_s 理论表达式

振动类型	泊松比 ν	附加质量表达式
竖向 m_s	$\nu = 0$	$0.5\rho r_0^3$
	$\nu = 0.25$	$0.5\rho r_0^3$
	$\nu = 0.5$	$2.0\rho r_0^3$
滑移 m_s	$\nu = 0$	$0.2\rho r_0^3$
	$\nu = 0.25$	$0.2\rho r_0^3$
	$\nu = 0.5$	$0.1\rho r_0^3$
摇摆 I_{0s}	$\nu = 0$	$0.4\rho r_0^3$
扭转 J_{zzs}	与 ν 无关	$0.3\rho r_0^3$

例 6-2　对于例 6-1 中给出的基础和地基土，基础受到的扰动荷载为 $M(\text{kN}\cdot\text{m}) = 20\sin(10 \times 2\pi \times t)$。分别采用谢祖空法和比拟法计算集总参数，求基础摇摆振动的转角振幅，并对比两种方法得到的结果。

解：（1）谢祖空法

$$r_0 = 1.84\text{m}$$

$$a_0 = \omega r\sqrt{\frac{\rho}{G}} = 10 \times 2\pi \times 1.84 \times \sqrt{\frac{1.7}{3 \times 10^4}} = 0.875$$

对于泊松比 $\nu = 0$ 的摇摆振动，有

$$F_1 = 2.5 - 0.4a_0^2 = 2.5 - 0.4 \times 0.875^2 = 2.19$$

$$F_2 = 0.4a_0 = 0.4 \times 0.875 = 0.35$$

由此计算刚度、阻尼系数和阻尼比

$$K_\theta = Gr_0 F_1 = 3 \times 10^4 \times 1.84^3 \times 2.19 \text{kN} \cdot \text{m/rad} = 41 \times 10^4 \text{kN} \cdot \text{m/rad}$$

$$C_\theta = \sqrt{G\rho} \, r_0^2 F_2 = \sqrt{3 \times 10^4 \times 1.7} \times 1.84^4 \times 0.35 \text{kN/(m/s)} = 9 \text{kN/(m/s)}$$

$$D_\theta = \frac{c_\theta}{2\sqrt{KI_0}} = \frac{9}{2\sqrt{41 \times 10^4 \times 69.1}} = 0.08$$

计算无阻尼自振频率和振幅放大系数

$$\omega_n = \frac{1}{2\pi} \sqrt{\frac{K_\theta}{I_0}} = \frac{1}{2\pi} \sqrt{\frac{41 \times 10^4}{69.1}} \text{Hz} = 12.6 \text{Hz}$$

$$\beta = \frac{1}{\sqrt{[1 - (\omega/\omega_n)^2]^2 + [2D_\theta(\omega/\omega_n)]^2}} \approx \frac{1}{1 - (\omega/\omega_n)^2} = \frac{1}{1 - (10/12.6)^2} = 2.7$$

计算转角振幅

$$A_\theta = \frac{M_0}{K_\theta} \beta_\theta = \frac{20}{41 \times 10^4} \times 2.7 \text{rad} = 1.32 \times 10^{-4} \text{rad}$$

（2）比拟法

计算刚度（静刚度）

$$K_\theta = \frac{8Gr_0^3}{3(1-\nu)} = \frac{8 \times 3 \times 10^4 \times 1.84^3}{3} \text{kN} \cdot \text{m/rad} = 48.6 \times 10^4 \text{kN} \cdot \text{m/rad}$$

计算仿效阻尼比

$$b_i = \frac{I_\psi}{\rho r_0^5} = 1.93$$

$$B_\theta = \frac{3(1-\nu)}{8} \frac{I_\theta}{\rho r_0^5} = \frac{3}{8} \times 1.93 = 0.72$$

由表6-10得放大系数 $N_\theta = 1.285$，因此修正的 $B_\psi = 0.72 \times 1.285 = 0.925$

$$D_\psi = \frac{0.15}{(1+B_\psi)\sqrt{B_\psi}} = \frac{0.15}{(1+0.925) \times \sqrt{0.925}} = 0.081$$

计算无阻尼自振频率和振幅放大系数

$$\omega_n = \frac{1}{2\pi} \sqrt{\frac{K_\theta}{I_0}} = \frac{1}{2\pi} \sqrt{\frac{48.6 \times 10^4}{69.1}} \text{Hz} = 13.4 \text{Hz}$$

$$\beta = \frac{1}{\sqrt{[1 - (\omega/\omega_n)^2]^2 + [2D_4(\omega/\omega_n)]^2}} \approx \frac{1}{1 - (\omega/\omega_n)^2} = \frac{1}{1 - (10/13.4)^2} = 2.26$$

计算转角振幅

$$A_\theta = \frac{M_0}{K_\theta}\beta_\theta = \frac{20}{41\times10^4}\times 2.26\text{rad} = 1.10\times10^{-4}\text{rad}$$

分析：两种方法计算得到的刚度有差别，比拟法采用的静刚度要大一些。经过调整后，比拟法得到的阻尼比与谢祖空法基本一致。比拟法得到的无阻尼自振频率也要略大一些，振幅放大系数及振幅要小一些，这种差别主要是由于比拟法未考虑振动频率对刚度的影响而采用了数值较大的静刚度造成的。

例 6-3　如取黏性土的泊松比 $\nu = 0.3$，对比《动力机器基础设计规范》经验公式与比拟法给出的明置基础的地基竖向阻尼比 D_z，以及滑移阻尼比 D_x 与竖向阻尼比 D_z 的比值。

解：由《动力机器基础设计规范》经验公式计算明置基础的地基竖向阻尼比 D_{z1}

$$D_{z1} = \frac{0.16}{\sqrt{\overline{m}}} = \frac{0.16}{\sqrt{0.18\,\dfrac{m}{\rho r_0^3}}} = 0.377\,\frac{1}{\sqrt{\dfrac{m}{\rho r_0^3}}}$$

由表 6-8 给出的比拟法结果计算明置基础的地基竖向阻尼比 D_{z2}

$$B_z = \frac{(1-\nu)}{4}\,\frac{m}{\rho r_0^3} = 0.175\,\frac{m}{\rho r_0^3}$$

$$D_{z2} = \frac{0.425}{\sqrt{B_z}} = \frac{0.425}{\sqrt{0.175\,\dfrac{m}{\rho r_0^3}}} \approx \frac{1}{\sqrt{\dfrac{m}{\rho r_0^3}}}$$

可以看出，$D_{z1} = 0.377 D_{z2}$。

由《动力机器基础设计规范》经验公式计算明置基础的地基滑移阻尼比 D_{x1}

$$D_{x1} = 0.5 D_{z1}$$

由表 6-8 给出的比拟法结果计算明置基础的地基滑移阻尼比 D_{x2}

$$B_x = \frac{7-8\nu}{32(1-\nu)}\,\frac{m}{\rho r_0^3} = 0.205\,\frac{m}{\rho r_0^3}$$

$$D_{x2} = \frac{0.288}{\sqrt{B_x}} = \frac{0.288}{\sqrt{0.205\,\dfrac{m}{\rho r_0^3}}} = 0.636\,\frac{1}{\sqrt{\dfrac{m}{\rho r_0^3}}} = 0.636 D_{z2}$$

因此，规范法得到 $D_x/D_z = 0.5$，而比拟法得到 $D_x/D_z = 0.636$。

分析：可以看出，两种方法给出的不同振动类型的阻尼比的数值差别较大，但是不同振动类型阻尼比之间的比值差别不大。

6.5　地基刚度系数

在 6.3 节中已经给出了各种振动类型的地基刚度系数的定义。地基刚度系数的提出，是对确定地基刚度的进一步简化。这种简化虽然为工程设计提供了一个较为简单的确定地基刚度的方法，但正如前面介绍到的地基土动刚度的复杂性，地基刚度系数不仅取决于地基土的特性，还与动荷载大小和频率、基础面积等因素有关。这是首先应该建立的对地基刚度系数的基本认识。下面介绍确定地基刚度系数的几种方法。

6.5.1 弹性理论法

根据 Boussinesq 解，可以得到静力作用下置于弹性半无限空间上圆形刚性基础的竖向变形，可以近似表达为

$$u = \frac{P_0}{2r_0 E}(1-\nu^2) \tag{6-86a}$$

式中，P_0 为基底平均压力；r_0 为基础的半径；E 为地基土弹性模量；ν 为地基土泊松比。

对于矩形基础，等效半径的表达式为

$$r_0 = \sqrt{\frac{F}{\pi}} \tag{6-86b}$$

式中，F 为矩形基础的面积。

根据地基抗压刚度系数的定义，可以得到其表达式为

$$S_z = \frac{K_z}{F} = \frac{P_0}{uF} = 1.125 \frac{1}{(1-\nu^2)\sqrt{F}} E \tag{6-87}$$

这就是熟知的地基竖向基床系数（抗压刚度系数）公式。基床系数不仅与地基土的特性（弹性模量 E 和泊松比 ν）有关，还与基础面积 F 有关。弹性理论解表明地基竖向基床系数与 $\sqrt{F}$（或等效半径 r_0）成反比。

根据上一节给出的地基刚度的弹性半空间理论解，也可以得到动荷载作用下地基土的动刚度系数，结果汇总如下

抗压
$$S_z = \frac{K_z}{F} = \frac{Gr_0 F_1(z)}{F} = \frac{F_1(z)}{\sqrt{\pi}} \frac{G}{\sqrt{F}} = \frac{F_1(z)}{\sqrt{\pi}} \frac{E}{2(1+\nu)} \frac{1}{\sqrt{F}} \tag{6-88a}$$

抗剪
$$S_x = \frac{K_x}{F} = \frac{Gr_0 F_1(x)}{F} = \frac{F_1(x)}{\sqrt{\pi}} \frac{G}{\sqrt{F}} = \frac{F_1(x)}{\sqrt{\pi}} \frac{E}{2(1+\nu)} \frac{1}{\sqrt{F}} \tag{6-88b}$$

抗弯
$$S_\varphi = \frac{K_\varphi}{I} = \frac{Gr_0{}^3 F_1(\varphi)}{I} = \frac{4F_1(\varphi)}{\sqrt{\pi}} \frac{E}{2(1+\nu)} \frac{1}{\sqrt{F}} \tag{6-88c}$$

抗扭
$$S_\psi = \frac{K_\psi}{J} = \frac{Gr_0{}^3 F_1(\psi)}{J} = \frac{2F_1(\psi)}{\sqrt{\pi}} \frac{E}{2(1+\nu)} \frac{1}{\sqrt{F}} \tag{6-88d}$$

以上关系式可以进一步简化为

抗压

$$S_z = \xi_z(a_0, \nu) \frac{E}{\sqrt{F}}, \xi_z(a_0, \nu) = \frac{F_1(z)}{\sqrt{\pi}} \frac{1}{2(1+\nu)} \qquad (6\text{-}89a)$$

抗剪

$$S_x = \xi_x(a_0, \nu) \frac{E}{\sqrt{F}}, \xi_x(a_0, \nu) = \frac{F_1(x)}{\sqrt{\pi}} \frac{1}{2(1+\nu)} \qquad (6\text{-}89b)$$

抗弯

$$S_\varphi = \xi_\varphi(a_0, \nu) \frac{E}{\sqrt{F}}, \xi_\varphi(a_0, \nu) = \frac{4F_1(\varphi)}{\sqrt{\pi}} \frac{1}{2(1+\nu)} \qquad (6\text{-}89c)$$

抗扭

$$S_\psi = \xi_\psi(a_0, \nu) \frac{E}{\sqrt{F}}, \xi_\psi(a_0, \nu) = \frac{2F_1(\psi)}{\sqrt{\pi}} \frac{1}{2(1+\nu)} \qquad (6\text{-}89d)$$

由以上关系可以确定抗剪刚度系数 S_x、抗弯刚度系数 S_φ 和抗扭刚度系数 S_ψ 与抗压刚度系数 S_z 之间的关系

$$\frac{S_x}{S_z} = \frac{\xi_x(a_0, \nu)}{\zeta_z} = \frac{F_1(x)}{F_1(z)} \qquad (6\text{-}90a)$$

$$\frac{S_\varphi}{S_z} = \frac{\xi_\varphi(a_0, \nu)}{\xi_z(a_0, \nu)} = \frac{4F_1(\varphi)}{F_1(z)} \qquad (6\text{-}90b)$$

$$\frac{S_\psi}{S_z} = \frac{\xi_\psi(a_0, \nu)}{\xi_z(a_0, \nu)} = \frac{2F_1(\psi)}{F_1(z)} \qquad (6\text{-}90c)$$

系数 $\xi_z(a_0, \nu)$、$\xi_x(a_0, \nu)$、$\xi_\varphi(a_0, \nu)$ 和 $\xi_\psi(a_0, \nu)$ 是无因次频率 a_0 和泊松比 ν 的函数，具体表达式可根据表 6-6 给出的 4 种单向振动的 F_1 的表达式确定。图 6-27 给出了这 4 个系数与 a_0 和 ν 的关系曲线，从这些关系曲线可以看出：

1）在图中给出的范围内，4 个系数随无因次频率 a_0 的增大而减小。$\xi_x(a_0, \nu)$ 和 $\xi_\psi(a_0, \nu)$ 曲线平缓，动态敏感度不大，与静态接近；$\xi_z(a_0, \nu)$ 和 $\xi_\varphi(a_0, \nu)$ 的动态敏感度较大，应当重视工作频率对该类地基刚度的影响。

2）$\xi_x(a_0, \nu)$ 略小于 $\xi_z(a_0, \nu)$，而 $\xi_\varphi(a_0, \nu)$ 和 $\xi_\psi(a_0, \nu)$ 约为 $\xi_z(a_0, \nu)$ 两倍，表明抗剪刚度系数略小于抗压刚度系数，而抗弯刚度系数和抗扭刚度系数约为抗压刚度系数的两倍。

式（6-89a）~式（6-89c）表明，同静刚度系数一样，地基动刚度系数与 $\sqrt{F}$ 或等效半径 r_0 成反比。也就是说，在其他条件都相同的情况下，地基动刚度系数随基底面积的增大而减小。因此，采用小尺寸模型基础测得的地基刚度系数需要根据实际基础底面积换算后才可应用于设计。然而，大量试验证实，地基刚度系数随基底面积 F 的增加而减小的程度要远远小于弹性半无限空间理论给出的结果。这可能与地基土的弹性常数随深度的增大而增大有关，基底面积的增大增加了压缩层的厚度，使得深部刚度较大的地基参与工作，因而提高了地基刚度系数。另外，正如第 5 章中介绍的，地基土并不完全属于各向同性线弹性材料，弹性参数的大小与所处的应力水平有关，因此地基土的应力大小也会影响刚度系数。不过，工程实践表明，由弹性理论法给出的不同振动类型的刚度系数之间的比值与实测结果较一致。

下面介绍一些确定地基刚度系数的简化方法。这些方法将地基刚度简化为与工作频率无

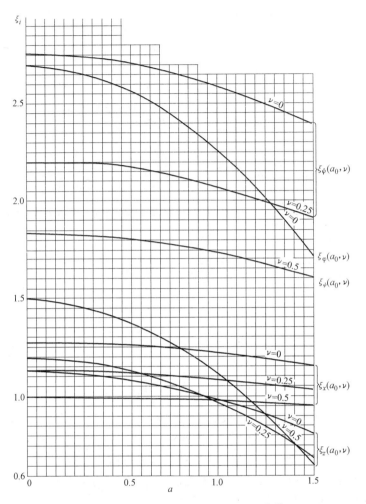

图 6-27 $\xi_i(a_0, \nu)(i=z, x, \varphi, \psi)$ 曲线

关的常数，忽略了振动频率对地基刚度系数的影响，在实际应用时需注意这一点。

6.5.2 萨维诺夫经验公式

萨维诺夫简化了振动频率对地基刚度系数的影响，提出了考虑面积和压力影响的地基刚度系数的经验公式

竖向 $$S_z = S_{10}\left[1+\frac{2(a+b)}{\Delta A}\right]\sqrt{\frac{p}{p_0}}$$ (6-91a)

摇摆 $$S_\varphi = S_{10}\left[1+\frac{3(a+3b)}{\Delta A}\right]\sqrt{\frac{p}{p_0}}$$ (6-91b)

滑移 $$S_x = S_{20}\left[1+\frac{2(a+b)}{\Delta A}\right]\sqrt{\frac{p}{p_0}}$$ (6-91c)

式中，p 为作用在地基上的静压力（kPa），包括设备和基础的重量；p_0 为求 S_{10} 和 S_{20} 时地基上的标准静压力，统一取 $p_0 = 20\text{kN/m}^2$；a、b 为矩形基础的长和宽（m）；A 为基础底面积

（m^2）；Δ 为用于调整量纲，$\Delta = 1\text{m}^{-1}$；S_{10}、S_{20} 为当 $p = p_0 = 20\text{kN/m}^2$ 时，与基础底面尺寸无关的地基弹性特征常数。

等号右边由三项组成。第一项反映了与基础面积无关的地基的弹性特性；第二项反映了基础面积的影响，由薄膜理论推得；第三项是压力修正系数。小应变剪切模量 G_0 与应力的平方根成正比（见第 5 章），萨维诺夫经验公式中采用这个规律考虑了应力大小对刚度系数的影响。

地基弹性特征常数 S_{10} 和 S_{20} 可由试验确定，表 6-12 中给出了一些土的典型数值，也可采用萨维诺夫给出的计算公式

$$S_{10} = 1.7 \frac{E_0}{1 - \nu^2} \tag{6-92a}$$

$$S_{20} = 1.7 \frac{E_0}{(1 + \nu)(1 - 0.5\nu)} \tag{6-92b}$$

式中，E_0 为由室内试验得到的压力不大于 $10 \sim 20\text{kN/m}^2$ 情况下的土样的弹性模量；ν 为土的泊松比。对于层状地基，其综合弹性模量按照下式计算

$$E_0 = \frac{\sum_{i=1}^{n} E_{0i} h_i}{H} \tag{6-93}$$

式中，H 为计算深度，取 1.414 倍的基础宽度；E_{0i} 为计算深度范围内第 i 层土的弹性模量；h_i 为计算深度范围内第 i 层土的厚度。

土的泊松比 ν 一般为 $0.3 \sim 0.5$，取平均值 $\nu = 0.4$，可得

$$\frac{S_x}{S_z} = \frac{S_{20}}{S_{10}} = \frac{1 - \nu}{1 - 0.5\nu} = \frac{1 - 0.4}{1 - 0.2} = 0.75 \tag{6-94}$$

表 6-12　一些土的地基弹性特征常数 S_{10}

土壤类别	$S_{10}/(10\text{kN/m}^2)$	资料来源
硬塑的黏土或亚黏土（稠度 $B < 0.2$）	$2000 \sim 3000$ （下蜀土 3400）	萨维诺夫 括号内为原冶金部攻关组、陕西建科所及同济大学实测数据
塑性黏土，亚黏土（$B = 0.2 \sim 0.5$）密实的各种粒度的砂（不论湿度）；鹅卵石，石砾，天然湿度的黄土	$1500 \sim 2000$ （黄土状亚黏土 2673）	
塑性的黏土，亚黏土（$B = 0.5 \sim 0.8$）水饱和中密的粉状类土壤	$800 \sim 1500$ （Q 亚黏土 1360）	
塑性状态接近于流限的黏土、亚黏土（$B > 1.8$）水饱和，低密度的粉状和淤泥质土壤	$500 \sim 800$ （淤泥 $530 \sim 570$）	
冲积—洪积碎砾石夹砂 夹亚黏土透镜体的碎砾石层表层 碎砾石层表面下 1.5m 处 风化基岩露头处（表面下 1.5m 处）	$1150 \sim 1560$ $2550 \sim 3000$ $3200 \sim 4600$	同济大学

（续）

土壤类别	$S_{10}/(10kN/m^2)$	资料来源
冲积—洪积的土状亚黏土,属Ⅱ级湿陷性大孔土	1690	五机部五院
洪积—冲积,卵石,圆砾砂砾,有亚黏土夹层	1560~2220 (2100)	一机部勘测公司(原冶金部攻关组)

我国学者杨先健等根据 95 个底面积为 0.5~3690m² 的基础实测资料研究了基础面积对刚度系数的影响。发现当基础底面积大于 5~10m² 时,地基刚度系数随面积变化的程度比基础面积小于 5m² 时的小一些。在基础面积大于 100m² 的情况下,按照萨维诺夫法确定的 S_z 与实测值的偏差极大。因此他们在弹性理论解的基础上提出了以下半经验半理论的计算方法

$$S_i = \xi_i(a_0, \nu) \frac{E_0}{\phi_i \sqrt{F}} \sqrt{\frac{p}{p_0}} \qquad (6-95)$$

式中,i 代表振动类型,$i = z$(抗压)、x(抗剪)、ψ(抗扭)、φ(抗弯);$\phi_i(i = z、x、\psi、\varphi)$ 为与基础底面有关的参数。确定方法可参阅原著《土——基础的振动与隔振》。

6.5.3 GB 50040—1996《动力机器基础设计规范》采用的方法

均质天然地基的抗压刚度系数 S_z 可以由表 6-13 确定。表中所列值适用于基础底面积 $F \geqslant 20m^2$ 的基础,当底面积 $F < 20m^2$ 时应按下式进行修正

$$S_z(\text{修正}) = S_z \sqrt[3]{20/F} \qquad (6-96)$$

可以看出,这种修正关系认为抗压刚度系数与 $\sqrt[3]{F}$ 成反比,比理论公式给出的与 $\sqrt{F}$ 成反比的关系相比,刚度系数随基础底面积的变化要缓慢一些。

表 6-13　均质天然地基抗压刚度系数 S_z 值　　　　（单位：kN/m³）

地基承载力的标准值 f_k/kPa	土的名称		
	黏性土	粉土	砂土
300	66000	59000	52000
250	55000	49000	44000
200	45000	40000	36000
150	35000	31000	28000
100	25000	22000	18000
80	18000	16000	

注：表中 f_k 值不按基础的宽度和深度进行修正。

当基础底下一定深度（两倍基础宽度 d）范围由不同土层组成时,如图 6-28 所示,其抗压刚度系数 S_z 按下式计算

$$S_z = \frac{0.667}{\sum_{i=1}^{n} \frac{1}{S_{zi}} \left(\frac{1}{1+\xi_{i-1}} - \frac{1}{1+\xi_i} \right)} \qquad (6-97)$$

$$\xi_i = \frac{h_i}{d} \qquad (6-98)$$

式中,S_i 为第 i 层土的抗压刚度系数（kN/m³）;ξ_{i-1} 和 ξ_i 为第 $i-1$ 层土和第 i 层土的底

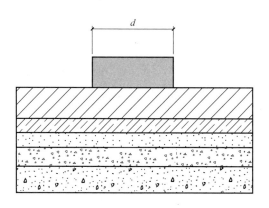

图 6-28　多层地基土

面埋深比；d 为方形基础边长（m），对于其他形状的基础，d 取 $\sqrt{F}$，F 为基础底面积（m^2）；h_i 为从基础底至第 i 层土底面的深度。对于第一层土（即 $i=1$），取 $\xi_0=0$。

根据工程经验，均质天然地基的抗剪刚度系数 S_x（kN/m^3）、抗弯刚度系数 S_φ（kN/m^3 · rad）、抗扭刚度系数 S_ψ（kN/m^3 · rad）与抗压刚度系数 S_z（kN/m^3）的关系为

$$S_x = 0.7S_z \tag{6-99a}$$

$$S_\varphi = 2.15S_z \tag{6-99b}$$

$$S_\psi = 1.05S_z \tag{6-99c}$$

不同振动类型的刚度系数的单位是不一样的，这种关系也适用于成层土地基。

对于有一定埋深的埋置基础，埋深提高系数的计算公式如下

$$\alpha_z = (1+0.4\delta_b)^2 \leqslant 1.538 \tag{6-100a}$$

$$\alpha_{x\varphi} = (1+1.2\delta_b)^2 \leqslant 2.96 \tag{6-100b}$$

式中，$\delta_b = h_t/\sqrt{F}$，称为基础埋深比，h_t 为基础的埋深，当 $\delta_b>0.6$ 时，取 $\delta_b=0.6$。也就是说，提高系数的取值不会随着基础埋深的增大而无限增大。另外可以看出，埋深对地基抗剪、抗弯和抗扭刚度的影响要比抗压刚度的影响大得多。回填土需要保证一定的施工质量才可考虑基础埋深的影响。如果基础四周无回填土或设计中不考虑其对地基刚度的提高作用，则 $\alpha_z = \alpha_{x\varphi} = 1$。

淤泥及淤泥质土的基础埋深作用，按下式公式计算

$$\alpha_x = (1+0.2\delta_b)^2 \tag{6-101a}$$

$$\alpha_{x\varphi} = (1+0.5\delta_b)^2 \tag{6-101b}$$

当埋深基础与混凝土地面刚性连接时，地基抗弯、抗剪及抗扭刚度应分别乘以提高系数 α_1。对于软弱地基，α_1 采用 1.4，对于其他地基应适当减小。如基础四周无刚性地面或设计中不考虑地面作用，则 $\alpha_1=1$。

例 6-4　机器和基础重 300kN，基础面积为 3m×3m，基础埋深 0.5m。地基土分布如图 6-29 所示，阻尼比 $D=0.2$。机器产生的动荷载为 $Q=46kN×\sin(15.7t)$。求：

（1）计算地基土的抗压刚度系数 S_z 及抗压刚度 K_z。

（2）采用集总参数法分析基础的有阻尼自振频率 f 以及共振频率。

（3）采用集总参数法分析工作状态下基础的振幅。

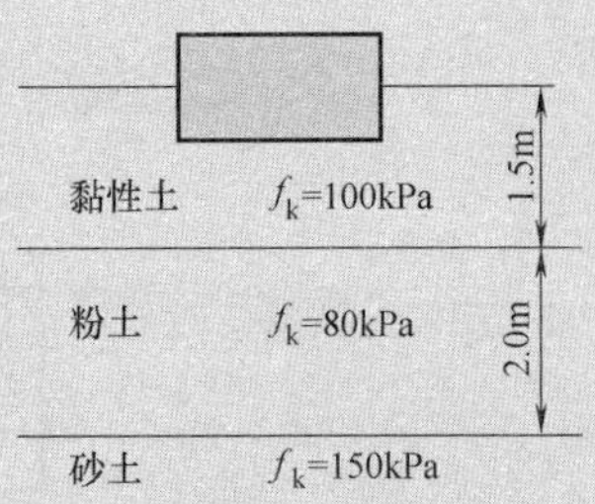

解：（1）地基刚度 查表 6-13 可知：黏性土，$f_k = 100\text{kPa}$，$S_z = 25000\text{kN/m}^3$；粉土，$f_k = 80\text{kPa}$，$S_z = 16000\text{kN/m}^3$；砂土，$f_k = 150\text{kPa}$，$S_z = 28000\text{kN/m}^3$。

因为面积 $A = 9\text{m}^2 < 20\text{m}^2$，要对面积进行修正。

面积修正系数 $\beta = \sqrt[3]{\dfrac{20}{A}} = \sqrt[3]{\dfrac{20}{9}} = 1.30$

图 6-29 地基土分布

基础为方形基础，所以影响深度 $h_d = 2d = 6\text{m}$

多层土的抗压刚度系数

$$S_z = \beta \dfrac{2/3}{\displaystyle\sum_{i=1}^{n} \dfrac{1}{S_{zi}}\left(\dfrac{1}{1+\dfrac{2h_{i-1}}{h_d}} - \dfrac{1}{1+\dfrac{2h_i}{h_d}} \right)} \text{kN/m}^3 = 27446\text{kN/m}^3$$

基础埋深 0.5m，深度修正系数

$$\delta_b = \dfrac{h_t}{\sqrt{A}} = \dfrac{0.5}{3} = \dfrac{1}{6}$$

$$\alpha_z = (1 + 0.4\delta_b)^2 = 1.14$$

抗压刚度

$$K_z = \alpha_z S_z A = 1.14 \times 27446 \times 9 \text{kN/m} = 281596\text{kN/m}$$

（2）振动系统的频率

$$f_n = \dfrac{1}{2\pi}\sqrt{\dfrac{k}{m}} = \dfrac{1}{2\pi}\sqrt{\dfrac{281596 \times 9.81}{300}} \text{r/s} = 15.27\text{r/s}$$

有阻尼自振频率

$$f_d = f_n\sqrt{1-D^2} = 15.27 \times \sqrt{1-0.2^2}\text{r/s} = 14.96\text{r/s}$$

共振频率

$$f_m = f_n\sqrt{1-2D^2} = 15.27 \times \sqrt{1-2\times0.2^2}\text{r/s} = 1.64\text{r/s}$$

（3）振幅

工作频率 $f = \dfrac{\omega}{2\pi} = \dfrac{15.7}{2\pi} = 2.50\text{r/s}$，$D = 0.2$，$\dfrac{f}{f_n} = \dfrac{2.50}{15.27} = 0.164$

$$\omega_n = 2\pi f_n = 2\pi \times 15.27\text{rad/s} = 95.94\text{rad/s}$$

$$A_z = \dfrac{Q_0/k}{\sqrt{\left(1-\dfrac{\omega^2}{\omega_n^2}\right)^2 + 4D^2\times\dfrac{\omega^2}{\omega_n^2}}} = \dfrac{46/281596}{\sqrt{\left(1-\dfrac{15.7^2}{95.94^2}\right)^2 + 4\times0.2^2\times\dfrac{15.7^2}{95.94^2}}}\text{mm} = 0.1947\text{mm}$$

6.6　桩基的集总参数

在动力机器基础设计中，桩基可用来提高地基刚度，减少基础振幅。由于桩基的竖向承载性能远高于其水平承载性能，因此桩基础主要用来提高地基的抗压刚度和抗弯刚度。在动力作用下，桩、桩间土和承台是一个复杂的相互作用系统。这里介绍 GB 50040—1996《动力机器基础设计规范》中给出的计算桩基刚度、参振质量和阻尼比的经验方法。

6.6.1　桩基的刚度

桩基抗压刚度的计算方法与桩基竖向承载力的计算方法类似。单桩抗压刚度与桩周土和桩端土的刚度有关，桩基的整体刚度为单桩刚度的叠加。

预制桩或打入式灌注桩的单桩抗压刚度按下式计算

$$k_{pz} = \sum S_{p\tau} A_{p\tau} + S_{pz} A_p \tag{6-102}$$

式中，k_{pz} 为单桩的抗压刚度（kN/m）；$S_{p\tau}$ 为桩周各层土的当量抗剪刚度系数（kN/m³）；$A_{p\tau}$ 为各层土中的桩周表面积（m²）；S_{pz} 为桩端土的当量抗压刚度系数（kN/m³）；A_p 为桩的截面积（m²）。

当桩的间距为 4~5 倍桩截面的直径或边长时，桩周各层土的当量抗剪刚度系数 $S_{p\tau}$ 可按表 6-14 采用，桩端土层的当量抗压刚度系数 S_{pz} 值可按表 6-15 采用。

表 6-14　桩周土的当量抗剪刚度系数 $S_{p\tau}$ 值　　　（单位：kN/m³）

土的名称	土的状态	当量抗剪刚度系数 $k_{p\tau}$
淤泥	饱和	6000~7000
淤泥质土	天然含水量 45%~50%	8000
黏性土、粉土	软塑	7000~10000
	可塑	10000~15000
	硬塑	15000~25000
粉砂、细砂	稍密~中密	10000~15000
中砂、粗砂、砾砂	稍密~中密	20000~25000
圆砾、卵石	稍密	15000~20000
	中密	20000~30000

表 6-15　桩端土层的当量抗压刚度系数 S_{pz} 值　　　（单位：kN/m³）

土的名称	土的状态	桩尖埋置深度	当量抗压刚度系数 S_{pz}
黏性土、粉土	软塑、可塑	10~20	500000~800000
	软塑、可塑	20~30	800000~1300000
	硬塑	20~30	1300000~1600000
粉砂、细砂	中密、密实	20~30	100000~1300000
中砂、粗砂、砾砂	中密	7~15	100000~1300000
圆砾、卵石	密实		1300000~2000000
页岩	中等风化	—	1500000~2000000

桩基的抗压刚度 K_{pz} 按下式计算

$$K_{pz} = n_p k_{pz} \tag{6-103}$$

式中，K_{pz} 为桩基抗压刚度（kN/m）；n_p 为桩数。

桩基抗弯刚度 $K_{p\varphi}$ 按下式计算

$$K_{p\varphi} = k_{pz} \sum_{i=1}^{n} \gamma_i^2 \tag{6-104}$$

式中，γ_i 为第 i 根桩的轴线至基础底面形心回转轴的距离（m）；n 为桩数。

预制桩和灌注桩桩基的抗剪和抗扭刚度的确定方法较上述方法略有不同，考虑到承台底土层对桩基的抗剪刚度和抗扭刚度有重要的影响，根据经验采用天然地基抗剪刚度和抗扭刚度的 1.4 倍，且当采用端承桩或桩上部土层的地基承载力标准值 $f_k \geqslant 200\text{kPa}$ 时，桩基抗剪刚度和抗扭刚度不应大于相应的天然地基抗剪刚度和抗扭刚度。

6.6.2 桩基的参振质量

计算预制桩或打入式灌注桩桩基的固有频率和振动线位移时，其竖向、水平向总质量以及基组的总转动惯量应按下列公式计算

桩基竖向总质量 $m_{sz} = m + m_0 \tag{6-105a}$

桩基水平回转向总质量 $m_{sx} = m + 0.4 m_0 \tag{6-105b}$

基组通过其重心 x、y 轴的总转动惯量 $I' = I_0 \left(1 + \dfrac{0.4 m_0}{m} \right) \tag{6-105c}$

基组通过其重心 z 轴的总极转动惯量 $J'_z = J_{zz} \left(1 + \dfrac{0.4 m_0}{m} \right) \tag{6-105d}$

式中，m_0 为桩和桩间土参加振动的当量质量，按照下式计算

$$m_0 = l_t b d \rho \tag{6-106}$$

式中，l_t 为桩的折算长度，按表 6-16 采用；b 为基础底面的宽度；d 为基础底面的长度；ρ 为地基土的天然密度。

表 6-16　桩的折算长度 l_t

桩的入土深度/m	桩的折算长度/m
$\leqslant 10$	1.8
$\geqslant 15$	2.4

注：当桩的入土深度为 10~15m 时，可用插入法求 l_t。

6.6.3 桩基的阻尼比

桩基竖向阻尼比 D_{pz} 按下列公式计算

桩基承台底下为黏性土 $D_{pz} = \dfrac{0.2}{\sqrt{m}} \tag{6-107a}$

桩基承台底下为砂土、粉土 $D_{pz} = \dfrac{0.14}{\sqrt{m}} \tag{6-107b}$

桩基承台底与地基土脱空、端承桩

$$D_{pz} = \frac{0.10}{\sqrt{\overline{m}}}$$　　　　　(6-107c)

式中，$\overline{m}$ 为基组质量比，按式 (6-82) 计算。

桩基水平回转向阻尼比 $D_{px\varphi}$、扭转向阻尼比 $D_{p\psi}$ 与阻尼比 D_{pz} 的关系为

$$D_{p\psi} = D_{px\varphi} = 0.5 D_{pz}$$　　　　　(6-108)

计算桩基阻尼比时，可计入桩基承台埋深对阻尼比的提高作用，提高后的桩基竖向阻尼比 D'_{pz}、水平回转向阻尼比 $D'_{px\varphi}$ 以及扭转向阻尼比 $D'_{p\psi}$ 可按下列规定计算：

（1）摩擦桩

$$D'_{pz} = D_{pz}(1 + 0.8\delta)$$　　　　　(6-109a)

$$D'_{p\psi} = D'_{px\varphi} = D_{px\varphi}(1 + 0.6\delta)$$　　　　　(6-109b)

（2）端承桩

$$D'_{pz} = D_{pz}(1 + \delta)$$　　　　　(6-110a)

$$D'_{p\psi} = D'_{px\varphi} = D_{px\varphi}(1 + 1.4\delta)$$　　　　　(6-110b)

式中，δ 为承台的埋深比。

例 6-5　图 6-30 给出的桩基础。预制混凝土方桩，边长为 450mm，桩长 15m。钢筋混凝土承台置于地表（不考虑埋深），长 $l = 4.1$m，宽 $b = 2.05$m，高 $h = 2.1$m。地基土为软塑黏土，液性指数 $I_L = 0.94$，重度为 17.5kN/m³。求该桩基础的以下动力特性参数：

（1）桩基竖向抗压刚度 K_{pz} 和桩基抗弯刚度 $K_{p\varphi}$（绕 b 轴）。

（2）桩基竖向振动和摇摆振动（绕 b 轴）的无阻尼自振频率。

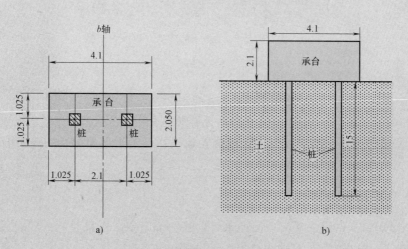

图 6-30　桩基础（尺寸单位：m）

a）平面图　b）立面图

解：（1）桩基的刚度　查表 6-14 得桩基的抗剪刚度系数 $S_{p\tau} = 7000$kN/m³，查表 6-15 得桩端土层的当量抗压刚度系数 $S_{pz} = 500000$kN/m³。

单桩抗压刚度 $k_{pz} = \sum S_{p\tau} A_{p\tau} + S_{pz} A_p = [7000 \times 10 \times (4 \times 0.45) + 500000 \times (0.45 \times 0.45)]$

$= (126000 + 101250)$kN/m $= 227250$kN/m $\approx 2.27 \times 10^5$kN/m

桩基抗压刚度 $K_{pz} = nk_{pz} = 2 \times 2.27 \times 10^5 \, \text{kN/m} = 4.54 \times 10^5 \, \text{kN/m}$

桩基抗弯刚度 $K_{p\varphi} = k_{pz} \sum_{i=1}^{n} \gamma_i^2 = 4.54 \times 10^5 \times 1.05^2 \times 2 \, \text{kN} \cdot \text{m} = 10.01 \times 10^5 \, \text{kN} \cdot \text{m}$

（2）桩基无阻尼自振频率

基础的质量 $m = \rho V = 2.1 \times 2.05 \times 4.1 \times 2.5 \, \text{t} = 44.13 \, \text{t}$

查表 6-16 得桩的折算长度 $l_t = 1.8 \, \text{m}$，桩和桩间土参加振动的当量质量

$$m_0 = l_t b d \rho = 1.8 \times 2.05 \times 4.1 \times 1.75 \, \text{t} = 26.48 \, \text{t}$$

桩基竖向总质量 $m_{sz} = m + m_0 = (44.13 + 26.48) \, \text{t} = 70.61 \, \text{t}$

桩基竖向无阻尼自振频率 $f = \dfrac{1}{2\pi} \sqrt{\dfrac{K_{pz}}{m_{sz}}} = \dfrac{1}{2\pi} \times \sqrt{\dfrac{4.54 \times 10^5}{70.61}} \, \text{Hz} = 12.77 \, \text{Hz}$

基础通过其重心轴的转动惯量 $I_0 = \dfrac{m}{12}(h^2 + l^2) = \dfrac{26.48}{12} \times (2.1^2 + 4.1^2) \, \text{t} \cdot \text{m}^2 = 46.37 \, \text{t} \cdot \text{m}^2$

基础通过其重心轴的总转动惯量

$$I' = I_0 \left(1 + \dfrac{0.4 m_0}{m}\right) = 46.37 \times \left(1 + \dfrac{0.4 \times 26.5}{44.13}\right) \, \text{t} \cdot \text{m}^2 = 57.51 \, \text{t} \cdot \text{m}^2$$

桩基摇摆振动的无阻尼自振频率

$$f = \dfrac{1}{2\pi} \sqrt{\dfrac{K_{p\varphi}}{I'}} = \dfrac{1}{2\pi} \times \sqrt{\dfrac{10.01 \times 10^5}{57.51}} \, \text{Hz} = 21.01 \, \text{Hz}$$

6.7* 基础的滑移—摇摆耦合振动

在机器基础振动分析中，最常遇到的耦合振动是滑移—摇摆耦合振动。无论是压缩机基础还是回转式机器基础，都会产生这种耦合振动。在以下给出的滑移—摇摆耦合振动分析中，均未考虑地基土的参振质量。

6.7.1 耦合振动微分方程

如图 6-31 所示，作用于基础顶面的水平向扰力和弯矩，可以转化为经过基础重心（G点）的水平向扰力 Q 及弯矩 M 的组合力系。当仅有过重心的水平向扰力 Q 的作用时，除了产生滑移振动外，基底的剪力 P 对重心产生一个弯矩作用，从而引起摇摆振动；当仅有弯矩 M 的作用时，基础绕重心产生摇摆的同时，基底由于产生水平向位移和剪切抗力 P，也会存在滑移振动。因此，上述情况下基础都将产生滑移—摇摆耦合振动。这种耦合振动既可以看作图 6-31a 中绕 O 点的转动（回转半径为 OG），也可以看作图 6-31b 所示的滑移振动和图 6-31c 所示的摇摆振动的组合。

为了便于分析，定义以下参数：h_2 为基础重心 G 的高度，即基础重心距基底的距离；x_g 为基础重心的水平向位移；φ 为基础的转角；x_b 为基底中心处的水平向位移，代表基础底面的水平向平均位移；P 为基础底部的水平向抗力；c_x 为地基抗剪阻尼系数；K_x 为地基

抗剪刚度；M_r 为地基竖向抗力作用于基底的弯矩；I_g 为基础绕过重心 G 的水平转动轴的转动惯量；c_φ 为地基抗弯阻尼系数；K_φ 为地基抗弯刚度。

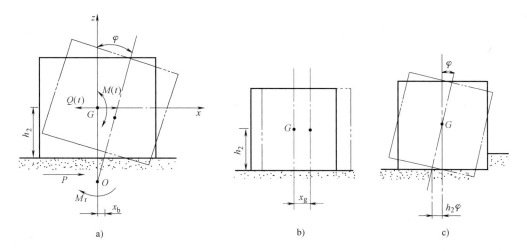

图 6-31　基础的滑移—摇摆耦合振动

a）耦合振动　b）滑移振动　c）绕重心的摇摆振动

根据图 6-31 所示的位移关系，基底中心处的水平向位移可表示为

$$x_b = x_g - h_2\varphi \tag{6-111}$$

因此，基底水平向平均应力 P 可表示为

$$P = -c_x(\mathrm{d}x_b/\mathrm{d}t) - K_x x_b = -c_x \mathrm{d}(x_g - h_2\varphi)/\mathrm{d}t - K_x(x_g - h_2\varphi)$$

$$= -c_x \dot{x}_g + c_x h_2 \dot{\varphi} - K_x x_g + K_x h_2\varphi \tag{6-112}$$

由作用于刚性基础的水平向力系的平衡可以建立基础滑移振动的微分如下

$$P + Q(t) = m\ddot{x}_g \tag{6-113}$$

将式（6-112）代入式（6-113）得

$$m\ddot{x}_g + c_x \dot{x}_g + K_x x_g - c_x h_2 \dot{\varphi} - K_x h_2\varphi = Q(t) \tag{6-114}$$

由作用于基础的弯矩平衡条件得

$$M(t) + M_r - h_2 P = I_g \ddot{\varphi} \tag{6-115}$$

式中，M_r 代表地基竖向抗力作用于基础的弯矩；$-h_2 P$ 代表地基水平向抗力作用于基础重心的弯矩。

由于

$$M_r = -c_\varphi \dot{\varphi} - K_\varphi \varphi \tag{6-116}$$

将式（6-112）和式（6-116）代入式（6-115）并整理得

$$I_g \ddot{\varphi} + (c_\varphi + c_x h_2^2)\dot{\varphi} + (K_\varphi + K_x h_2^2)\varphi - h_2(c_x \dot{x}_g + K_x x_g) = M(t) \tag{6-117}$$

式（6-114）和式（6-117）就构成了基础滑移—摇摆耦合振动的微分方程，每个方程中都有两个需要求解的变量：x_g 和 φ。振动方程的形式与第 2 章中介绍的双自由度振动体系的相似，因此可以采用双自由度振动体系的分析方法进行求解。

舍去方程组右边的常量，成为齐次微分方程组，假定 $x_g = A\sin(\omega_n t)$ 和 $\theta = B\sin(\omega_n t)$ 为其特解，由此可以得到频率方程为

$$\left[\omega_n^4 - \omega_n^2\left(\frac{\omega_{n\varphi}^2 + \omega_{nx}^2}{\delta} - \frac{4D_\varphi D_x \omega_{n\varphi}\omega_{nx}}{\delta}\right) + \frac{\omega_{n\varphi}^2 \omega_{nx}^2}{\delta}\right]^2 +$$

$$4\left[\frac{D_x \omega_{nx}\omega_n}{\delta}(\omega_{n\varphi}^2 - \omega_n^2) + \frac{D_\varphi \omega_{n\varphi}\omega_n}{\delta}(\omega_{nx}^2 - \omega_n^2)\right] = 0 \tag{6-118}$$

式中，D_x、D_φ 分别为滑移振动和摇摆振动的阻尼比［式（6-46）、式（6-47）］；ω_{nx}、$\omega_{n\varphi}$ 分别为滑移振动和摇摆振动的无阻尼自振圆频率，即 $\omega_{nx} = \sqrt{K_x/m}$，$\omega_{n\varphi} = \sqrt{K_\varphi/I_0}$；$\delta$ 为转动惯量比，即 $\delta = I_g/I_0$，其中 I_0 为基础绕底部中心轴转动的转动惯量［式（6-27）］。

6.7.2　仅考虑弯矩作用下的振动

Prakash 和 Puri（1981，1988）给出了仅考虑弯矩作用，且 $M(t) = M_y\sin(\omega t)$ 情况下的滑移—摇摆耦合振动的振幅解

$$A_{xg} = \left(\frac{M_y}{I_g}\right)\frac{\left[(\omega_{nx}^2)^2 + (2D_x\omega_{nx})^2\right]^{1/2}}{\Delta\omega^2} \tag{6-119a}$$

$$A_\theta = \left(\frac{M_y}{I_g}\right)\frac{\left[(\omega_{nx}^2 - \omega^2)^2 + (2D_x\omega_{nx}\omega)^2\right]^{1/2}}{\Delta\omega^2} \tag{6-119b}$$

其中

$$\Delta(\omega^2) = \left\{\left[\omega^4 - \omega^2\left(\frac{\omega_{n\varphi}^2 + \omega_{nx}^2}{\delta} - \frac{4D_\varphi D_x \omega_\varphi \omega_{nx}}{\delta}\right) + \frac{\omega_{n\varphi}^2 \omega_{nx}^2}{\delta}\right]^2 + \right.$$

$$\left.4\left[\frac{D_x \omega_{nx}\omega}{\delta}(\omega_{n\varphi}^2 - \omega^2) + \frac{D_\varphi \omega_{n\varphi}\omega}{\delta}(\omega_{nx}^2 - \omega^2)\right]^2\right\}^{1/2} \tag{6-119c}$$

6.7.3　水平扰力作用于基础顶面的振动

如图 6-32 所示，在基础顶面作用一水平扰力 $Q(t) = Q_0\sin(\omega t)$，扰力与距离基础重心 G 的距离为 h_3，在基础重心处产生的弯矩 $M(t) = Q_0 h_3\sin(\omega t)$。根据前面给出的基础滑移—摇摆耦合振动的微分方程［式（6-114）和式（6-117）］，可以得到这种情况下的振动微分方程为

$$m\ddot{x}_g + c_x\dot{x}_g + K_x x_g - c_x h_2\dot{\varphi} - K_x h_2\varphi = Q_0\sin(\omega t) \tag{6-120a}$$

$$I_g\ddot{\varphi} + (c_\varphi + c_x h_2^2)\dot{\varphi} + (K_\varphi + K_x h_2^2)\varphi - h_2(c_x\dot{x}_g + K_x x_g) = Q_0 h_3\sin(\omega t) \tag{6-120b}$$

采用振型分解法，并假定阻尼矩阵 $\boldsymbol{C}$ 和刚度矩阵 $\boldsymbol{K}$ 之间的关系为

$$\boldsymbol{C} = \alpha\boldsymbol{K} \tag{6-121}$$

式中，α 是一个系数。可以得到两个主振型的频率如下（王锡康和谷耀武，1995）

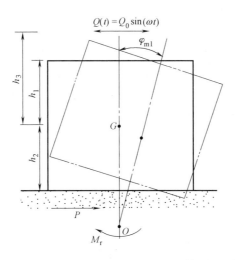

图 6-32 水平作用力造成的水平回转耦合振动

$$\lambda_{1,2}{}^{2}=\frac{1}{2}\left[\left(\lambda_{x}^{2}+\lambda_{\varphi}^{2}\right)\mp\sqrt{\left(\lambda_{x}^{2}+\lambda_{\varphi}^{2}\right)^{2}-4\lambda_{x}^{2}\left(\lambda_{x}^{2}-\frac{mh_{2}^{2}\lambda_{x}^{2}}{I_{g}}\right)}\right] \tag{6-122}$$

式中，λ_{x}、λ_{φ} 分别为基础滑移振动和摇摆振动的无阻尼固有频率，表示为

$$\lambda_{x}^{2}=\frac{K_{x}}{m} \tag{6-123a}$$

$$\lambda_{\varphi}^{2}=\frac{K_{\varphi}+K_{x}h_{2}^{2}}{I_{g}} \tag{6-123b}$$

式中，I_{g} 为机器基础对通过质心的旋转轴的质量惯性矩。

基础重心的水平振幅 A_{x} 和摇摆振幅 A_{φ} 表达式如下

$$A_{x}=\sqrt{A_{x1}^{2}+A_{x2}^{2}+2A_{x1}A_{x2}\cos\left(\theta_{1}-\theta_{2}\right)} \tag{6-124a}$$

$$A_{\varphi}=\sqrt{A_{\varphi1}^{2}+A_{\varphi2}^{2}+2A_{x\varphi1}A_{x\varphi2}\cos\left(\theta_{1}-\theta_{2}\right)} \tag{6-124b}$$

式中，A_{x1}、A_{x2} 分别为第一振型和第二振型对质心做水平振动的反应；$A_{\varphi1}$、$A_{\varphi2}$ 分别为第一振型和第二振型对质心做摇摆振动的反应；θ_{1}、θ_{2} 分别为第一和第二振型的动力反应与扰力间的相位角。

这些变量的表达式如下

$$A_{xi}=\frac{Q_{0}(\rho_{i}+h_{3})\rho_{i}}{(I_{g}+m\rho_{i}^{2})\lambda_{i}^{2}}\eta_{i} \quad (i=1,2) \tag{6-125a}$$

$$A_{\varphi i}=\frac{A_{xi}}{\rho_{i}} \quad (i=1,2) \tag{6-125b}$$

$$\theta_{i}=\mathrm{atan}\frac{2D_{x\varphi i}\omega\lambda_{i}}{\lambda_{i}^{2}-\omega^{2}} \quad (i=1,2) \tag{6-125c}$$

式中，ρ_{1}、ρ_{2} 分别为第一、第二振型的转动中心（O 点）至基础重心（G 点）的距离，也就是回转半径；η_{1}、η_{2} 分别对应于第一、第二振型在扰力作用下的动力系数；$D_{x\varphi1}$、$D_{x\varphi2}$ 分别为第一、第二振型的阻尼比。

以上各参数的定义如下

$$\rho_i = h_2 / \left(1 - \frac{\lambda_1^2}{\lambda_x^2}\right) \qquad (i=1,2) \tag{6-125d}$$

$$D_{x\varphi 1} = \frac{1}{2}\alpha\lambda_1, \quad D_{x\varphi 2} = \frac{1}{2}\frac{\lambda_2}{\lambda_1}D_{x\varphi 1} \tag{6-125e}$$

根据以上分析结果，王锡康和谷耀武（1995）还提出了一种考虑地基土参振质量的分析方法，读者可参阅原文。

如果忽略阻尼作用，则滑移—摇摆耦合振动的微分方程为

$$m\ddot{x}_g + K_x x_g - K_x h_2 \varphi = Q_0 \sin(\omega t) \tag{6-126a}$$

$$I_g\ddot{\varphi} + (K_\varphi + K_x h_2{}^2)\varphi - K_x h_2 x_g = Q_0 h_3 \sin(\omega t) \tag{6-126b}$$

无阻尼的情况下，响应与扰力同步，因此假定 $x_g = A_x \sin(\omega t)$ 和 $\varphi = A_\varphi \sin(\omega_n t)$ 为其解，代入上式得

$$-m\omega^2 A_x + K_x A_x - K_x h_2 A_\varphi = Q_0 \tag{6-127a}$$

$$-I_g\omega^2 A_\varphi + (K_\varphi + K_x h_2{}^2)A_\varphi - K_x h_2 A_x = Q_0 h_3 \tag{6-127b}$$

由上两式可以解得基础重心处的滑移振幅 A_x 及摇摆振幅 A_φ。

6.8* 冲击式机器基础的振动

冲击式机器的基础受到的是冲击荷载，既要考虑冲击能量的消散和吸收问题，也要考虑基础的振动问题。图 6-33 给出了一个典型的锻锤基础的构造。锻造材料放在砧板座上经受锻锤的反复击打，砧板与基础之间设置垫层，吸收锤头对砧板的冲击的能量。砧板、垫层和地基构成图 6-33 所示的双自由度振动系统，假定砧板和基础为刚性质量块，垫层和地基等效为无质量的弹簧。

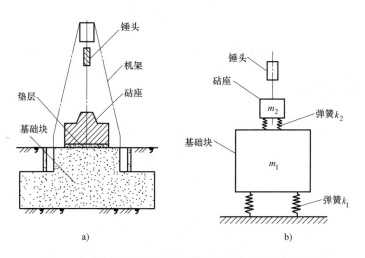

图 6-33 冲击式机器的基础及简化的双自由度振动系统

（普拉卡什，1984）

定义以下参数以便于分析：m_1 为基础及安装在基础上的机架的质量；m_2 为砧板质量；k_1 为地基土的弹簧刚度；k_2 为砧板下弹性垫层的弹簧刚度，$k_2 = A_2 E/b$（其中 A_2、E 和 b 分别为垫层的底面积、弹性模量和厚度）；z_1 为从平衡位置算起的基础位移；z_2 为从平衡位置算起的砧板位移；ω_{na} 为弹性垫层上砧板的自振圆频率，$\omega_{na} = \sqrt{k_2/m_2}$；$\omega_{nl}$ 为地基土上基础和砧板的自振圆频率，$\omega_{na} = \sqrt{k_2/(m_1 + m_2)}$；$\mu$ 为基础和砧板的质量比，$\mu = m_2/m_1$。

该系统的自由振动微分方程为

$$m_1 \ddot{z}_1 + k_1 z_1 + k_2(z_1 - z_2) = 0 \tag{6-128a}$$

$$m_2 \ddot{z}_2 + k_2(z_2 - z_1) = 0 \tag{6-128b}$$

假定 $z_1 = A\sin(\omega_n t)$ 和 $z_2 = B\sin(\omega_n t)$ 为其特解，由此可以得到频率方程为

$$\omega_n^4 - (1+\mu)(\omega_{na}^2 + \omega_{nl}^2)\omega_n^2 + (1+\mu)\omega_{na}^2 \omega_{nl}^2 = 0 \tag{6-129}$$

由此解得该振动系统得两个自振频率为

$$\omega_{n1,2}^2 = \frac{1}{2}\left\{(1+\mu)(\omega_{na}^2 + \omega_{nl}^2) \pm \sqrt{[(1+\mu)(\omega_{na}^2 + \omega_{nl}^2)]^2 - 4(1+\mu)\omega_{na}^2 \omega_{nl}^2}\right\} \tag{6-130}$$

假设自由振动微分方程的通解为两个主振型的组合，即

$$z_1 = A_1\sin(\omega_{n1} t) + A_2\cos(\omega_{n1} t) + B_1\sin(\omega_{n2} t) + B_2\cos(\omega_{n2} t) \tag{6-131a}$$

$$z_2 = \alpha_1 A_1\sin(\omega_{n1} t) + \alpha_1 A_2\cos(\omega_{n1} t) + \alpha_2 B_1\sin(\omega_{n2} t) + \alpha_2 B_2\cos(\omega_{n2} t) \tag{6-131b}$$

式中，A_1、A_2 和 B_1、B_2 为由运动起始条件决定的任意常数；α_1 和 α_2 与砧板和基础的运动方式有关。

运动的初始条件为

当 $t=0$ 时 $\qquad\qquad z_1 = z_2 = 0，\dot{z}_1 = 0，\dot{z}_2 = v_a \tag{6-132}$

由此求得各常数的值并进一步整理得到

$$z_1 = \frac{(\omega_{na}^2 - \omega_{n1}^2)(\omega_{na}^2 - \omega_{n2}^2)}{\omega_{na}^2(\omega_{n1}^2 - \omega_{n2}^2)}\left(\frac{\sin\omega_{n1} t}{\omega_{n1}} - \frac{\sin\omega_{n2} t}{\omega_{n2}}\right)v_a \tag{6-133a}$$

$$z_2 = \left[\frac{(\omega_{na}^2 - \omega_{n2}^2)\sin\omega_{n1} t}{\omega_{n1}} - \frac{(\omega_{na}^2 - \omega_{n1}^2)\sin\omega_{n2} t}{\omega_{n2}}\right]\frac{v_a}{\omega_{n1}^2 - \omega_{n2}^2} \tag{6-133b}$$

现场观测表明（巴尔坎，1962），振动仅出现在频率较低的时候，故可以假定高频振型（ω_{n1}）的贡献为 0。这样，基础和砧板的最大位移可近似表示为

$$z_{1max} = \frac{(\omega_{na}^2 - \omega_{n1}^2)(\omega_{na}^2 - \omega_{n1}^2)}{\omega_{na}^2(\omega_{n1}^2 - \omega_{n2}^2)\omega_{n2}}v_a \tag{6-134a}$$

$$z_{2max} = \frac{(\omega_{na}^2 - \omega_{n1}^2)}{(\omega_{n1}^2 - \omega_{n2}^2)\omega_{n2}}v_a \tag{6-134b}$$

锻锤锤击后砧板的运动速度 v_a 可以根据动量守恒公式求得

$$v_a = v_{Ti}\frac{1+e}{1+\dfrac{W_2}{W_0}} \tag{6-135}$$

式中，v_{Ti} 为锻锤锤击前的速度；e 为弹性恢复系数（$0 < e < 1$），具体数值取决于两碰撞物体的材料；W_0、W_2 分别为锻锤和砧板的重量。

6.9* 块体模型基础激振试验

6.9.1 概述

确定地基集总参数的方法，除了弹性理论法，工程中应用范围较广的还有经验法和现场试验法。对于一般的动力机器，可采用经验法确定；如果是重型或大型振动机器；特殊的或重要的设备及特殊地基或地质变化较大的情况，应通过现场试验来确定地基刚度。

块体模型基础激振试验适用于测试天然地基、人工地基和桩基的动力特性，为机器基础的振动和隔振设计提供动力参数。根据激振方式的不同可以分为块体基础自由振动试验和块体基础强迫振动试验。属于周期性振动的机器基础，应采用强迫振动测试。根据基础振动类型的不同，试验可以分为竖向试验、水平回转向试验和扭转向试验。按照基础的埋置方式的不同，试验可以分为明置和埋置两种。应当根据试验目的来选用相应的试验方法。

激振试验测试得到的是自由振动或者强迫振动过程中基础平动或转动的速度或加速度。自由振动试验分析的是基础的自由振动时程曲线，即位移（转角）与时间的关系曲线；强迫振动分析的是稳态激振下基础的位移或转角幅值的频响曲线。通过这些曲线可以获得地基或桩基的集总参数。对于竖向振动和扭转振动，测试数据分析基于单质点振动体系自由振动或强迫振动理论。对于水平—回转耦合振动，测试数据分析基于双自由度振动体系自由振动或强迫振动理论。

对于天然地基和其他人工地基，块体基础激振法测试可以提供以下动力参数：

1）地基抗压、抗剪、抗弯和抗扭刚度系数。

2）地基竖向和水平回转向第一振型及扭转向的阻尼比。

3）地基竖向和水平回转向及扭转向的参振质量。

对于桩基，块体基础激振法测试可以提供以下动力参数：

1）单桩抗压刚度（单桩唯一的参数）。

2）桩基抗剪和抗扭刚度系数。

3）桩基竖向和水平回转向第一振型及扭转向的阻尼比。

4）桩基竖向和水平回转向及扭转向的参振质量。

由可测试条件和工作条件的差别，测试得到的参数在基础振动分析和基础设计时还需要进行修正，包括基础底面积修正、基底压力修正及埋深修正。

6.9.2 试验仪器和设备

1. 块体基础

块体基础的尺寸一般为 2.0m×1.5m×1.0m，块体基础的混凝土强度等级不宜低于 C15。块体基础应置于设计基础工程的邻近处，其土层结构宜与设计基础的土层结构类似。

块体基础的数量不宜少于 2 个。当根据工程需要，块体数量超过 2 个时，超过部分的基础，可改变其面积或高度。桩基础应采用 2 根桩，桩间距应取设计桩基础的间距。承台边缘至桩轴的距离可取桩间距的 1/2；承台的长宽比应为 2：1，其高度不宜小于 1.6m；当需做不同桩数的对比测试时，应增加桩数及相应承台的面积。

明置基础基坑坑壁至测试基础侧面的距离应大于 500mm；坑底应保持测试土层的原状结构，坑底面应保持水平面。对埋置基础，其四周的回填土应分层夯实。

当采用机械式激振设备时，地脚螺栓的埋置深度应大于 400mm；地脚螺栓或预留孔在测试基础平面上的位置应符合下列要求：

1）竖向振动测试时，激振设备的竖向扰力应与基础的重心在同一竖直线上。

2）作水平振动测试时，水平扰力宜在基础长边方向。

2. 激振设备

自由振动测试时，竖向激振可采用铁球，其质量宜为基础质量的 1/150～1/100。

强迫振动测试的激振器有机械式和电磁式两种。机械式激振器是靠电动机带动偏心块转动来提供一定频率的激振力，如图 6-34 所示。当机械式激振器水平放置时（图 6-34a），可以提供竖向扰力 $F_z(t)$，当机械式激振器竖直放置时（图 6-34b），可以提供水平向扰力 $F_x(t)$。机械式激振器产生的激振力的幅值随着旋转频率的增大而增大，也就是所谓的变扰力。电磁式激振器则不同，提供的激振力不随旋转频率的变化而变化，属于常扰力。

激振器的扰力大小和转速范围的选择由模型基础的质量、底面积和地基土刚度确定。扰力大小应能激起基础—地基系统的整体振动，其振幅值与实际基础振幅值大体相当；转速范围应能将基础—地基系统的频率包含在内。一般情况下，当采用机械式激振设备时，工作频率宜为 3～60Hz；当采用电磁式激振设备时，其扰力不宜小于 600N。

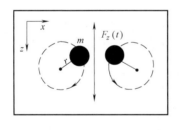

a)

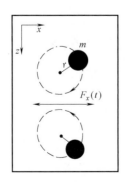

b)

图 6-34 机械式激振器及放置

a）水平放置 b）垂直放置

6.9.3 竖向强迫振动试验

1. 测试方法

1）将激振器安装在块体模型基础顶面，激振力过块体模型基础重心垂直激振；安装机械式激振设备时，应将地脚螺栓拧紧，在测试过程中螺栓不应松动。

2）应在基础顶面沿长度方向轴线的两端各布置一只竖向传感器，如图 6-35 所示。

3）将传感器、放大器、记录仪根据标定槽路联结，检查安装线是否有误，工作是否正常。

4）起动激振器。

5）调节可控电压，由小到大改变转速，调节稳定分段记录，同时用转速表测量激振器转速。幅频响应测试时，激振设备的扰力频率间隔，在共振区外不宜大于 2Hz，在共振区内应小于 1Hz；共振时的振幅不宜大于 150μm。

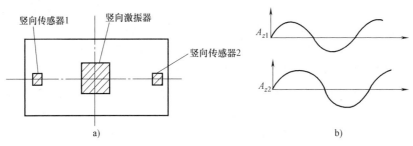

图 6-35　竖向强迫振动设备安装及波形

a）平面布置　b 波形

2. 资料整理与分析（GB/T 50269—2015《地基动力特性测试规范》）

需要求解的参数为地基刚度 K_z、阻尼比 D_z 及参照质量 m。《地基动力特性测试规范》采用了王锡康（1984）给出的考虑地基土参振质量的分析方法。与不考虑地基土参振质量的方法相比，这种方法给出的地基动刚度较大，更接近实际情况。这种方法也可用于模型基础扭转强迫振动的数据处理。

（1）绘制频幅响应曲线　根据测试结果，绘制图 6-36 所示的基础竖向振幅 A_z 随扰力频

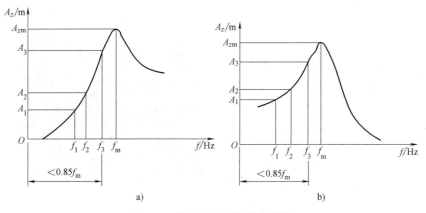

图 6-36　强迫振动幅频响应曲线

a）变扰力　b）常扰力

率 f 变化的曲线，绘制根据这条曲线的峰点，也就是共振点，可以确定基础竖向振动的共振频率 f_m 及共振振幅 A_{zm}。

（2）求地基竖向阻尼比 D_z　变扰力下单质点体系的强迫振动方程为

$$\frac{A_z}{m_0 e/m} = \frac{(\omega/\omega_n)^2}{\sqrt{[1-(\omega/\omega_n)^2]^2+[2D_z(\omega/\omega_n)]^2}} \tag{6-136}$$

共振频率与无阻尼自振频率之间的关系为

$$f_m = f_n/\sqrt{1-2D_z^2} \quad \text{或} \quad \omega_m = \omega_n/\sqrt{1-2D_z^2} \tag{6-137}$$

令 $\eta = \sqrt{1-2D_z^2}$，可得

$$\frac{\omega}{\omega_n} = \frac{\omega}{\omega_m}\frac{\omega_m}{\omega_n} = \frac{\omega}{\omega_m}\frac{1}{\eta} \tag{6-138}$$

这样式（6-136）可转化为

$$\frac{A_z}{m_0 e/m} = \frac{(\omega/\omega_m)^2(1/\eta)^2}{\sqrt{[1-(\omega/\omega_m)^2(1/\eta)^2]^2+[2D_z(\omega/\omega_m)(1/\eta)]^2}} \tag{6-139}$$

$$= \frac{1}{\sqrt{[\eta^2(\omega_m/\omega)^2-1]^2+[2D_z(\omega_m/\omega)\eta]^2}}$$

共振时（$\omega=\omega_m$）有

$$\frac{A_{zm}}{m_0 e/m} = \frac{1}{\sqrt{(\eta^2-1)^2+(2D_z\eta)^2}} \tag{6-140}$$

式（6-139）和式（6-140）左右两边相除可得

$$\left(\frac{A_{zm}}{A_z}\right)^2 = \frac{[\eta^2(\omega_m/\omega)^2-1]^2+[2D_z(\omega_m/\omega)\eta]^2}{(\eta^2-1)^2+(2D_z\eta)^2} = \frac{\eta^4[(\omega_m/\omega)^4-2(\omega_m/\omega)^2]^2+1}{(\eta^2-1)^2+(2D_z\eta)^2} \tag{6-141}$$

这样就建立了频率比 ω/ω_m、振幅比 A_{zm}/A_z 与阻尼比 D_z 的关系。定义参数 α 和 β 分别为频率比和振幅比

$$\alpha = \frac{f_m}{f} = \frac{\omega_m}{\omega}, \quad \beta = \frac{A_{zm}}{A_z} \tag{6-142}$$

则式（6-142）可以转化为

$$\beta^2 = \frac{\eta^4(\alpha^4-2\alpha^2)^2+1}{1-\eta^4} \tag{6-143}$$

进一步变换得

$$\eta^4 = \frac{\beta^2-1}{\alpha^4-2\alpha^2+\beta^2} \tag{6-144}$$

这样，阻尼比 D_z 可以表示为

$$D_z = \sqrt{\frac{1}{2}(1-\eta^2)} = \left[\frac{1}{2}\left(1-\sqrt{\frac{\beta^2-1}{\alpha^4-2\alpha^2+\beta^2}}\right)\right]^{\frac{1}{2}} \tag{6-145}$$

这样就建立了频率比 α、振幅比 β 与阻尼比 D_z 的关系。如果取 $f=f_m/\sqrt{2}=0.707f_m$，即

$\alpha = \sqrt{2}$，则阻尼比 D_z 可表示为

$$D_z = \left[\frac{1}{2}\left(1 - \sqrt{1 - \frac{1}{\beta_{0.707}^2}} \right) \right]^{\frac{1}{2}} = \left[\frac{1}{2}\left(1 - \sqrt{1 - \left(\frac{A_{0.707}}{A_{zm}}\right)^2} \right) \right]^{\frac{1}{2}} \tag{6-146}$$

式中，$A_{0.707}$ 和 $\beta_{0.707}$ 分别为频率比 $\alpha = \sqrt{2}$（$f = 0.707f_m$）对应的振幅和振幅比。

在 A_z-f 曲线上任取一点，求出对应的频率比 α 和振幅比 β，然后采用式（6-146）就可以得到阻尼比 D_z。选取不同的点，计算得到的结果不一定会完全相同。因此，一般在 A_z-f 曲线上选取 $0.85f_m$ 以下不少于三点（图 6-36）分别计算阻尼比 D_z，然后取其算术平均值作为测试结果，即

$$D_z = \frac{1}{n}\sum_{i=1}^{n} D_{zi} \tag{6-147}$$

式中，D_{zi} 为由第 i 点计算得到的地基竖向阻尼比；n 为计算点的数量。当然，也可在 A_z-f 曲线上选取 $f = 0.707f_m$ 的点，采用式（6-146）计算相应的 D_z。

对于常扰力，地基竖向阻尼比的计算公式仍为式（6-145），只需将式（6-142）中频率比定义改为 $\alpha = f/f_m$ 即可。如果选取的点为 $f = f_m/\sqrt{2} = 0.707f_m$，即 $\alpha = 1/\sqrt{2}$，则阻尼比 D_z 的表达式为

$$D_z = \left[\frac{1}{2}\left(1 - \sqrt{1 - \frac{1}{4\beta_{0.707}^2 - 3}} \right) \right]^{\frac{1}{2}} = \left[\frac{1}{2}\left(1 - \sqrt{1 - \frac{1}{4(A_{0.707}/A_{zm})^2 - 3}} \right) \right]^{\frac{1}{2}} \tag{6-148}$$

（3）计算基础竖向无阻尼振动固有频率 f_{nz}

变扰力

$$f_{nz} = f_m\sqrt{1 - 2D_z^2} \tag{6-149a}$$

常扰力

$$f_{nz} = \frac{f_m}{\sqrt{1 - 2D_z^2}} \tag{6-149b}$$

（4）计算基础竖向振动的参振总质量 m_z

变扰力

$$m_z = \frac{e_0 m_0}{A_{zm}} \frac{1}{2D_z\sqrt{1 - D_z^2}} \tag{6-150a}$$

常扰力

$$m_z = \frac{P_0}{A_{zm}(2\pi f_{nz})^2} \frac{1}{2D_z\sqrt{1 - D_z^2}} \tag{6-150b}$$

式中，m_z 为基础竖向振动的参振总质量（t），包括基础、激振设备和地基参加振动的当量质量；m_0 为激振设备旋转部分的质量（t）；e_0 为激振设备旋转部分质量的偏心距（m）；P_0 为电磁式激振设备的扰力幅值（kN）。

由此可以进一步计算得到单位面积基础参振土的质量。

（5）计算地基或桩基的抗压刚度 K_z 和抗压刚度系数 S_z

变扰力

$$K_z = m_z(2\pi f_{nz})^2 \tag{6-151a}$$

常扰力

$$K_z = \frac{P_0}{A_{zm}} \frac{1}{2D_z\sqrt{1 - D_z^2}} \tag{6-151b}$$

$$S_z = \frac{K_z}{A_0} \tag{6-152}$$

式中，A_0 为基础的底面积。

如果是桩基，则按下式计算单桩抗压刚度 k_{pz}

$$k_{pz} = \frac{K_z}{n_p} \tag{6-153}$$

式中，n_p 为模型基础下桩的数量。

3. 简化法

表 6-4 给出了三个频段下的动力反应简化解答及控制参数，低频段主要控制参数是弹簧刚度 K 而共振段主要控制参数为 D，因此可以在低频段（$\omega < 1/2\omega_m$）求刚度，在共振段（$\omega = \omega_m$）求阻尼。根据这种方法，在频响曲线的低频段选取某一点，对应的振幅为 A_z，则地基抗压刚度（忽略阻尼）可表示为

变扰力 $$K_z \approx \frac{m_0 e_0 \omega^2}{A_z} + m\omega^2 \tag{6-154a}$$

常扰力 $$K_z \approx \frac{Q_0}{A_z} \tag{6-154b}$$

求出地基刚度后，在共振区根据共振振幅 A_{zm} 和共振频率 ω_m 确定阻尼比 D_z

当为变扰力时 $$D_z \approx \frac{m_0 e_1 \omega_m^2}{2mA_{zm}} \tag{6-155a}$$

当为常扰力时 $$D_z \approx \frac{Q_0}{2K_z A_{zm}} \tag{6-155b}$$

采用以上方法时，频响曲线一般整理成 $A_z/Q_0\text{-}f$（常扰力）或 $A_z/m_0 e_0\omega^2\text{-}f$（变扰力）关系曲线，纵坐标为按照扰动力归一化的振幅。注意这种分析方法中未考虑参振土的质量。

6.9.4　水平回转向强迫振动试验

1. 测试方法

1）将激振器安装在块体模型基础顶面，使其产生水平向激振力。

2）传感器安装如图 6-37a 所示。在基础顶面沿长度方向轴线的两端各布置一台竖向传

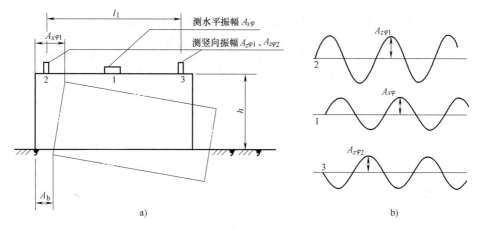

图 6-37　基础水平回转强迫振动试验

a）立面图　b）波形

感器，用来记录竖向位移并换算得到回转振动的转角；基础中心布置一台水平向传感器，用来记录水平振动位移。

3）传感器、放大器、记录仪根据标定槽路连接，检查连线是否有误，工作是否正常。

4）起动激振器。调节可控电压，由小到大改变转速，调节稳定后用转速表测量激振器转速，同时记录振动信号。

2. 资料整理与分析（GB/T 50269—2015《地基动力特性测试规范》）

模型基础水平回转强迫振动为双自由度振动，需要确定的四个动力参数为参振总质量$m_{x\varphi}$、第一振型阻尼比$D_{x\varphi 1}$、地基抗剪刚度K_x和地基抗弯刚度K_φ。由于这四个参数之间表现出的复杂的函数关系，无法给出解析表达式。这里介绍《地基动力特性测试规范》中给出的一种简化分析方法。

（1）绘制频幅响应曲线　根据试验结果在同一个坐标系中绘制基础中心水平向振幅$A_{x\varphi}$、基础两边的竖向振幅$A_{z\varphi 1}$和$A_{z\varphi 2}$与激振频率f的关系曲线，如图6-38所示。基础水平回转向振动属于双自由度振动，因此频响应曲线会出现两个共振峰值。数据处理时只考虑第一振型，采用第一振型对应的共振频率f_{m1}和水平向位移共振振幅A_{m1}。

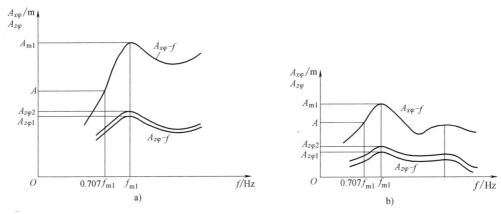

图6-38　水平回转向振动的幅频响应曲线

a）变扰力　b）常扰力

（2）计算地基水平回转向第一振型阻尼比$D_{x\varphi 1}$　参照前面给出的竖向强迫振动的数据处理方法，在$A_{x\varphi}$-f曲线上选取第一振型的共振频率f_{m1}和频率为$0.707f_{m1}$对应的水平向振幅（图6-38），按下列公式计算水平回转向振动第一振型阻尼比$D_{x\varphi 1}$

变扰力
$$D_{x\varphi 1} = \left\{ \frac{1}{2} \left[1 - \sqrt{1 - \left(\frac{A_{0.707}}{A_{m1}} \right)^2} \right] \right\}^{\frac{1}{2}} \qquad (6\text{-}156a)$$

常扰力
$$D_{x\varphi 1} = \left\{ \frac{1}{2} \left[1 - \sqrt{1 - \frac{1}{4(A_{0.707}/A_{m1})^2 - 3}} \right] \right\}^{\frac{1}{2}} \qquad (6\text{-}156b)$$

式中，$D_{x\varphi 1}$为地基水平回转向第一振型阻尼比；A_{m1}为基础水平回转耦合振动第一振型共振峰点水平向振幅（m）；$A_{0.707}$是频率为$0.707f_{m1}$对应的水平振幅（m）。

（3）计算基础水平回转耦合振动的参振总质量$m_{x\varphi}$　将基础的水平回转耦合振动视作基础绕转动中心O的摇摆振动，如图6-31所示。第一振型共振时的转角幅值为

$$\varphi_{m1} = \frac{|A_{z\varphi1}| + |A_{z\varphi2}|}{L_1} = \frac{A_{m1}}{\rho_1 + h_1} \qquad (6\text{-}157a)$$

$$\rho_1 = \frac{A_x}{\varphi_{m1}} \qquad (6\text{-}157b)$$

式中，φ_{m1} 为基础第一振型共振峰点的回转角位移（rad）；L_1 为两台竖向传感器的间距（m）；$A_{z\varphi1}$ 为第 1 台传感器测试的基础水平回转耦合振动第一振型共振峰点竖向振幅（m）；$A_{z\varphi2}$ 为第 2 台传感器测试的基础水平回转耦合振动第一振型共振峰点竖向振幅（m）；ρ_1 为转动中心至基础重心的距离（m）；h_1 为基础重心至基础顶面的距离（m）。

常扰力作用下基础摇摆强迫振动的共振振幅可表示为

$$\varphi_{m1} = \frac{M}{K_\varphi} \frac{1}{2D_{x\varphi}\sqrt{1-D_{x\varphi1}^2}} \qquad (6\text{-}158)$$

式中，M 为共振时的激振弯矩，有 $M = P_0(\rho_1 + h_3)$；K_φ 为基础绕 O 点转动的地基抗弯刚度。

基础绕 O 点转动的地基抗弯刚度 K_φ 可表示为

$$K_\varphi = m_{x\varphi}(i^2 + \rho_1^2)(2\pi f_{n1}^2) \qquad (6\text{-}159a)$$

$$f_{n1} = \frac{f_{m1}}{\sqrt{1 - 2D_{x\varphi1}^2}} \qquad (6\text{-}159b)$$

$$i = \left[\frac{1}{12}(l^2 + h^2)\right]^{\frac{1}{2}} \qquad (6\text{-}159c)$$

式中，$m_{x\varphi}$ 为基础水平回转耦合振动的参振总质量（t），包括基础、激振设备和地基参加振动的当量质量；f_{n1} 为基础水平回转耦合振动第一振型无阻尼固有频率（Hz）；i 为基础绕重心 G 转动的回转半径；l 为基础长度（m）；h 为基础高度（m）。

将 φ_{m1}、M 和 K_φ 的表达式代入式（6-158），可得

$$\frac{A_{m1}}{\rho_1 + h_1} = \frac{P_0(\rho_1 + h_3)}{m_{x\varphi}(i^2 + \rho_1^2)(2\pi f_{n1}^2)} \frac{1}{2D_{x\varphi1}\sqrt{1 - D_{x\varphi1}^2}} \qquad (6\text{-}160)$$

进一步转化得

$$m_{x\varphi} = \frac{P_0(\rho_1 + h_3)(\rho_1 + h_1)}{A_{m1}(i^2 + \rho_1^2)(2\pi f_{n1})^2} \frac{1}{2D_{x\varphi1}\sqrt{1 - D_{x\varphi1}^2}} \qquad (6\text{-}161)$$

这样就得到了基础水平回转耦合振动的参振总质量。

采用同样的方法可以得到变扰力时基础水平回转耦合振动的参振总质量为

$$m_{x\varphi} = \frac{m_0 e_0(\rho_1 + h_3)(\rho_1 + h_1)}{A_{m1}} \frac{1}{2D_{x\varphi1}\sqrt{1 - D_{x\varphi1}^2}} \frac{1}{i^2 + \rho_1^2} \qquad (6\text{-}162)$$

式中，m_0 和 e_0 分别为机械式激振器偏心块额总质量及偏心距；其余各参数的定义与常扰力下的一致。

（4）计算基础水平向振动无阻尼固有频率 f_{nx} 和基础回转振动无阻尼固有频率 $f_{n\varphi}$

水平向振动

$$f_{nx} = \frac{f_{n1}}{\sqrt{1 - \dfrac{h_2}{\rho_1}}} \qquad (6\text{-}163a)$$

回转振动
$$f_{n\varphi} = \sqrt{\rho_1 \frac{h_2}{i^2} f_{nx}^2 + f_{n1}^2} \qquad (6\text{-}163b)$$

（5）计算地基抗剪刚度 K_x 和抗剪刚度系数 S_x、抗弯刚度 K_φ 和抗弯刚度系数 S_φ

$$K_x = m_{x\varphi}(2\pi f_{nx})^2 \qquad (6\text{-}164a)$$

$$S_x = \frac{K_x}{A_0} \qquad (6\text{-}164b)$$

$$K_\varphi = J(2\pi f_{n\varphi})^2 - K_x h_2^2 \qquad (6\text{-}165a)$$

$$S_\varphi = \frac{K_\varphi}{I} \qquad (6\text{-}165b)$$

式中，J 为基础对通过其重心轴的转动惯量（$t \cdot m^2$）；I 为基础底面对通过其形心轴的惯性矩（m^4）。

3. 其他方法

除了上述方法外，模型基础水平回转强迫振动的数据处理方法还有低频响应法和曲线反演法。

根据无阻尼式（6-127），可以得到基础在扰力 $Q(t) = Q_0 \sin(\omega t)$ 的作用下，基础重心的实测水平振幅 A_x 和摇摆振幅 A_φ 与地基刚度 K_x 和 K_φ 的关系如下

$$K_x = \frac{Q_0 + m\omega^2 A_x}{A_x - h' A_\theta} \qquad (6\text{-}166a)$$

$$K_\varphi = \frac{Q_0 h_3 + K_x h' A_x}{A_\theta} + I_g \omega^2 - K_x h'^2 \qquad (6\text{-}166b)$$

低频响应法是根据模型基础在低扰动频率、阻尼作用弱而可忽略的情况下的动力反应，采用式（6-166a）、式（6-166b）确定地基的刚度。低扰频通常指强迫振动频率 $\omega < 0.5\lambda_1$（λ_1 为水平回转振动的第一自振圆频率）。基础重心的实测水平振幅 A_x 和旋转振幅 A_φ 可以由基础顶面两侧测得的竖向振幅 $A_{z\varphi1}$、$A_{z\varphi2}$ 和顶面中心测得的水平向振幅 $A_{x\varphi}$ 换算得到。得到地基刚度后，就可以利用共振条件确定阻尼比 D。显然，这种方法未考虑阻尼及地基土的参振质量，得到的刚度偏小而共振频率偏大（王锡康和谷耀武，1995）。

需要确定的 4 个动力参数 $m_{x\varphi}$、$D_{x\varphi1}$、K_x 和 K_φ 之间表现出复杂的函数关系，无法给出解析表达式。如果认为模型基础的振动能够用集总参数法给出结果描述，那么就可以通过基础重心的实测水平振幅 A_x 和旋转振幅 A_φ，根据式（6-122）给出的理论表达式，反演出这 4 个动力参数。这就是曲线反演法的原理。反演过程要进行大量的计算工作，需要借助计算机实现。

为了获得基础水平回转耦合振动的 4 个动力参数，还可以采用双基础试验法或高低压模法。双基础法采用的是两个不同底面积的基础，而高低压模法采用的是面积相同而质量不同的基础。这两种试验方法的原理是对两个尺寸不同或质量不同的模型基础进行强迫振动试验，分别获得这两个基础的第一自振频率 $\lambda_{x\varphi1}$。如假定这两种试验条件下的刚度系数 S_x 和 S_φ 是相同的（实际上与基底面积和应力有关），这两个基础的地基刚度均可表示为

$$\lambda_x^2 = \frac{k_x}{m} = \frac{S_x F}{m} \qquad (6\text{-}167a)$$

$$\lambda_\varphi^2 = \frac{K_\varphi + S_x F h_2^2}{I_m} = \frac{S_\varphi I + S_x F h_2^2}{I_m} \tag{6-167b}$$

式中，F 为基础底面积；I 为基底对通过底面形心的旋转轴的面积惯性积；I_m 为基础对通过重心转动轴的质量惯性矩。

将以上关系式代入水平回转振动的第一自振频率方程 [式 (6-122)]，建立测得的两个自振频率 $\lambda_{x\varphi1}$ 与参数 S_x 和 S_φ 的关系式，就可以得到这两个待求参数的数值。这种方法同样未考虑土的参振质量。

6.9.5　块体基础竖向自由振动试验

1. 测试方法

1）在基础顶面对称放两个传感器，也可接近中心放一个传感器，用来测基础的竖向振动。

2）检查各测试仪器工作是否正常，接线是否正确。

3）用具有一定质量的自由下落的铁球敲击模型基础顶面的中心位置，记录每次敲击时铁球的下落高度 H_1 和回弹高度 H_2（图 6-39）。

4）敲击的同时启动记录仪，记录自由振动波形，重复三次。

2. 资料整理与分析

通过试验得到模型基础的自由振动曲线（图 6-40）。该曲线反映了振动的衰减特性和振动的频率特征。相邻波峰相隔的时间为振动周期 T，其倒数为振动频率 f。还可看到振动曲线上的第一个峰 A_1 很尖，这是锤的冲击，不能算作自由振动的开始，真正自由振动在这之后。

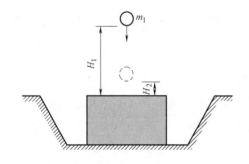

图 6-39　球击法竖向自由振动试验　　　　图 6-40　模型基础竖向自由振动曲线

（1）确定地基竖向阻尼比 D_z　根据自由振动曲线上相邻峰或谷的幅值（即 A_i 和 A_{i+1}）之间的关系可计算阻尼比 D_z

$$D_z = \frac{1}{2\pi} \ln \frac{A_i}{A_{i+1}} \tag{6-168}$$

（2）确定有阻尼自振频率 f_{dz}、无阻尼自振频率 f_{nz} 和参振质量 m_z

$$f_{dz} = \frac{1}{T} \tag{6-169a}$$

$$f_{nz} = \frac{f_{dz}}{\sqrt{1 - D_z^2}} \tag{6-169b}$$

参振质量 m_z（包括基础和土）可以由能量守恒的公式求得

$$m_z = \frac{(1+e_1)m_1 v}{A_{max} \cdot 2\pi f_{nz}} e^{-\varphi} \tag{6-170a}$$

$$\varphi = \frac{\arctan \frac{\sqrt{1-D_z^2}}{D_z}}{\frac{\sqrt{1-D_z^2}}{D_z}} \tag{6-170b}$$

式中，A_{max} 为基础的最大振幅（m）；m_1 为铁球的质量（kg）；v 为铁球自由下落时的速度（m/s），$v = \sqrt{2gH_1}$，H_1 为铁球下落高度（m）；e_1 为回弹系数，$e_1 = \sqrt{H_2/H_1}$，H_2 为铁球回弹高度（m），$H_2 = \frac{1}{2}g\left(\frac{t_0}{2}\right)^2$，$t_0$ 为两次撞击的时间间隔（s）。

（3）确定地基竖向抗压刚度 K_z 和抗压刚度系数 S_z

$$K_z = (2\pi f_{nz})^2 m_z \tag{6-171a}$$

$$S_z = \frac{K_z}{A} \tag{6-171b}$$

式中，A 为基础底面积（m^2）。

6.9.6 块体基础水平回转自由振动试验

1. 测试方法

1）在基础顶面两边对称各放一个传感器用来测竖向振动 $A_{z\varphi}$，中心放一个传感器用来记录水平向振动 $A_{x\varphi}$，如图 6-35 所示。

2）检查各测试仪器工作是否正常，接线是否正确。

3）水平向敲（撞）击模型基础边中心位置（顶面）。

4）敲（撞）击的同时启动记录仪，记录竖向和水平向自由振动波形，重复三次。

2. 资料整理与分析

$$D_{x\varphi 1} = \frac{1}{2\pi} \ln \frac{A_{x\varphi i}}{A_{x\varphi i+1}} \tag{6-172a}$$

$$K_x = m_f \omega_{n1}^2 \left[1 + \frac{h_0}{h}\left(\frac{A_{x\varphi 1}}{A_{xb}} - 1\right)\right] \tag{6-172b}$$

$$K_\varphi = I_b \omega_{n1}^2 \left[1 + \frac{h_0 h}{i_b^2 \left(\frac{A_{x\varphi 1}}{A_{xb}} - 1\right)}\right] \tag{6-172c}$$

$$A_{xb} = A_{x\varphi 1} - \frac{|A_{z\varphi 1}| + |A_{z\varphi 2}|}{l_1} h \tag{6-172d}$$

$$\omega_{n1} = 2\pi f_{n1}, \quad f_{n1} = \frac{f_{d1}}{\sqrt{1-D_{x\varphi 1}^2}} \tag{6-172e}$$

式中，$A_{x\varphi i}$、$A_{x\varphi i+1}$ 为第 i 周、第 $i+1$ 周的水平振幅（m）；$A_{x\varphi 1}$、A_{xb} 为 t 时刻基础顶面、底面中心的水平位移（m）；$A_{z\varphi 1}$、$A_{z\varphi 2}$ 为 t 时刻基础顶面两边垂直位移（m）；m_f 为基础质量（kg）；h_0、h 为基础重心高度、基础高度（m）；ω_{n1} 为水平回转耦合自振圆频率；I_b 为基础质量对通过底面形心主轴的质量惯性矩，$I_b = I + m_f h_0^2$；i_b 为基础回转半径，$i_b^2 = \dfrac{I_b}{m_f}$。

根据抗剪刚度 K_x 和抗弯刚度 K_φ 可进一步求得地基土的抗剪刚度系数 S_x 和抗弯刚度系数 S_φ。

例 6-6　采用机械式激振器进行模型基础竖向强迫振动试验。混凝土模型基础的底面积为 0.707m×0.85m，高度为 0.707m。机械式激振器的质量为 120kg，在 14Hz 的激振频率下产生的激振力的幅值为 359N。试验得到的不同激振频率下模型基础的竖向振幅见表 6-17。

表 6-17　试验成果表

频率 f/Hz	14.0	17.4	19.4	22.0	24.2	26.9	28.1	29.6	31.9	36.8	39.4	42.9	44.6
振幅 A/μm	12.2	18.0	26.3	33.0	55.3	81.2	92.7	108.0	100.0	85.1	73.1	68.9	58.6

求：地基的竖向阻尼比 D_z，地基土参振质量 m_s，抗压刚度 K_z 及抗压刚度系数 S_z。

解：绘制振幅 A-频率 f 关系曲线如图 6-41 所示。

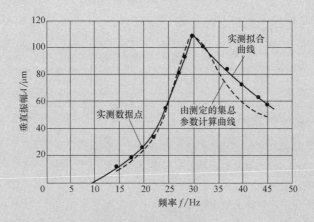

图 6-41　振幅-频率曲线

由图 6-40 得 $f_m = 30$Hz，$A_m = 110$μm，当频率 $f = f_m/\sqrt{2} = 21.2$Hz 时的振幅 $A_{0.707} = 29.1$μm。

计算竖向阻尼比 D_z

$$D_z = \left[\frac{1}{2}\left(1 - \sqrt{1 - \left(\frac{A_{0.707}}{A_m}\right)^2}\right)\right]^{\frac{1}{2}} = \left[\frac{1}{2}\left(1 - \sqrt{1 - \left(\frac{29.1}{110}\right)^2}\right)\right]^{\frac{1}{2}} = 0.1335$$

计算 $m_0 e_0$

$$m_0 e_0 = \frac{P}{(2\pi f)^2} = \frac{359}{(2\pi \times 14.00)^2} = 0.046\,\text{kg·m}$$

计算基础竖向无阻尼振动固有频率

$$f_{nz} = f_m\sqrt{1 - 2D_z^2} = 21.1 \times \sqrt{1 - 2 \times 0.1335^2}\,\text{Hz} = 29.46\,\text{Hz}$$

计算基础竖向振动的参振总质量

$$m_z = \frac{e_0 m_0}{A_m} \frac{1}{2D_z\sqrt{1-D_z{}^2}} = \frac{0.0455}{110\times10^{-6}} \times \frac{1}{2\times0.1335\times\sqrt{1-0.1335^2}}kg = 1563kg$$

基础和激振器的质量

$$m = (0.707\times0.707\times0.85\times2500+120)kg = (1062+120)kg = 1182kg$$

参振土的质量

$$m_s = m_z - m = (1563-1182)kg = 341kg$$

抗压刚度 K_z

$$K_z = m_z(2\pi f_{nz})^2 = 1563\times(2\pi\times29.46)^2 kN/m = 5.35\times10^4 kN/m$$

抗压刚度系数 S_z

$$S_z = \frac{K_z}{A_0} = \frac{5.35\times10^4}{0.707\times0.85}kN/m^3 = 8.90\times10^4 kN/m^3$$

分析：采用测试得到的集总参数 $D_z = 0.1335$，$K_z = 5.35\times10^4 kN/m$，$m_z = 1563kg$，根据式（6-136）计算得到了共振振幅与激振频率的关系曲线，可以看出，理论计算曲线与实测曲线较为一致（在超过共振频率后，误差略大一些），表明分析得到的集总参数是可靠的。

思考题与习题

1. 动力机器基础的位移控制与普通基础的变形控制有什么不同？

2. 集总参数系统法分析动力机器基础振动的基本原理是什么？

3. 何为比拟法？比拟法是如何获得定值参数的？

4. 如何应用弹性半无限空间理论法给出的图表减小基础振动分析？

5. 根据谢祖空法给出的结果，地基—基础振动体系的刚度和阻尼比随着振动频率的变化如何变化？

6. 集总参数系统中，阻尼比 D 的物理意义是什么？

7. 共振段、低频段及高频段工作下，动力机器基础振幅控制的主要参数分别是什么？

8. 对于例6-1中给出的基础和地基土，基础受到的扰动荷载为 $M(kN \cdot m) = 20\sin(20\times2\pi t)$，分别采用谢祖空法和比拟法计算集总参数，求基础摇摆振动的转角振幅，并与例6-2的计算结果比较。

9. 计算例6-3中地基与基础的地基抗剪刚度及滑移振动的共振频率。

10. 例6-4中，如果钢筋混凝土承台宽度 $b = 4.1m$，桩基为对称布置的4根桩。求该桩基的以下动力特性参数：

（1）桩基竖向抗压刚度 K_{pz} 和桩基抗弯刚度 $K_{p\varphi}$（绕 b 轴）。

（2）桩基竖向振动和摇摆振动（绕 b 轴）的无阻尼自振频率。

11. 在块体模型基础激振测试中，如何根据测试的目的来布置和安装传感器？

地震地面运动及地震作用 第7章

地震是一种自然现象。地壳深部岩层的突然断裂、岩层塌陷或火山喷发产生地震，能量以波的形式通过地层传播到地面，引起地面的强烈运动并产生各种效应，具体包括振动、液化、地震断陷、震陷等。除了直接造成生命线工程、房屋、工程结构、物品等破坏外，还会造成山体崩塌、滑坡、泥石流、水灾等威胁人畜生命安全的次生灾害。

分析地震造成的地面运动是建（构）筑物抗震分析与设计的基础。在此基础上，可以采用地震反应谱法分析不同地质条件下不同结构的地震作用力。而对地震作用下地基基础、挡墙和边坡的稳定分析，一般是在已有的静力分析方法的基础上考虑地震作用力，也就是拟静力的方法。当然，这些简化的拟静力分析方法都有一定的局限性。动力有限元法能够进行复杂边界条件、荷载类型下及考虑材料复杂力学特性（非线性）的动力反应分析，其内容超出本书范围，则不作介绍。

7.1 地震波、震级及地震烈度

7.1.1 地震波

地震大部分是由于板块构造运动引起的，它是地壳岩石中长期积累的变形能瞬时转换为动能的结果。设地震时断层两侧岩体的平均应力降为 $\bar{\sigma}$，平均错距为 $\bar{u}$，那么地震释放的总能量 E_T 为

$$E_T = \bar{\sigma} S_0 \bar{u} \tag{7-1}$$

式中，S_0 为总断裂面积。总能量大部分转化成热能，只有一部分转变为动能 E，以地震波的形式传播开来。断裂面并不是一瞬间全部断裂的，而是局部先开裂，然后迅速扩展开来。如图 7-1 所示，断裂面的几何中心也就是能量释放的位置称为震源。震源在地表上的垂直投影位置称为震中。震源距 L 和震中距 Δ 分别指一次地震中，其一特定场地距震源或震中的距离。震中距在 100km 以内的称为地方震，在 1000km 以内的称为近震，大于 1000km 的称为远震。远震或深源、中源地震的

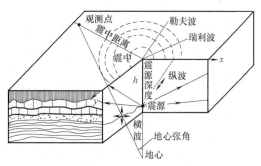

图 7-1 地震震源及地震波的
传播（自《地震工程概论》）

震中距也常用地心张角表示，1°相当于圆面距离 111km。按照震源深度的不同，又可将地震分为浅源地震（60km 以内）、中源地震（60～300km）和深源地震（300km 以上），分别占每年地震释放总能量的 85%、12% 和 3%。浅源地震的发震频率高，对人类影响最大。其中震源深度在 5～20km 的占多数。正确判断震源和震中位置，对地震反应分析、建筑物抗震设计以及抗震救灾都有重要意义。

地震发生时，由于地球介质的连续性，地震波就从震源向地球内部及表层各处传播开去（图 7-1）。地震波属于 1～10Hz 的低频波，持续时间一般为 30s 以内。在地球内部传播的地震波称为体波，分为纵波和横波。纵波是推进波（压缩波，P 波），振动方向与传播方向一致，在地壳中传播速度为 5～7km/s，最先到达震中，它使地面发生上下振动，破坏性较弱。横波（剪切波，S 波）的振动方向与传播方向垂直，在地壳中的传播速度为 3.2～4.0km/s，滞后于纵波十几秒到达震中，它使地面发生前后、左右抖动，破坏性较强。紧接着是由纵波与横波在地表相遇后激发产生的沿地面传播的面波，包括勒夫波和瑞利波两种类型，其波长大、振幅强，是造成地表建筑物破坏的主要因素。但在震中附近并不产生瑞利波，其产生的范围 L 为

$$\frac{v_R}{\sqrt{v_P^2 - v_R^2}} h \leqslant L \leqslant \frac{v_R}{\sqrt{v_S^2 - v_R^2}} h \tag{7-2}$$

式中，h 为震源深度；v_P、v_S、v_R 分别为压缩波、剪切波、瑞利波的传播速度。当泊松比为 0.22 时，这个范围是 $0.65h$ 和 $2.25h$。

借助放置在地面的地震记录仪，可以记录到地震过程中南—北向（SN）、东—西向（EW）和竖向（Z）三个方向的波形目前记录的一般为加速度波形，加速度单位为 gal（重力加速度的 1/1000，约 0.01m/s²）。图 7-2 给出了 5·12 汶川地震（8.0 级）卧龙台站基岩记录的三分量地震波作为示例。

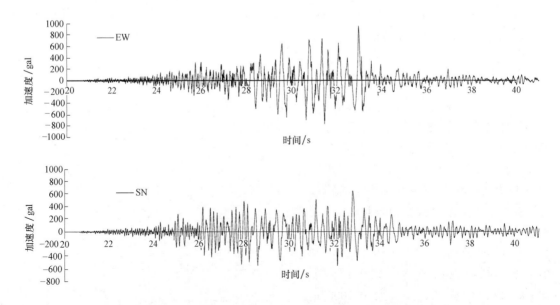

图 7-2　5·12 汶川地震（8.0 级）卧龙台站基岩的三分量加速度波

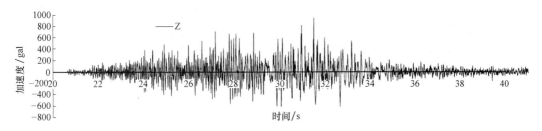

图 7-2　5·12 汶川地震（8.0 级）卧龙台站基岩的三分量加速度波（续）

　　地球是层状构造，体波在地球内部的传播速度随深度而变化，如图 7-3a 所示。这种层状结构还会导致地震波在地球内部传递过程中，在岩土层的界面处产生反射和折射，增加了地震波传递的复杂性。如图 7-3b 所示，地震时震源产生一簇传播方向不同的地震波，根据弹性波的折射理论，折射波和入射波的关系为

$$\frac{v_1}{\sin\theta_1} = \frac{v_2}{\sin\theta_2} \qquad (7\text{-}3)$$

式中，θ_1 为入射波与垂直方向的夹角，即入射角；θ_2 为折射波与垂直方向的夹角；即折射角；v_1、v_2 分别为入射波和折射波所在土层的波速（图 7-3b）。

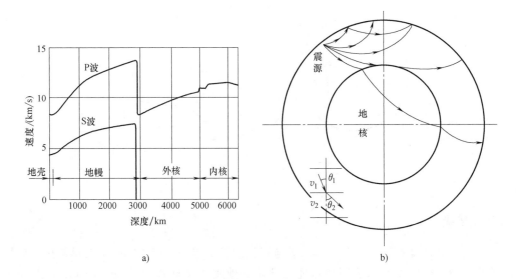

图 7-3　体波波速变化及传递路径
a）体波波速随深度的变化　b）地震波的传递路径

　　地震波在向深部传递的过程中，由于 v_2 通常是逐渐增大的，因此折射角 θ_2 也逐渐增大至 90°，也就是水平方向，然后继续向地表折射传播，因此产生了图 7-3b 中所示的向地表弯曲的传播路径。图 7-3b 中还给出了穿越地核达到另外一侧的地震波，由于地核不能传递剪切波，因此只有压缩波的传递。由于地表土层的波速较低，因此经过这样的折射过程，在到达地表时其传播方向大致垂直地表。因此，在接近地面的相当厚度之内，地震波可以看作是垂直向上传播的。又因为地震造成的震害主要是受水平方向剪切波的影响，所以一般将地震波在水平场地内的传播看作是剪切波垂直向上的传播。

　　体波传至地面后，由于波的反射和干涉，产生瑞利波和勒夫波。这两种面波在地表一定

深度范围内将振动能量向四周传播开来，引起距离震中较远处的地表的振动。由于面波随传播距离的衰减要小于体波，因此震中距越大，面波所占的比例越大。

体波的传递特征可以用来确定震源和震中位置。对于某一个观测点，接收到的 P 波和 S 波的时差 ΔT 与传播距离 S 之间的关系为

$$\Delta T = \frac{S}{v_{S}} - \frac{S}{v_{P}} = \frac{S}{\dfrac{v_{P} v_{S}}{v_{P} - v_{S}}} \tag{7-4}$$

采用式（7-4），就可以根据 P 波和 S 波的时差 ΔT 计算得到地震波的传播距离 S。图 7-4 给出了根据三个观测点得到的传播距离 S 确定震源及震中位置的方法。以观测点为中心、S 为半径作圆，在地表处每两个相交点可作一根弦，三根弦相交点为震中（点 E）。过震中对半径最小的圆作垂直于此圆半径的弦（AB），此弦的一半（AE）即震源深度 h，这样可确定震源位置（点 O）。震中位置的准确程度，不仅取决于围绕震中的几个地震台的位置分布是否理想，也与介质波速取值的准确性有很大关系。事实上，各台站用仪器测出的震中，往往会有 $8 \sim 30 \mathrm{km}$ 的差距。

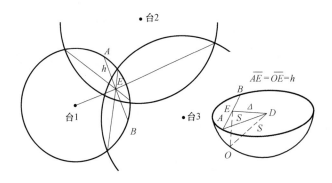

图 7-4　震中和震源的确定（自《地震工程概论》）

7.1.2　震级

震级是衡量地震大小的一个量，一般与释放的能量有关。里氏震级是最早使用且应用最为广泛的一种震级标度，由美国加州理工学院的地震学家理查特（Charles Francis Richter）和古登堡（Beno Gutenberg）于 1935 年提出。它是通过测量地震波中的某个震相（如 P 波、S 波，面波）的振幅来衡量地震相对大小。由于测量仪器和分析采用的地震波类型的不同，地震震级具体分为近震震级 M_{L}、面波震级 M_{S}、体波震级 m_{b}。

理查特（C. F. Richter）于 1935 年提出了定义震级的标准

$$M = \log A^{*} \tag{7-5a}$$

式中，M 为震级；A^{*} 为设置在距震中 $100 \mathrm{km}$ 处的坚硬地面上的伍德-安德生（Wood-Anderson）标准地震仪（放大倍数为 2800 倍，固有周期为 $0.8 \mathrm{s}$，阻尼系数为 0.8）记录到的最大水平位移（单振幅，以 $\mu \mathrm{m}$ 计）。

实际情况下距震中 $100 \mathrm{km}$ 处不一定有地震仪，因此实际应用中需要对式（7-5a）进行修正才能得到震级。理查特于 1935 年在研究美国加利福尼亚的地方性地震时，定义了近震

震级 M_L（体波震级）的确定方法为

$$M_L = \log A - \log A_0 \quad (\Delta < 1000 \text{km}) \tag{7-5b}$$

式中，A 为距震中某一位置记录到的最大水平位移；$\log A_0$ 为起算函数，是震中距 Δ 的函数，在位移 A 的单位取 mm 的情况下，起算函数与震中距 Δ 的关系见表 7-1，所用地震波的优势周期 T 为 $0.1 \sim 3\text{s}$。

表 7-1 起算函数的确定

震中距 Δ/km	0~5	25	50	75	100	300	600	1000
$-\log A_0$	1.4	1.9	2.6	2.9	3.0	4.0	4.9	5.7

虽然地方性震级 M_L 很有用，但受到采用的地震仪的类型及适用的震中距范围的限制，无法用它来测定全球范围的远震的震级。1939 年古登堡（B. Gutenberg）将上述方法推广到了远震震级（又称为面波震级）的确定

$$M_S = \log A - \log B^* \tag{7-5c}$$

式中，M_S 为面波震级；A 是面波最大地面运动位移（μm）；$\log B^*$ 是起算函数，与表 7-1 中的取值不同，所用地震波的优势周期 T 在 20s 左右，只有浅源地震才能产生这样的面波。为了便于应用于其他周期的波，目前普遍采用布拉格公式（Ванекитру，1962；Krník，1971，1972，1973）来计算 M_S

$$M_S = \log \left(\frac{A}{T} \right)_{\max} + 1.66 \log \Delta + 3.3 \tag{7-5d}$$

式中，A 是周期为 T 的面波的水平向分量的地动振幅（μm）；T 是面波的周期（s）；$(A/T)_{\max}$ 是 A/T 的最大值；Δ 为采用地心张角表示的震中距（km），$1° = 111\text{km}$。

但对于深源地震，面波不发育，所以古登堡和里克特（1956）提出采用体波（通常为 P 波）来确定震级，称为体波震级 m_b

$$m_b = \log \left(\frac{A}{T} \right) + \sigma(\Delta, h) \tag{7-5e}$$

式中，A 是 P 波的前几个周期的实际地动振幅（μm）；T 是其周期，（s）；$\sigma(\Delta, h)$ 为与震中距 Δ 和震源深度 h 有关的起算函数，其目的是对震中距和震源深度的影响进行校正。

综合上述情况，地方震级 M_L 根据的是周期为 $0.1 \sim 0.5\text{s}$ 的地震动，面波震级 M_S 是 $3 \sim 26\text{s}$ 的面波地震动，体波震级 m_b 是 1s 左右的体波地震动。

实践证明，同一次地震所测得的 M_L、M_S 和 m_b 并不相同，存在系统偏差，三者之间的经验关系为

$$m_b = 0.63 M_S + 2.5, \quad M_S = 1.13 M_L - 1.08 \tag{7-5f}$$

和世界各国一样，报震级时我国主要采用面波震级。由于各个测站测得的地震波是通过不完全相同的介质传递的，近面波、体波震级之间的换算也是有差异的，故同一地震，所报的震级会有 $0.2 \sim 0.3$ 的差异。

20 世纪六七十年代，有科学家在研究全球地震年频度与面波震级 M_S 的关系时发现，缺失 M_S 超过 8.6 的地震。他们认为，当 M_S 超过 8.6 以后，尽管地表出现更长的破裂，显示出地震有更大的规模，但测定的面波震级 M_S 值却很难增上去了，出现所谓震级饱和问题。震级饱和现象是震级标度与频率有关的反映。为了客观地衡量地震的大小，需要一个直接基于

震源特性的震级标度，这就是矩震级。矩震级是由金森博雄制定的（Kanamori，1977；Hanks and Kanamori，1979），具体表达式为

$$M_w = \frac{2}{3}\log M_0 - 6.06 \qquad (7\text{-}5g)$$

式中，M_0 为地震矩（N·m），定义为断层面积 S_0、断层面的平均位错量 $\bar{u}$ 和剪切模量 G 的乘积，即

$$M_0 = S_0 \bar{u} G$$

与式（7-1）对比看出，地震矩 M_0 的物理意义是在断裂面上等于岩石剪切模量 G 的应力使断裂面两侧错开 $\bar{u}$ 时所做的功。为测定矩震级，可用宏观的方法，直接从野外测量断层的平均位错和破裂长度，从等震线的衰减或余震推断震源深度，从而估计断层面积。矩震级的优点是不存在饱和问题且适用范围广。无论是对大震还是对小震、微震甚至极微震，无论是对浅震还是对深震，均可用同一个公式来表示。这种方法已成为世界上大多数地震台网和地震观测机构优先使用的震级标度。

由地震记录仪的最大位移值计算的地震震级反映了最大振幅对应的频率范围的地震能量，不能直接反映地震总的能量。1956 年，古登堡和理查特根据观测数据，求得了地震波能量 E 和震级 M 的大致关系

$$\log E = 4.8 + 1.5M \qquad (7\text{-}6a)$$

式中，E 为地震波能量（焦耳），不包括热能。可以看出，震级每提高一级，地震释放的能量就提高 30 倍左右。

地震释放的能量与断层破裂的长度有关，因此地震震级也与断裂长度有关。断裂带越长，震级就越高。Tocher（1958）根据加利福尼亚和内华达观测到的几次地震，提出如下关系式

$$\log L = 1.02M - 5.77 \qquad (7\text{-}6b)$$

式中，L 为断裂带长度（km）。根据式（7-6b），6 级地震的断裂带长度为 2.3km，7 级地震为 23km，8 级地震为 245km。震级每增加一级，断裂长度增大 10 倍。王钟琦根据 13 个国家的 90 例历史地震资料得到的统计关系式为

$$\log L = 1.57M - 9.8 \qquad (7\text{-}6c)$$

如果能够确定断裂速度，就可以根据断裂长度来计算断裂时间 t，进而预估地震持续时间。豪斯纳（1965）估算出断层断裂速率大约为 3.2km/s。根据这个速率，他提出的地震震级（里氏）M 与断层断裂历时 t 之间的关系为：5 级为 5s，6 级为 15s，7 级为 25～30s。

7.1.3 地震动参数与地震烈度

1. 地震动参数

了解地面运动的特征是进行构筑物和土工结构地震分析及抗震减震设计的基础。地震动时地面运动是复杂的，但可以通过一些容易获得的参数来表征地面运动的总体特征，被称为地震动参数。地震动参数包括地震动峰值、频谱特征（卓越周期）和持续时间等。其中运动物理量的峰值和持续时间可以通过地震波的时程曲线直接得到，而频率特征则需要通过傅里叶谱来反映。通常采用的地震动峰值有幅值位移（peak ground displacement，简写为 PGD）峰值速度（peak ground velocity，简写为 PGV）和峰值加速度（peak ground acceleration，简写为 PGA）。

　　复杂的地震动可以通过傅里叶变换（FFT）分解为若干简谐振动，这些简谐振动的振幅、初相位随频率变化。振幅和相位随频率变化的关系，称为傅里叶谱，包括振幅谱和相位谱，有时将振幅谱简称为频谱。地震动波形各不相同，傅里叶谱也互相各异，有各自的频谱特性。地震动的频谱对了解地面运动特征和抗震减震设计有重要意义。如果有的分量的振幅特别大，就称这些分量的频率或周期为卓越频率或卓越周期。图 7-5 给出了 1940 年 5 月 18 日美国帝国谷（Imperial Valley）7.1 级地震中在加利福尼亚州艾森特罗（EI Centro）台站的加速度波与傅里叶振幅谱，以及 2008 年 5·12 汶川地震（8.0 级）卧龙台站记录的加速度波与傅里叶振幅谱。注意加速度的傅里叶振幅谱通常并不直接用加速度幅值，而是在加速度幅值的基础上乘上 1/2 倍地震波持续时间。从图 7-5 可以看出，艾森特罗地震波的卓越频率大体上在 1~2Hz 及 5Hz 左右两个频段；汶川地震卧龙台站地震波的卓越频率在 6Hz 和 4Hz 左右。

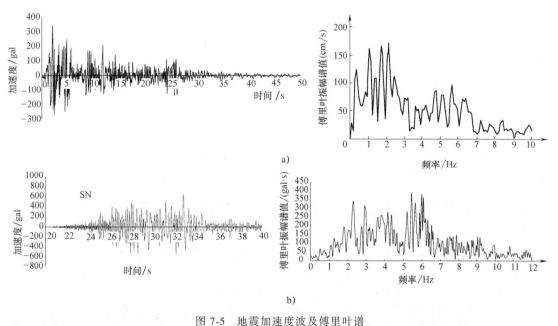

图 7-5　地震加速度波及傅里叶谱

a）美国帝国谷地震艾森特罗台站南北向　b）5·12 汶川地震卧龙台站站南北向

　　由于存在几何阻尼，再加上传播介质动力特性的变化，地震地面运动特性会随传播的距离不断发生变化。这种地面震动参数随地震波传播距离的变化，其基本特征如下：

　　1）峰值加速度随距离的增加而降低。图 7-6 给出了 5·12 汶川地震（8.0 级）自由场峰值加速度随断层距离的衰减曲线。

　　2）峰值速度随距离的变化也很明显，且因场地条件而异。土质越软，速度越大。

　　3）地震波的频谱特性也发生变化。高频分量容易衰减，所以离震中越远，地震波中的中、低频分量（即长周期分量）将占更大的比重。这就是在抗震设计中对"近震"和"远震"进行区分的一个重要原因。

　　2. 地震烈度及影响因素

　　地震烈度是衡量一次地震中某特定场地震动强弱以及对建筑物破坏程度的一种尺度。国

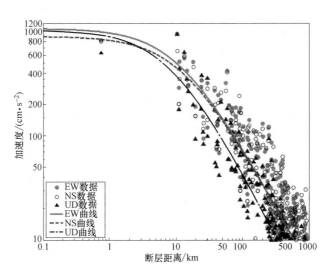

图 7-6 5·12 汶川地震（8.0 级）自由场峰值加速度随断层距
离的衰减曲线（于海英等，2009）

内外普遍采用修正的麦加利（Mercalli）12 级烈度来衡量地面运动剧烈程度和破坏程度，修正的麦加利地震烈度判别标准见表 7-2。由于地面运动受多种因素的影响，一次地震虽然只有一个震级，但不同场地可以具有不同的烈度。

表 7-2 修正的麦加利（Mercalli）地震烈度表

烈度	说　明
I	只有灵敏的仪器才能检测到
II	少数静止不动的人,特别是楼房上层的人感觉到;轻巧的悬挂物摇晃
III	室内能明显地感觉到,但不认为是地震,停着的小汽车略有晃动,仿佛大卡车从边上通过
IV	室内许多人感觉到,室外少数人感觉到,晚上有些人会从睡梦中惊醒;菜盘、窗户和门户抖动,小汽车有明显晃动
V	大多数人感觉到;菜盘、门窗和灰抹会有某种程度的损坏,高处物体抖动
VI	所有人都感觉到;许多人惊慌并跑到室外;灰抹和烟囱掉块,损坏不大
VII	人都从室内跑出,建筑物损坏的程度取决于施工质量,正在驾驶汽车的人也觉察到
VIII	嵌板墙框架拔出,墙、碑和烟囱倒坍;地面冒砂喷泥;汽车驾驶员感到颤抖
IX	建筑物的基础错动、开裂、倾斜;地面开裂,地基内的桩错断
X	大多数砖石结构和框架结构破坏,地面开裂,铁轨弯曲,滑坡
XI	新构筑物能站住,桥梁毁坏,地面开裂;管道断裂;滑坡;铁轨弯曲
XII	地面上的一切均被毁坏,地面呈波浪形;视线和地平线扭曲;物体抛向空中

地震造成的建筑物的破坏主要与地面水平向运动有关，因此地震烈度与地面水平向的运动剧烈程度具有一定的关系。水平向地震动参数就成为确定地震烈度的主要量化指标。表 7-3 给出了地震烈度与地面运动的水平向峰值加速度和水平向峰值速度的关系。可以看出，

烈度每增大一度，其对应的峰值水平向速度和加速度就翻一番。在 2018 年 5 月 12 日的汶川地震中，汶川卧龙台站（51WCW）东西方向水平向峰值加速度达到了 $0.958g$，地震烈度高达 10 度以上。

表 7-3　地震烈度与地面水平运动物理量的关系

烈度	VI	VII	VIII	IX	X
水平向峰值加速度 a /（cm/s²）	63 （45～89）	125 （90～177）	250 （178～353）	500 （354～707）	1000 （708～1414）
水平向峰值速度 v （cm/s）	6 （5～9）	13 （10～18）	25 （19～35）	50 （36～71）	100 （72～141）
设计基本加速度	$0.05g$	$0.10g, 0.15g$	$0.20g, 0.30g$	$0.40g$	

地震烈度一般随震中距离的增加而衰减，通常采用的烈度衰减公式为

$$I_0 - I_i = 2\alpha \log \frac{r}{h} \tag{7-7}$$

式中，I_0 为震中烈度；I_i 为距离震中 r 处的烈度；h 为震源深度；α 为烈度衰减系数。

综合所有的因素，影响地震地面运动和地震烈度的因素可以概括为：

1）震源特性和机制，包括断裂运动的量级、方向及历时，断层破裂的规模及能量释放方式，震源深度。

2）地震波的传播途径及介质，主要有途经基岩的物理力学性质、区域性地质构造、传播距离。

3）局部场区的岩土条件，包括土的动力特性，覆盖层的厚度及其在空间的分布形态，下卧基岩面的形态。岩土的空间分布特征与地形地貌有一定的关联。

4）局部场区地形、地貌的影响。如山区的山峰和山谷处的地面运动特征差别较大。突出的山嘴、高耸孤立的山丘、陡坡、陡坎、河岸和边坡的边缘有突出的放大作用，因而在抗震方面属于不利地段。在盆地的边缘和内部，也会出现震害加重的现象，称为"盆地效应"。

下面以 5·12 汶川地震自贡西山公园地形影响台阵的地震波记录来简要说明场地条件和地形对地面运动的影响。该台阵共布置了 8 个测点（见图 7-7a），在水平自由地表布置了两个测点，0 号测点在土层上，1 号测点在基岩；其余 6 个测点布置在山脚、山脊的基岩上。从中可以看出：①山脚土层的运动要比基岩的振动强烈得多；②地形对地面运动加速度影响显著，均方根加速度随着高程的增加增大到 1.5 倍左右；③地形对 $f<2$Hz 的地震动几乎没有影响，而对 2～5Hz 的地震动有放大作用。

从表 7-2 可以看出，当地震烈度达到 7 度以上（包括 7 度），建筑物就会损坏，这种情况下建筑设计就需要考虑地震作用。对于某一地区，有基本烈度和设计烈度两种概念。基本烈度是指在一定期限内在一般场地条件下一个地区可能普遍遭遇的最大烈度，也就是抗震设防烈度。一个地区抗震设防烈度越高，意味着要考虑的地震破坏作用越强，抗震投入也就越大。GB 50011—2010 建筑抗震设计规范中取 50 年内超越概率为 10% 的地震烈度作为抗震设防烈度，并综合考虑前述各种地震烈度影响因素，给出了我国各个地区的抗震设防烈度。设计烈度是考虑建筑物的重要性等条件对基本烈度的调整。

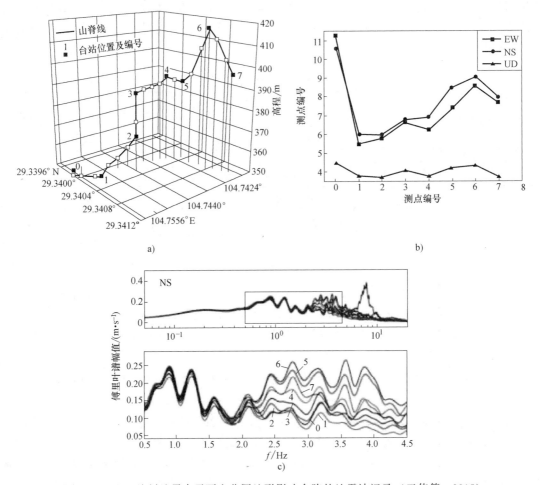

图 7-7　5·12 汶川地震自贡西山公园地形影响台阵的地震波记录（王伟等，2015）

a）测点位置图　b）均方根加速度　c）频谱特征

7.2　覆盖（土）层对地面运动的影响

土层性质和厚度是影响地震波传递的最重要因素之一。下面结合均质土层的简化分析结果，介绍土层对水平自由场地地面运动影响的两个基本作用——放大作用和共振效应。

7.2.1　水平均匀土层的简化分析

假设地基土是水平均匀弹性介质，地震波是从下往上传播的剪切波。这样把地基土的地震动简化为一维波动问题来处理，如图 7-8 所示。基岩上面是均质土层，厚度为 H，基岩和土的与质量密度分别为 v'_S、ρ' 与 v_S、ρ。参照 3.1 节的分析方法，可建立土层的剪切振动的微分方程

$$m \frac{\partial^2 x}{\partial t^2} - G \frac{\partial^2 x}{\partial z^2} = 0 \tag{7-8}$$

式中，G 为土层的剪切模量；m 为单位体积土体的质量。

式 (7-8) 也可写为

$$\frac{\partial^2 x}{\partial t^2} - v_S \frac{\partial^2 x}{\partial z^2} = 0 \qquad (7\text{-}9)$$

式中，$v_S = \sqrt{G/m}$ ，也就是土层的剪切波速。

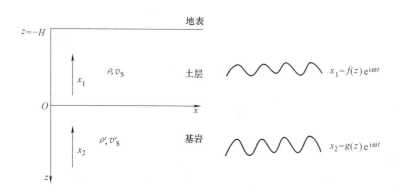

图 7-8　基岩和土层中波的传播

可以证明，振动方程的解为

$$x = F_1 \left(t - \frac{z}{v_S} \right) + F_2 \left(t + \frac{z}{v_S} \right) \qquad (7\text{-}10)$$

式中，F_1 和 F_2 为任意函数。

假设从基岩中垂直向上传播一个圆频率为 ω 的正弦型剪切波，为了计算方便，令其振幅等于 1，则入射的剪切波为 ［满足式 (7-10)］

$$x_0 = e^{i\omega(t + z/v_S')} \qquad (7\text{-}11)$$

当这个波传到基岩和土的分界面时（即 $z = 0$），基岩中将出现反射波，假设它的振幅为 A，这样，基岩中的波为 ［满足式 (7-10)］

$$x_2 = e^{i\omega(t + z/v_S')} + A\, e^{i\omega(t - z/v_S')} \qquad (7\text{-}12\text{a})$$

当波到达分界面时，将透射到上面的土层中。这时，土层中沿 z 轴正方向和负方向将传播两个波，土中的波为 ［满足式 (7-10)］

$$x_1 = B e^{i\omega(t + z/v_S)} + C\, e^{i\omega(t - z/v_S)} \qquad (7\text{-}12\text{b})$$

式中，A、B、C 为待定常数，可以按边界条件来确定。

在上面讨论的问题中，边界条件为

1）当 $z = -H$ 时，$\dfrac{\partial x_1}{\partial z} = 0$，代表地表处应变为 0。

2）当 $z = 0$ 时，$x_1(0) = x_2(0)$，$G\dfrac{\partial x_1}{\partial z} = G'\dfrac{\partial x_2}{\partial z}$，代表基岩和土层界面处的位移、应力连续。

将式 (7-12a) 和 (7-12b) 代入上述边界条件后，即可求出常数 A、B、C 分别为

$$A = \frac{(1-k) + (1+k)\,e^{-2\frac{i\omega H}{v_S}}}{(1+k) + (1-k)\,e^{-2\frac{i\omega H}{v_S}}}$$

$$B = \frac{2}{(1+k) + (1-k)\,e^{-2\frac{i\omega H}{v_S}}}$$

$$C = \frac{2\,e^{-2\frac{i\omega H}{v_S}}}{(1+k) + (1-k)\,e^{-2\frac{i\omega H}{v_S}}} \tag{7-13}$$

式中，k 为阻抗比，表示为

$$k = \frac{G v_S'}{G v_S'} = \frac{\rho\, v_S}{\rho'\, v_S'} \tag{7-14}$$

系数 k 代表土层阻抗与基岩阻抗的比值。将系数 B 和 C 代入到式（7-12b）中得到土层的振动为

$$x_1 = \frac{2e^{i\omega H/v_S} + 2e^{-i\omega(2H/v_S + z/v_S)}}{(1+k) + (1-k)\,e^{-2i\omega H/v_S}}\,e^{i\omega t} \tag{7-15}$$

这就是土层任意位置 z 在任一时刻 d 的振动方程。方程右边的第一项是振幅，或者说是振幅放大系数（将基岩输入波的振幅当作 1）。根据指数函数和三角函数表示的复数之间的关系，有

$$e^{ix} = \cos x + i\sin x$$
$$e^{-ix} = \cos x - i\sin x \tag{7-16}$$

这样式（7-15）可转换为

$$x_1 = \frac{2\cos[\,\omega H/v_S(1+z/h)\,]}{\cos(\omega H/v_S) + ik\sin(\omega H/v_S)}\,e^{i\omega t} \tag{7-17}$$

得到任一深度 z 处的振幅放大系数 β 为

$$\beta(z) = \frac{2\cos[\,\omega H/v_S(1+z/h)\,]}{\sqrt{\cos^2(\omega H/v_S) + k^2\sin^2(\omega H/v_S)}} \tag{7-18a}$$

土层表面（即 $z = -H$）和土层底部（$z = 0$）的振幅放大系数 β 分别为

土层表面

$$\beta_H = \frac{2}{\sqrt{\cos^2(\omega H/v_S) + k^2\sin^2(\omega H/v_S)}} \tag{7-18b}$$

土层底部

$$\beta_0 = \frac{2\cos(\omega H/v_S)}{\sqrt{\cos^2(\omega H/v_S) + k^2\sin^2(\omega H/v_S)}} \tag{7-18c}$$

可以看出，放大系数 β 的大小与 $\omega H/v_S$ 有关，其中 ω 反映了震源的频率特征，H 和 v_S 反映了土层的特征。

下面引入一个参数 T_g，定义为

$$T_g = \frac{2\pi}{\omega} = \frac{4H}{v_S} \tag{7-19}$$

则有

$$\frac{\omega H}{v_S} = \frac{\pi}{2}\frac{T_g}{T_i} \tag{7-20}$$

式中，T_i 为基岩入射波的周期，即 $T_i = 2\pi/\omega$。这样振幅放大系数 β 还可以表示为

深度 z 处

$$\beta(z) = \frac{2\cos\left(\dfrac{\pi}{2}\dfrac{T_{\mathrm{g}}}{T_{\mathrm{i}}}\left(1+\dfrac{z}{H}\right)\right)}{\sqrt{\cos^2\left(\dfrac{\pi}{2}\dfrac{T_{\mathrm{g}}}{T_{\mathrm{i}}}\right)+k^2\sin^2\left(\dfrac{\pi}{2}\dfrac{T_{\mathrm{g}}}{T_{\mathrm{i}}}\right)}} \tag{7-21a}$$

土层表面

$$\beta_{\mathrm{H}} = \frac{2}{\sqrt{\cos^2\left(\dfrac{\pi}{2}\dfrac{T_{\mathrm{g}}}{T_{\mathrm{i}}}\right)+k^2\sin^2\left(\dfrac{\pi}{2}\dfrac{T_{\mathrm{g}}}{T_{\mathrm{i}}}\right)}} \tag{7-21b}$$

任一深度 z 处的振幅放大系数与土层表面的放大系数的比值可以表示为

$$\beta(z)/\beta_{\mathrm{H}} = \cos\left[\frac{\pi}{2}\frac{T_{\mathrm{g}}}{T_{\mathrm{i}}}\left(1+\frac{z}{H}\right)\right] \tag{7-21c}$$

图 7-9a 给出了土层表面（地面）的振幅放大系数 β_{H} 与 $T_{\mathrm{g}}/T_{\mathrm{i}}$ 的关系曲线，图中假定了参数 k 的某些数值。地面运动的 β_{H}-$T_{\mathrm{g}}/T_{\mathrm{i}}$ 的关系曲线类似于第 2 章中介绍的单质点系的强迫振动的振幅放大系数 β 与频率比 ω/λ 的关系曲线。因此，式（7-19）定义的参数 T_{g} 可以看作均匀土层的自振周期，又被称为卓越周期，与第 3 章中给出的一端固定、一端自由杆件的第一振型对应的周期完全相同。从图 7-9a 中可以看出如下规律：

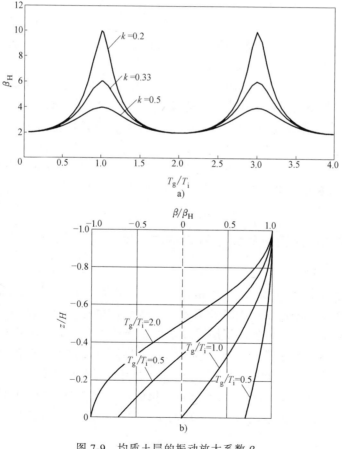

图 7-9　均质土层的振动放大系数 β

a）β_{H}-$T_{\mathrm{g}}/T_{\mathrm{i}}$ 曲线　b）β/β_{H}-z/H 曲线

1）土层的刚度比基岩刚度小，即 $k<1$，因此有 $\beta>2$，即正负放大两倍以上，阻抗比 k 对曲线形态的影响类似于阻尼比 D 对单顶点振动的影响。增大阻抗比可以减小地表振动。

2）β 出现峰值的位置，也就是出现共振的条件是 $T_g/T_i=1$，3，5，… 。出现第一个共振点（$n=1$）时输入波的周期即为土层卓越周期 T_g。只有当 $T_i \leqslant T_g$ 时，才可能产生共振。

3）共振时地表振幅放大系数 $\beta_{hm}=2/k$。土层越软，也就是 k 值越小，共振振幅越大。阻抗比对共振振幅的影响类似于单质点系的阻尼比的影响，但是二者的物理机理完全不同。

4）土层表面运动幅度受基岩输入波的频率 ω、阻抗比 k 及土层卓越周期 T_g 三个因素的影响。因此在地震地面运动分析中首先需要了解地震波频率组成及土层厚度和波速等基本信息。

图 7-9b 给出了不同的 T_g/T_i 情况下 β/β_H 随深度比 z/H 的变化。β/β_H 随着深度的增加而减小。在低频振动的情况下（$T_g<T_i$），整个深度内振幅的符号相同，代表位移的方向是一致的；在高频振动的情况下（$T_g>T_i$），整个深度内出现符号相反的振幅，代表位移的方向相反，在某一深度的振幅为零（被称为驻波）。

实际场地总是由许多不同性质的土层组成的。通常的做法是应用高灵敏度的地震仪器观测地面脉动。将所得记录进行傅里叶分析，确定卓越周期。一般来讲，只是在层数较少，相邻土层的传播速度差别比较大，即在分界面上反射波比较强烈时，地基土的卓越周期才比较明显；反之，当层数很多，相邻土层的传播速度差别不大时，卓越周期就不太明显了。例如，在基岩上由于不存在明显的反射面，一般是观测不到卓越周期的。另外，地震激发的场地的卓越周期与地震能量有关。较弱地震激发的只是较短周期的振型，而缺乏能够激发厚软地层长周期振型（据《软黏土工程学》）。

正如第 4 章中给出的，土层的剪切变形特性具有非线性。不同的地震烈度下，土层的应力、应变水平会有显著的差别，这样就会造成土层的剪切模量 G 及卓越周期 T_g 的改变。理论上讲，某一场地的震级 M 越大，剪应变 γ 也越大，剪切模量 G 越小，卓越周期 T_g 也越小。

应变水平的增大也会导致阻尼比 D 的增大，从而导致地面运动放大系数 β_H 在强震情况有所降低（据《软黏土工程学》）。因此，土层的放大作用不是绝对的，放大系数可能大于 1。

7.2.2 现场观测到的土层放大作用与结构共振作用

地震波在经过土层之后振幅放大，这是早已为人们注意到的事实。土层的放大作用主要取决于土层的总厚度和软硬程度这两个因素。由于表层存在较厚的软土层而造成震害加重的现象是很多的。图 7-10a 给出了 1923 年日本关东大地震时冲积层厚度与建于其上的木结构房屋震害率之间的关系。震害随冲积层厚度增加的趋势十分明显。图 7-10b 则是 1957 年美国旧金山地震中，对于特定类型的建筑物而言，土层厚度对基底受到的地震水平剪力的影响。很明显，土层越厚，建于其上的 10 层建筑物受到的基底剪力越大。

结构共振作用是在地震运动中场地覆盖土层的震动周期与结构的自震周期近似吻合而产生的震动放大，使震害加剧。多层土组成的场地的卓越周期可采用下式近似计算

$$T_g = 4\sum_{i=1}^{n} \frac{H_i}{v_{Si}} \tag{7-22}$$

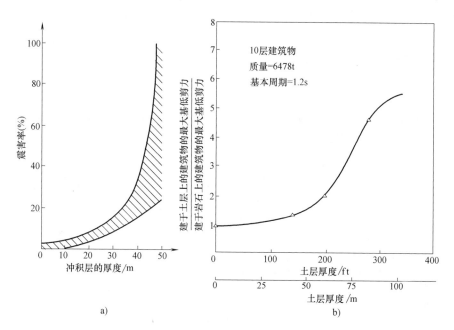

图 7-10 地震震害与土层厚度的关系（据《动力工程地质》）
a）日本关东大地震 b）美国旧金山地震

式中，T_g 为土层的卓越周期；H_i 为第 i 层土的厚度；v_{Si} 为第 i 层土的剪切波速。

可以看出，土层越厚，土越软，卓越周期越大。根据我国震害调查资料，营口市Ⅲ类土的地面运动卓越周期为 $0.2\sim0.1s$；海域Ⅰ类土的地面运动卓越周期为 $0.15\sim0.3s$。

建筑物的卓越周期可由高度或层数来估算

$$T_b = (0.07\sim0.1)N \qquad (7\text{-}23)$$

式中，T_b 为建筑物的卓越周期；N 为建筑物的层数。

场地土层的卓越周期一般可由零点几秒（基岩）变化到几秒（厚土层）。软弱地基上的高层建筑及坚硬地基上的低矮刚性建筑在地震中会产生共振破坏问题。

图 7-11 是日本关东地震影响区域内土层性质差异对不同类型的结构产生不同影响的例子。在下町一带，由于土层基本上是较软的冲积层，柔性较大的木结构震害较严重；而在山手一带，多为土质较坚硬的洪积层，由于上述的共振原理，刚度较大的混合结构房屋受到较

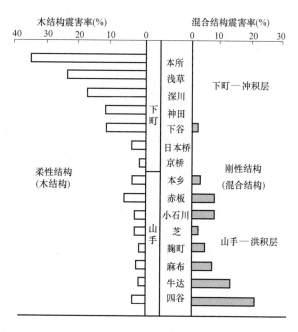

图 7-11 日本关东大地震土层条件对结构震害的影响

205

大的震害。

7.3* 水平自由场地地震动反应分析

场地土地震反应分析是建（构）筑物地震作用分析的基础，在各类建（构）筑物及地基基础的抗震设计中具有重要的作用。场地土往往由多层土组成，而且土的变形特性具有非线性，因此场地土地震反应分析方法比上一节介绍的方法要复杂得多。场地土地震反应分析的主要步骤是：

1）测定场地土层的动力参数，包括每层土的质量密度（ρ）、剪切波速（v_S）及剪切模量（G）和阻尼比（D）在不同应力应变等级下的非线性变化。

2）根据潜在震源的震级和震中距，修正标准的数字化基岩地震波（即修正加速度幅值和频率）为场地振动输入波。

3）进行场地土地震反应分析，方法有剪切梁法、集中质量法或有限单元法等，求得地面及各土层在不同深度的位移、深度和加速度波形。

4）在此基础上再进行相关的地震效应分析，如砂土液化分析、建（构）筑物的地震作用分析等。

7.3.1 剪切梁法

土的刚度往往是按某一规律随深度变化的。这种情况下的场地反应分析可以采用剪切梁法，即把场地土层当作一维剪切梁来考虑。图 7-12 表示置于岩层或类岩层上水平向的一个土层，其厚度为 H。设下伏岩层受地震作用的运动为 u_g，u_g 是时间 t 的函数，单位横截面积的土柱的运动方程可写成

$$\rho(y)\frac{\partial^2 u}{\partial t^2}+c(y)\frac{\partial u}{\partial t}-\frac{\partial}{\partial y}\left[G(y)\frac{\partial u}{\partial y}\right]=-\rho(y)\frac{\partial^2 u_g}{\partial t^2}$$

(7-24)

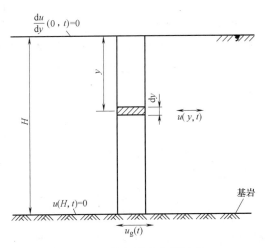

图 7-12 剪切梁法分析示意

式中，u 为 t 时刻 y 深度处的相对位移；$G(y)$ 为 y 深处的剪切模量；$c(y)$ 为 y 深度处的黏滞阻尼系数；$\rho(y)$ 为 y 深度处土的质量密度。

假定土是具有均匀密度和阻尼的线性弹性体，其剪切模量随深度的变化规律如下

$$G(y)=Ay^B$$

(7-25)

式中，A、B 是与土的性质有关的常数。

把式（7-25）代入式（7-24）得到

$$\rho\frac{\partial^2 u}{\partial t^2}+c\frac{\partial u}{\partial t}-\frac{\partial}{\partial y}\left[Ay^B\frac{\partial u}{\partial y}\right]=-\rho\frac{\partial^2 u_g}{\partial t^2}$$

(7-26)

对于 $B \neq 0$（但 < 0.5）的情况，分离变量后得式（7-26）的解

$$u(y,t) = \sum_{n=1}^{\infty} Y_n(y) X_n(t) \tag{7-27}$$

其中振型方程为

$$Y_n(y) = (\beta_n/2)^b \Gamma(1-b)(y/H)^{b/\theta} J_{-b}[\beta_n(y/H)^{1/\theta}] \tag{7-28}$$

而 $X_n(t)$ 为下式的解

$$\ddot{X}_n + 2D_n \omega_n \dot{X}_n + \omega_n^2 X_n = -R_n \ddot{u}_g \tag{7-29}$$

式中，J_{-b} 为 b 阶第一类贝塞尔函数；β_n 为 $J_{-b}(\beta_n) = 0$ 的根，$n = 1$，2，3，…；Γ 为伽马函数；ω_n 为第 n 阶振型的固有圆频率；D_n 为第 n 阶振型的阻尼比。

ω_n、D_n、R_n 的计算公式如下

$$\omega_n = \beta_n \sqrt{A/\rho} / \theta H^{1/\theta} \tag{7-30}$$

$$D_n = c/2\rho\omega_n \tag{7-31}$$

$$R_n = [(\beta_n/2)^{1+b} \Gamma(1-b) J_{1-b}(\beta_n)]^{-1} \tag{7-32}$$

b 和 θ 的关系为

$$B\theta - \theta + 2b = 0 \tag{7-33}$$

$$B\theta - 2\theta + 2 = 0 \tag{7-34}$$

详细推导过程可参阅 Idriss 和 Seed（1967）的文章。

采用剪切梁法求解任意深度 y 处的相对位移的具体步骤如下：

1）采用式（7-28）确定第 n 振型的 $Y_n(y)$。

2）用数值逐次逼近法（Berg 和 Housner，1961；Wilson 和 Clough，1962）或用 Newmark（1962）提出的迭代法，由式（7-29）确定 $X_n(t)$。

3）由式（7-27）求得相对位移 $u(y,t)$。

4）对位移求导，求得相对速度 $\dot{u}(y,t)$、相对加速度 $\ddot{u}(y,t)$。

5）求得总的加速度、速度和位移：总加速度 $= \ddot{u} + \ddot{u}_g$，总速度 $= \dot{u} + \dot{u}_g$，总位移 $= u + u_g$。其中 $\dot{u}_g$ 和 u_g 可以用记录到的加速度 $\ddot{u}(t)$ 积分求得。

下面讨论两种特殊情况：无黏性土和黏性土。

无黏性土的剪切模量可近似表示为 $G(y) = A y^{1/3}$，即 $B = 1/3$。可由式（7-33）和式（7-34）解出 $b = 0.4$ 和 $\theta = 1.2$。因此，式（7-28）~ 式（7-30）为

$$Y_n(y) = \Gamma(0.6)\left(\frac{\beta_n}{2}\right)^{0.4}\left(\frac{y}{H}\right)^{1/3} J_{-0.4}\left[\beta_n\left(\frac{y}{H}\right)^{5/6}\right] \tag{7-35}$$

$$\ddot{X}_n + 2D_n\omega_n\dot{X}_n + \omega_n^2 X_n = -\frac{1}{\Gamma(0.6)\left(\dfrac{\beta_n}{2}\right)^{1.4} J_{0.6}\beta_n} \ddot{u}_g \tag{7-36}$$

$$\omega_n = \beta_n \sqrt{\frac{A}{p}} / 1.2 H^{5/6} \tag{7-37}$$

式中，$\beta_1 = 1.7510$，$\beta_2 = 4.8785$，$\beta_3 = 8.0166$，$\beta_4 = 11.1570$，…。

在黏性土层，剪切模量可近似地认为不随深度而变化，即 $G(y) = A$。根据这个假设，式（7-28）~ 式（7-30）简化为

$$Y_n(y) = \cos\frac{(2n-1)}{2}\frac{y}{H} \tag{7-38}$$

$$\ddot{X}_n + 2D_n\omega_n\dot{X}_n + \omega_n{}^2 X_n = (-1)^n\frac{4}{(2n-1)\pi}\ddot{u}_g \tag{7-39}$$

$$\omega_n = \left[\frac{(2n-1)\pi}{2H}\right]\sqrt{\frac{G}{\rho}} \tag{7-40}$$

确定这两种情况的土层加速度、速度和位移的计算机程序可参阅 Idriss 和 Seed（1967）文章的附录 C。

下面介绍 Idriss 和 Seed（1967）对无黏性土的一个算例。在这个例子中，土层厚度 $H=30.49\mathrm{m}$，土的重度 $\gamma=19.65\mathrm{kN/m^3}$，土的有效重度 $\gamma'=9.43\mathrm{kN/m^3}$，土的剪切模量 $G=4.79\times10^3 y^{1/3}\mathrm{kPa}$，阻尼比 $D=0.2$（对所有振型，$n=1$，2，…）。

采用剪切梁法得到的结算结果如图 7-13 所示。对比图 7-13 给出的基岩输入和地表输出的加速度时程曲线可以看出，土层起到了滤波作用，地表加速度的长周期成分多一些。地表运动的最大加速度与基岩运动的最大加速度相差不大。从图 7-13 中可以看出，土中的最大剪应变和剪应力随着埋深的增大而增大。地震过程中整个深度范围内土的应变、应力变化范围较大，这也说明如果要提高计算精度，非线性本构模型的采用是必要的。

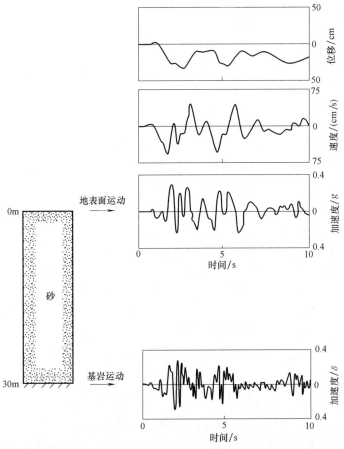

图 7-13　剪切梁法给出的场地土地震反应

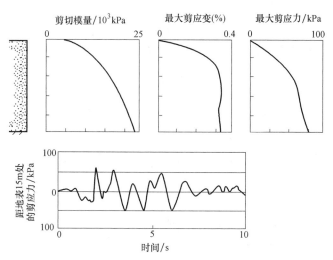

图 7-13　剪切梁法给出的场地土地震反应（续）

7.3.2　集中质量法

剪切梁法适用于均匀土层，对于性质差异较大的多层土可以采用结构动力学中的集中质量法进行场地地震反应计算（Idriss 和 Seed，1968）。集中质量法的分析模型如图 7-14 所示，将土层看作不同性质的线弹性体，将这些弹性体划分成若干份，把每一份看作单质点振动体系，建立多质点振动方程进而求解得到土层的振动。

土层分割方法如图 7-14 所示。将土体自上而下分为 n 份，对应 N 个质点。第一个质点

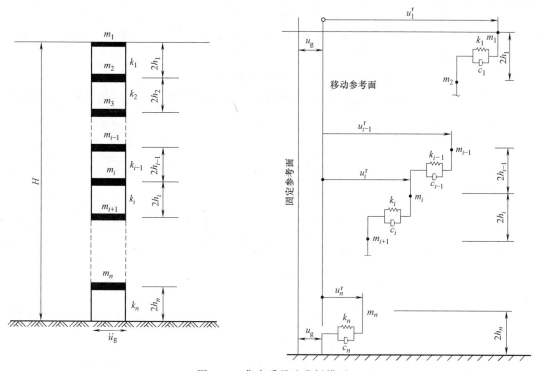

图 7-14　集中质量法分析模型

的质量为

$$m_1 = \gamma_1 h_1 / g \tag{7-41}$$

式中，m_1 为自上算起的第一个质点的质量；γ_1 为第一层土的重度；h_1 为第一层厚度的一半；g 为重力加速度。

第 i 个质点的质量为第 i 层土质量的一半加上第 $i+1$ 层土质量的一半之和，即

$$m_i = (\gamma_{i-1} h_{i-1} + \gamma_i h_i) / g \quad (i = 2, 3, \cdots, n) \tag{7-42}$$

最下层一半的质量与基底连接在一起。这些质点由抗侧向变形的弹簧和阻尼器连接。由于分析的是场地土的水平向振动，因此运动方程中的弹簧常数 k 和阻尼系数 c 必须满足土的剪切变形条件。弹簧常数 k 为

$$k_i = G_i / 2 h_i \quad (i = 1, 2, \cdots, n) \tag{7-43}$$

式中，k_i 为连接质量 m_i 和 m_{i+1} 的弹簧的弹簧常数；G_i 为 i 土层的剪切模量。

按照有阻尼的单自由度系统模型确定的土的阻尼系数 c_i 为

$$c_i = 2 m_i \omega_i D_i \tag{7-44}$$

式中，m_i 为土的质量；ω_i 为固有频率；D_i 为阻尼比。

参数 G 和 D 采用试验确定。令第 i 层土的厚度、剪切模量和重度各为 H_i、G_i 和 γ_i，该土层的固有频率可由式（7-40）得到，对于第一振型

$$\omega_{1(i)} = \left(\frac{\pi}{2 H_i} \right) \sqrt{\frac{G_i}{\rho_i}} \tag{7-45}$$

因此，土层的卓越（固有）周期和频率可由下式得到

$$T_{1(i)} = \frac{2\pi}{\omega_{1(i)}} = \frac{4 H_i}{\sqrt{G_i g / \gamma_i}} \tag{7-46}$$

将场地土层转化为多质点振动系统，按多自由度系统进行动力反应分析。这 N 个质点的运动方程的矩阵形式如下

$$M\ddot{u} + C\dot{u} + Ku = R(t) \tag{7-47}$$

式中，u、$\dot{u}$ 和 $\ddot{u}$ 分别为相对位移、相对速度和相对加速度矢量；M 为质量矩阵；C 为黏滞阻尼矩阵；K 为刚度矩阵。

质量矩阵 M 为对角线矩阵，即

$$M = \begin{bmatrix} m_1 & & & 0 \\ & m_2 & & \\ & & \ddots & \\ 0 & & & m_n \end{bmatrix} \tag{7-48}$$

刚度矩阵为对称方阵

$$K = \begin{bmatrix} k_1 + k_2 & -k_2 & & 0 \\ -k_2 & k_2 + k_3 & & \\ & & k_{n-1} + k_n & -k_n \\ 0 & & -k_n & k_n \end{bmatrix} \tag{7-49}$$

阻尼矩阵 C 与刚度矩阵 K 的形式一样，只是用 c_i 替代 k_i。地震荷载矢量 $R(t)$ 为一阵列

$(m_1, m_2, \cdots, m_n)$ $\ddot{u}_g$。剩下的工作就是采用多质点振动体系的求解方法得到微分方程组的解了。

以下给出集中质量法的求解步骤（Idriss 和 Seed，1967）：

1）首先得出土层数、质量矩阵及刚度矩阵。

2）由以下的特征值问题求得振型和频率，即

$$K\boldsymbol{\phi}_i^j = \omega_j^2 M\boldsymbol{\phi}_i^j \tag{7-50}$$

式中，$\boldsymbol{\phi}_i^j$ 为第 j 阶振型中第 i 层的模态分量；ω_j 为第 j 阶振型的圆频率。

3）将式（7-47）简化成非耦联的正则方程，然后解正则方程，求得不同时刻每一振型的地震反应，i 层的相对位移可表示为

$$u_i(t) = \sum_{n=1}^{N} \phi_i^j X_j(t) \tag{7-51}$$

式中，$X_j(t)$ 为第 j 阶振型的正则坐标；$u_i(t)$ 为 t 时刻第 i 层的相对位移。

4）对式（7-51）微分可得到相对速度 $\dot{u}_i(t)$ 和相对加速度 $\ddot{u}_i(t)$

$$\dot{u}_i(t) = \sum_{j=1}^{N} \phi_i^j \dot{X}_j(t)，\ddot{u}_i(t) = \sum_{j=1}^{N} \phi_i^j \ddot{X}_j(t) \tag{7-52}$$

5）t 时刻第 i 层的总加速度、总速度和总位移可由下式得到

总加速度 $= \ddot{u}_i(t) + \ddot{u}_g$，　总速度 $= \dot{u}_i(t) + \dot{u}_g$，　总位移 $= u_i(t) + u_g$

6）第 i 层和 $i+1$ 层之间的剪应变可表示为

$$\gamma_i = [u_i(t) - u_{i+1}(t)]/2 h_i \tag{7-53}$$

7）第 i 层和 $i+1$ 层之间的剪应力为

$$\tau_i(t) = G\gamma_i \tag{7-54}$$

集总参数系统法的精度取决于分析时划分的土层数。Idriss 和 Seed（1968）曾把集中质量法按不同分割数目的计算结果与剪切梁法的解进行了比较，得到的分割数 N 与误差 ERS（用百分数表示）之间的关系，如图 7-15 所示。可以看出，分割数与土层的卓越周期 T_g 有关，卓越周期 T_g 越大，需要分割的数目越多。

对于集总参数系统法求解的稳定性，Idriss 和 Seed（1978）提出下列条件：

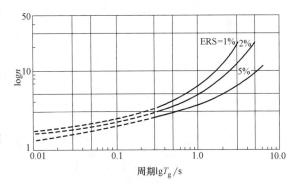

图 7-15　等值 ERS 的 n 与 T_g 的关系

对于逼近法求解　　　　　　　　　　　$T_{nn} \geqslant 2\Delta t \tag{7-55}$

对于 Newmark 迭代法求解　　　　　　$T_{nn} \geqslant 5\Delta t \tag{7-56}$

式中，Δt 为对正则方程积分的时间间隔；T_{nn} 为包含在计算中的最小周期，与最高振型对应。

下面介绍 Idriss 和 Seed（1967）采用集中质量法分析多层土场地的地震反应。基岩输入的地震波形与上一节的算例相同。场地土层的总厚度为 200ft（60.96m），由 6 层性质差异较大的土层组成，在浅部有一层软黏土。各土层的剪切模量如图 7-16 所示，阻尼比均为 0.2。

图 7-16 给出了地面运动的分析结果。可以看出，在这种地质条件下，地面运动的最大加速度约为 0.42g，要明显大于基岩输入的最大加速度（约 0.3g），表现出明显的放大作

用。尽管场地的土层性质差异较大，图 7-16 给出的最大剪应力与深度的关系趋势与均质土层的差别不大，但最大剪应变出现在浅部的软土层中。

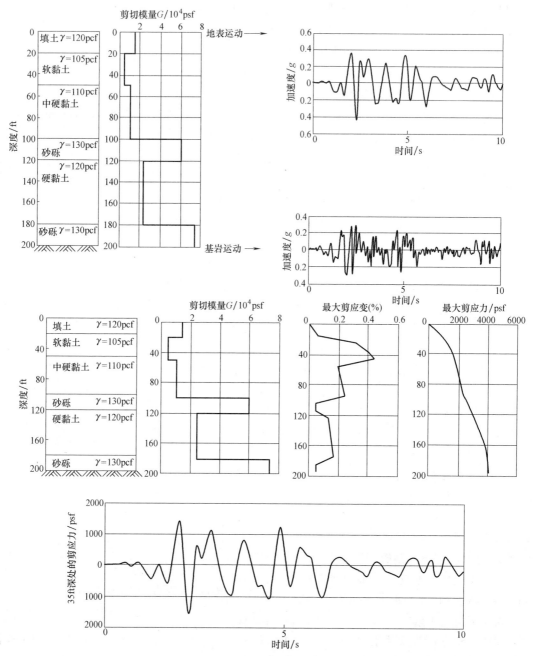

图 7-16　集中质量法场地土地震反应分析结果

注：1ft＝0.3048m；1pcf＝16.0185kg/m³；1psf＝47.8803Pa。

7.3.3　输入地震波的确定

场地土层的地震反应分析首先需要确定输入的基岩地震波的时程曲线。输入的地震波的确定方法有以下几种：

1）采用已有的基岩运动记录。

2）采用 Seed 提出的"比例法"，根据已有的基岩运动记录，给出设计地震下的基岩运动。

3）人工合成地震波法。先确定所模拟基岩运动的频谱特征，再采用数学方法给出基岩运动的时域波形。

下面介绍 Seed 提出的比例法的分析步骤：

1）在设计 M 震级和震中距离确定的情况下，根据图 7-17 和 7-18 分别确定出基岩运动峰值加速度 a_0 和卓越周期 T_0。

2）选取一个适当的地震记录，找出其峰值加速度 a_1 和卓越周期 T_1（由频谱分析获得）。

3）求出峰值加速度比 r_a 和卓越周期比 r_T 之间的比值

$$r_a = a_0 / a_1 \tag{7-57a}$$
$$r_T = T_0 / T_1 \tag{7-57b}$$

4）将已有的地震记录的纵坐标（加速度）放大至 r_a 倍、横坐标（时间）放大至 r_T 倍，得到的新的加速度波形即为地震输入波形。

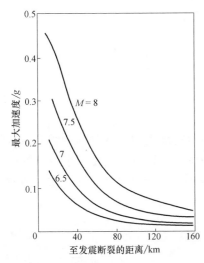

图 7-17 基岩最大加速度与断裂距离的关系

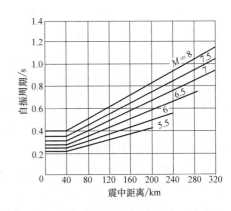

图 7-18 基岩运动卓越周期与震中距离的关系

7.4 地震反应谱与地震作用力

建筑物的地震反应是建筑物自身特性与地面运动特性的综合反映。在建筑物抗震设计中，最关键的问题是如何确定地震对建筑物的作用力。地震作用力的分析方法采用的是基于单自由度弹性系统地震响应的地震反应谱法。

7.4.1 单自由度体系的地震响应

如图 7-19 所示，一单自由度体系受到地震作用，地面运动加速度为 $\ddot{y}(t)$，地面运动位

移为 $y(t)$。质点 M 的相对位移为 x，采用相对位移表示的下质点 M 的平衡方程如下：

$$m\ddot{x}+c\dot{x}+kx=-m\ddot{y}(t) \tag{7-58}$$

该式可进一步转化为

$$\ddot{x}+2D\omega_n\dot{x}+\omega^2 x=-\ddot{y}(t) \tag{7-59}$$

式中，D 为阻尼比，$D=\left(\dfrac{c}{2m}\right)/\omega_n$，$\omega_n$ 为单质点体系无阻尼自振频率，$\omega_n^2=k/m$。式 (7-59) 即为第 2 章中给出的基座运动引起的单质点体系的相对运动方程，不过地震地面运动是一种随机的复杂运动。下面用一种物理方法来求解这个微分方程。

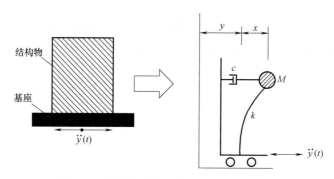

图 7-19　单自由度体系的地震反应分析模型

第 2 章中给出了单质点体系在初始速度 $\dot{y}(t)$ 的情况下自由振动的解为

$$\Delta x=\mathrm{e}^{-D\omega t}\frac{\dot{y}(t)}{\omega_d}\sin(\omega_d t) \tag{7-60}$$

式中，ω_d 为单质点体系有阻尼自振频率。把图 7-20 中所示的地震加速度时程曲线按照时间间隔 $\Delta\tau$ 分成若单个竖直窄条。由于加速度的积分代表速度，所以可以把每一个窄条的面积看作是 τ 时刻的速度增量 $\dot{y}(\tau)$。这样按式 (7-60)，由 τ 时刻的速度增量 $\dot{y}(\tau)$ 造成的质点 M 在任一时刻 t 的相对位移为

$$\Delta x=\mathrm{e}^{-D\omega_n(t-\tau)}\frac{\ddot{y}(t)\Delta\tau}{\omega_d}\sin\left[\omega_d(t-\tau)\right] \tag{7-61}$$

质点 M 在任一时刻 t 的地震反应可看作 t 时刻之前这些速度增量连续作用下的自由振动的叠加，这样就把式 (7-59) 所示的强迫振动问题转化成自由振动问题求解。Δt 取无限小然后积分，得到质点 M 在任一时刻 t 的相对位移响应反应

$$x(t)=-\frac{1}{\omega'}\int_0^t\ddot{y}(\tau)\,\mathrm{e}^{-D\omega(t-\tau)}\sin\omega_d(t-\tau)\mathrm{d}\tau \tag{7-62}$$

其中地面运动加速度时程曲线 $\ddot{y}(\tau)$ 是不规则的时间函数，因此上式一般用数值积

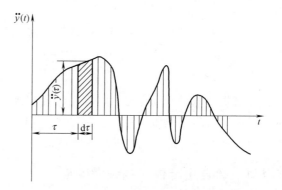

图 7-20　地面运动加速度曲线的离散

分法或振型分析法求解。

将相对位移［式（7-62）］对时间 t 求导并稍作变换，可得到相对速度响应为

$$\dot{x}(t) = -\frac{\omega_n}{\omega_d} \int_0^t \ddot{y}(\tau) e^{-D\omega_n(t-\tau)} \cdot \cos\left[\omega_d(t-\tau)+\alpha\right] d\tau \tag{7-63}$$

式中，$\alpha = \arctan(D/\sqrt{1-D^2})$。进一步可以得到绝对加速度响应为

$$\ddot{x}(t) + \ddot{y}(t) = \frac{\omega_n^2}{\omega_d} \int_0^t \ddot{y}(\tau) e^{-D\omega_n(t-\tau)} \cdot \sin\left[\omega_d(t-\tau)+2\alpha\right] d\tau \tag{7-64}$$

由于结构物的阻尼比 D 要比 1 小得多（$D \ll 1$），因此近似的有 $\omega_d \approx \omega_n$，这样就近似有

$$x(t) = -\frac{1}{\omega_n} \int_0^t \ddot{y}(\tau) e^{-D\omega_n(t-\tau)} \cdot \sin\left[\omega_d(t-\tau)\right] d\tau \tag{7-65}$$

$$\dot{x}(t) = -\int_0^t \ddot{y}(\tau) e^{-D\omega_n(t-\tau)} \cdot \cos\left[\omega_d(t-\tau)\right] d\tau = -\omega_n x(t) \tag{7-66}$$

$$\ddot{x}(t) + \ddot{y}(t) = +\omega_n \int_0^t \ddot{y}(\tau) e^{-D\omega_n(t-\tau)} \cdot \sin\left[\omega_d(t-\tau)\right] d\tau = -\omega_n^2 x(t) \tag{7-67}$$

这样的近似解称为拟位移（相对）、拟速度（相对）和拟加速度（绝对）。

对于不同的单自由度体系（即质量、刚度和阻尼），得到的响应曲线是不同的。图7-21中列举了采用 1952 年 7 月 21 日塔夫脱（Taft）地震加速度记录计算出的三个不同自振周期的单质点系的拟加速度响应。从图中可以看到，在同样的地面加速度作用下，自振频率 ω（或周期 T）不同的单质点体系的反应的最大值和频率特性都不相同。当卓越周期 T 较长时，反应中长周期的分量较大；当卓越周期 T 较短时，响应中短周期的分量较大。注意这些响应曲线的峰值代表着结构的最大响应，在工程设计中具有重要的意义。

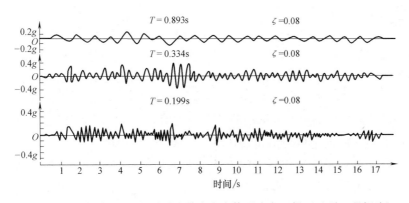

图 7-21　塔夫脱（Taft）地震的单自由度体系响应（据《地震工程概论》）

7.4.2　地震反应谱

从上面的分析中可以看出，在同一地面运动作用下，不同单自由度弹性体系的响应是不同的。在地震荷载作用下，单自由度弹性体系绝对加速度、相对速度和相对位移的最大响应与其卓越周期 T 之间的关系称为反应谱（response spectrum）。反应谱表征了地震加速度时程作用于单自由度弹性体系的最大反应随体系的自振特性（周期、阻尼比）变化的函数关系。

地震反应谱的绘制原理如图 7-22 所示，选取某地震加速度时程曲线，采用式 (7-62)、(7-63) 和 (7-64) 求得每个单自由度弹性体系的相对位移、相对速度和绝对加速度的响应，选取各响应的最大值，分别为 S_d（最大相对位移）、S_v（最大相对速度）和 S_a（最大绝对加速度），绘制这些最大值与对应的单自由度体系的周期 T 的关系曲线，即为反应谱曲线，分别简称为位移反应谱（$S_d \sim T$）、速度反应谱（$S_v \sim T$）和加速度反应谱（$S_a \sim T$）。如分析中采用的是拟位移、拟速度和拟加速度，则得到的反应谱分别称为拟位移、拟速度和拟加速度反应谱。

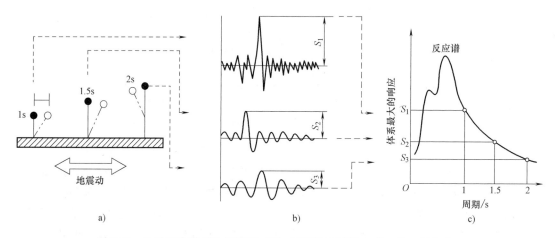

图 7-22　地震反应谱的绘制原理（据《工程地震学》，袁一凡，田启文）

a）不同卓越周期的振子　b）各振子地震反应及最大值　c）各最大值与振子周期关系（反应谱）

对于绝对刚性的结构物（$T=0$）的相对位移和相对加速度响应均等于 0，而绝对加速度则等于地震动加速度 a，即

$$S_a(T \to 0) = a , S_v(T \to 0) = S_d(T \to 0) = 0 \tag{7-68}$$

对于无限柔性的结构物（$T \to \infty$），最大相对位移、最大相对速度和最大相对加速度分别等于地震动的最大位移 d、最大速度 v 和最大加速度 a，而绝对加速度反应则等于零，即

$$S_a(T \to \infty) = 0 , S_v(T \to \infty) = v , S_d(T \to \infty) = d \tag{7-69}$$

因此，反应谱的高频段主要决定于地震动的最大加速度 a，中频段决定于最大速度 v，低频段决定于地震动最大位移 d。这也是这三种反应谱曲线的基本特征。

根据式 (7-65)~式 (7-67)，单自由度体系在地震中的最大相对位移 S_d、最大相对速度 S_v 及最大绝对加速度 S_a 之间的关系近似为

$$S_d \approx \frac{1}{\omega} S_v = \frac{T}{2\pi} S_v \tag{7-70}$$

$$S_a \approx \omega S_v = \frac{2\pi}{T} S_v \tag{7-71}$$

另外，还可以看出各反应谱随周期 T 变化的大致规律：位移谱随 T 的增大而最大，加速度谱随 T 的增大而减小。

图 7-23 分别给出了由爱尔生屈（EI Centro）地震（南-北向）加速度时程曲线分析得到的单质点振动体系的位移反应谱、速度反应谱和加速度反应谱。从中可以看出强震反

应谱所具有的一些特征：

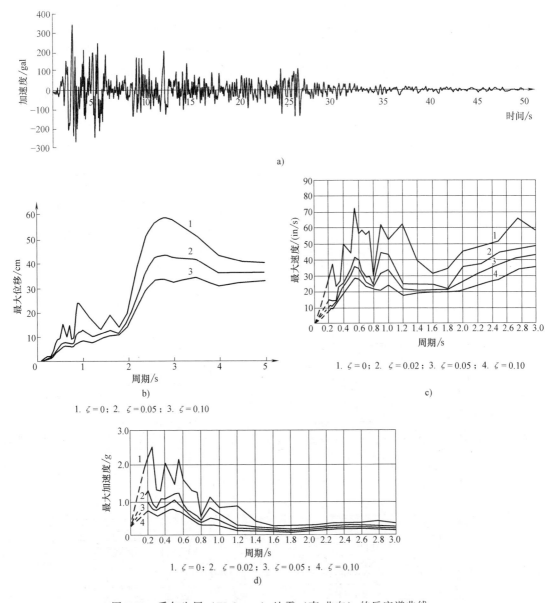

图 7-23　爱尔生屈（EI Centro）地震（南-北向）的反应谱曲线

a）加速度时程曲线　b）位移反应谱　c）速度反应谱　d）加速度反应谱

1）曲线多峰点，尤其是在周期较短的情况下跳跃较为剧烈。

2）当阻尼比 D 为 0 时，反应谱的幅值最大，峰值突出；阻尼的增大使得反应谱的幅值降低，且变得较为平滑。

3）速度反应谱在相当宽的周期范围内，它的平均值接近水平直线。

4）加速度反应谱短周期的幅值较大，周期稍长时表现出衰减的趋势。

地震反应谱的形态显然与地震地面运动特征有关，因此也可用来表征地震地面运动特征。前面指出，场地地层条件（土层厚度、土层模量）对地面运动特征具有重要的影响。

因此，同一地震不同地质条件下的地面运动特征不同，得到的反应谱也不一样。为了考虑场地条件的影响，需要借助前面给出的地面运动分析方法，先获得某类场地的地面运动的时程曲线，再得到单自由度体系的反应谱曲线。Seed 对 1963 年日本地震中的 6 种地基进行了地震反应分析，给出了这些地基上单质点振动体系的加速度反应谱曲线，如图 7-24 所示。可以看出，不同地质条件下的反应谱的形态具有一定的相似性，但峰值的大小及对应的周期随着场地变化而有所不同：随着场地逐渐变软，出现最大加速度反应值的周期 T 不断的加大，最大可达 2.5s。

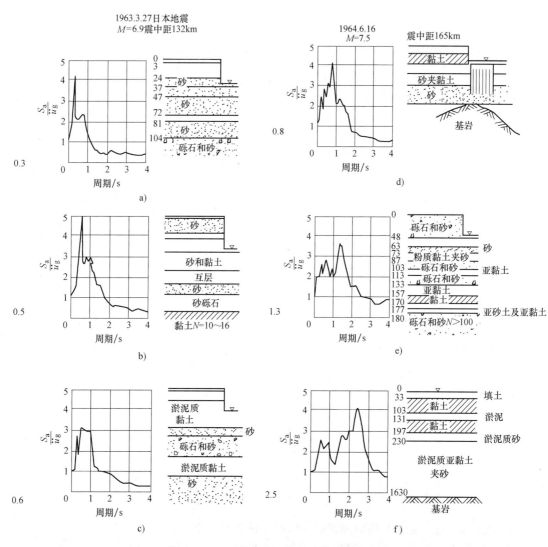

图 7-24　Seed 给出的 6 种场地的地震反应谱

场地土层分布千差万别，工程设计中通过地震场地类型划分来简化对场地因素的考虑。我国 GB 50011—2010《建筑抗震设计规范》中给出的地震场地类型划分方法见表 7-4，根据场地等效剪切波速 v_{Se} 和覆盖层厚度 H 划分为四种场地类型。等效剪切波速 v_{Se} 采用下式计算

$$v_{Se} = d_0 / t \tag{7-72}$$

$$t = \sum_{i=1}^{n} \left(d_i v_{Si} \right) \tag{7-73}$$

式中，v_{Se} 为土层等效剪切波速（m/s）；d_0 为计算深度（m），取覆盖层厚度和 20m 两者的较小值；t 剪切波在地面至计算深度之间的传播时间；d_i 计算深度范围内第 i 土层的厚度（m）；v_{Si} 为计算深度范围内第 i 土层的剪切波速（m/s）；n 为计算深度范围内土层的分层数。

不同类型的土的剪切波速的变化范围见表 7-5。覆盖层的厚度 H 取地面至岩石或坚硬土的距离，也就是距剪切波速大于 500m/s 的土层顶面的距离。

表 7-4　地震场地类型划分

岩石的剪切波速或土的等效剪切波速/(m/s)	场地类别				
	I_0	I_1	II	III	IV
$v_S > 800$	0				
$800 \geqslant v_S > 500$		0			
$500 \geqslant v_{Se} > 250$		<5	≥5		
$250 \geqslant v_{Se} > 150$		<3	3~50	>50	
$v_{Se} \leqslant 150$		<3	3~15	15~80	>80

注：表中 v_S 指岩石的剪切波速。

表 7-5　不同类型的土的剪切波速

土的类型	岩土名称和性状	土层剪切波速范围/(m/s)
岩石	坚硬、较硬且完整的岩石	$v_S \geqslant 800$
坚硬土或软质岩石	破碎和较破碎的岩石或软和较软的岩石，密实的碎石土	$800 \geqslant v_S > 500$
中硬土	中密、稍密的碎石土，密实、中密的砾、粗、中砂，$f_{ak} > 150$ 的黏性土和粉土，坚硬黄土	$500 \geqslant v_S > 250$
中软土	稍密的砾、粗、中砂，除松散外的细、粉砂，$f_{ak} \leqslant 150$ 的黏性土和粉土，$f_{ak} > 130$ 的填土，可塑新黄土	$250 \geqslant v_S > 150$
软弱土	淤泥和淤泥质土，松散的砂，新近沉积的黏性土和粉土，$f_{ak} \leqslant 130$ 的填土，流塑黄土	$v_S \leqslant 150$

注：f_{ak} 为由载荷试验等方法得到的地基承载力特征值（kPa），v_S 为岩土剪切波速。

7.4.3　地震作用力及设计反应谱

如果将建筑物看作单质点弹性体系，地震引起的建筑物的水平向作用力最大值可以表示为

$$F_{max} = \frac{W}{g} \ddot{x}_{max} \tag{7-74}$$

式中，W 为建筑物重量，g 为重力加速度，$\ddot{x}_{max}$ 为建筑物水平向运动的最大绝对加速度。根据上一节的知识，显然 $\ddot{x}_{max}$ 可由加速度反应谱求得。

式（7-74）可进一步转化为

$$F_{max} = \frac{W}{g} \left(\frac{\ddot{x}_{max}}{\ddot{x}_{0max}} \right) \ddot{x}_{0max} = \frac{\ddot{x}_{0max}}{g} \left(\frac{\ddot{x}_{max}}{\ddot{x}_{0max}} \right) W \tag{7-75}$$

式中，$\ddot{x}_{0max}$ 为地面运动水平向最大加速度。

定义两个参数

$$地震系数\ k = \frac{\ddot{x}_{0max}}{g}, \quad 动力系数\ \beta = \frac{\ddot{x}_{max}}{\ddot{x}_{0max}} \qquad (7-76)$$

则

$$F_{max} = k\beta W \qquad (7-77)$$

这样单自由度体系的最大地震作用力就可以通过 k 和 β 这两个参数得到。作为普遍适用的工程设计的方法，需要给出地震系数 k 和动力系数 β 的标准数值。

地震系数 k 是地面运动的最大加速度（以重力加速度 g 作为单位），它是与地震影响强烈程度有关的物理量。前面已指出，地震的强烈程度用烈度来表示。因此，可以根据已有地震的调查结果建立地震系数 k 与地震烈度 I 之间的对应关系。统计结果表明，它们之间大致成正比，但离散性是比较大的，表7-6中给出了地震系数 k 的经验取值。

表7-6 地震系数 k、动力系数最大值 β_{max} 和地震影响系数最大值 α_{max}

地震烈度 I		6度	7度	8度	9度
地震系数 k	基本值	0.05	0.1	0.2	0.4
	多遇地震	0.017	0.035	0.069	0.14
	罕遇地震	0.12	0.22	0.4	0.62
动力系数最大值 β_{max}		2.25	2.25	2.25	2.25
地震影响系数最大值 $\alpha_{max} = \beta_{max} k$	基本值	0.113	0.225	0.45	0.90
	多遇地震	0.04	0.08	0.16	0.32
	罕遇地震	0.28	0.50	0.90	1.40

注：基本值（中震），50年内的超越概率为10%；多遇地震（小震），50年可能遭遇的超越概率为63%；罕遇地震（大震），50年超越概率2%~3%的地震烈度。

动力系数 β 显然可以通过加速度反应谱得到。将加速度反应谱归一化，即将加速度响应除以地面运动加速度的最大值，就得到 β 与结构卓越周期 T 的关系，也是一种谱曲线。用于地震作用力分析的动力系数谱曲线既要考虑结构特征的影响（不同于单自由度弹性体系），又要考虑场地条件的影响。作为一种近似的做法，工程设计中用已经记录到的许多地震加

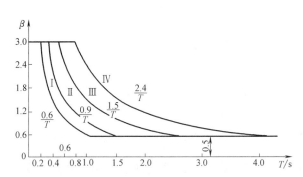

图7-25 设计反应谱（《建筑抗震设计规范》（64版））

速度记录的平均反应谱作为设计的依据，称为设计反应谱（或标准反应谱）。图7-25给出的是我国《建筑抗震设计规范》（64版）中曾采用过的四类场地（I坚硬、II中硬、III中软、IV软弱）标准反应谱曲线（动力系数 β 与结构卓越周期 T 的关系）。这些反应谱曲线具有相似的形态，由初始平台段、中间下降段和末尾平台段三段曲线组成。反应谱曲线随着场地土层卓越周期的增大而向右移动，但不同场地具有相同的最大动力系数（$\beta_{max} = 3.0$）。

如果将 k 和 β 的乘积用 α 表示，即

$$\alpha = k\beta \tag{7-78}$$

这样就可以仅用一个参数 α 来计算地震作用力

$$F_{\max} = \alpha W \tag{7-79}$$

参数 α 称为地震影响系数。

GB 50011—2010《建筑抗震设计规范》采用地震影响系数 α 来进行结构地震作用力的分析。根据国内外强震加速度记录和反应谱资料的统计分析，给出了图 7-26 所示的地震影响系数曲线（纵坐标为地震影响系数 α，横坐标为结构卓越周期 T）。与图 7-25 不同的是，场地因素的影响通过特征周期 T_g 来归一化处理，给出了适用于

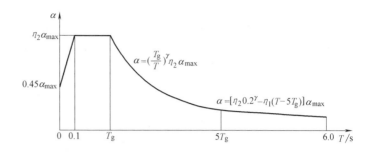

图 7-26　地震影响系数曲线（GB 50011—2010《建筑抗震设计规范》）
$\alpha_{\max}$—地震影响系数最大值　T_g—场地特征周期　η_1—直线下降段的调整系数
η_2—阻尼调整系数　γ—衰减指数

各类场地的归一化曲线。这条地震影响系数曲线综合考虑了地震烈度、场地类型和结构物特征（卓越周期 T 和阻尼 D）的影响，但注意适用范围在 $T \leqslant 6.0\mathrm{s}$。地震最大影响系数 $\alpha_{\max}$ 与地震烈度 I 有关，可由 k 和 $\beta_{\max}$ 计算得到，具体数值见表 7-6。多遇地震的加速度、地震系数和地震影响系数最大值约为基本值的 0.345 倍，罕遇地震的为基本值的 2 倍。场地特征周期 T_g 与场地类型有关，5 种场地类型对应的特征周期见表 7-7。特征周期随场地类型的增大而增大。另外，地震强度对特征周期也有影响，强度越大，特征周期值越大。参数 η_1、η_2 和 γ 均与结构的阻尼比 D 有关，具体确定方法参见规范。

表 7-7　不同类型场地的特征周期 T_g

设计地震分组	场地类别				
	I_0	I_1	II	III	IV
第一组	0.20	0.25	0.35	0.45	0.65
第二组	0.25	0.30	0.40	0.55	0.75
第三组	0.30	0.35	0.45	0.65	0.90

注：对应三个设防标准，第一组、第二组、第三组分别按 50 年超越概率为 63%、10% 和 2%。

7.5　地震作用下地基的稳定性

7.5.1　基础的地震荷载和破坏方式

基础是将上部结构的荷载传递至地基的结构。地震过程中，地面运动引起了构筑物的振动；构筑物振动产生的作用力由基础传递至地基。因此，地基受到的作用力及破坏模式与基础的类型有关。图 7-27 给出了两种典型的基础类型。一种是由多个独立基础承担上部结构荷载；另一种是由单个独立基础承担上部结构荷载。

对于第一种情况（图 7-27a），作用于结构形心的水平向地震作用力 CG 转化为作用于基础的竖向集中力 P 与水平向集中力 V 的组合，或者看作一个倾斜荷载。每个独立基础的基底压力（竖向压力和水平向剪应力）可以认为是均布的。地基可能因为竖向承载力不足而产生大的沉陷，也可能产生水平向的滑移破坏。

对于第二种情况（图 7-27b），作用于结构形心的水平向地震作用力 CF 转化为作用于基础弯矩 M 和水平向集中力 V 的组合。基底竖向压力不均匀。地基可能因为承载力不足而产生倾斜，或滑移破坏。

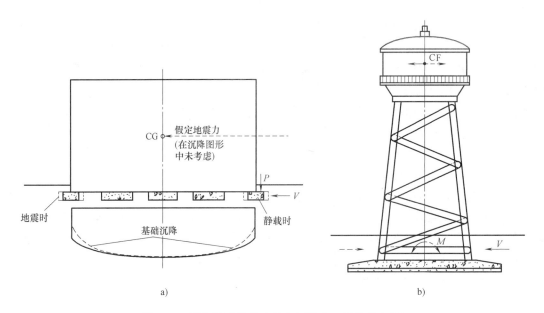

a)   b)

图 7-27　两种形式的基础及破坏模式（据普拉卡什）

a）框架结构的多个独立基础　b）高耸结构的单个独立基础

7.5.2　考虑水平方向荷载（倾斜荷载）的地基稳定性分析

基础竖向承载力的研究历史悠久。Vesic（1973，1975）根据理论和试验结果，对太沙基地基承载力公式进行了改进，给出了一个适用范围更广的、形式与太沙基地基承载力公式相同的地基承载力公式，该公式可以考虑图 7-28 所示的基础形状、埋深、荷载倾斜（水平向荷

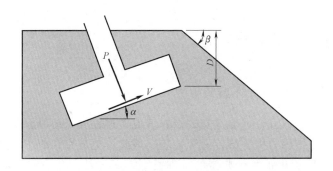

图 7-28　Vesic 地基承载力公式考虑的情况及符号定义（自 Donald P. Coduto，2004）

载）、基础倾斜、地面倾斜等因素的影响，具体表达式如下

$$q_{ult} = c'N_c s_c d_c i_c b_c g_c + \sigma'_{zD} N_q s_q d_q i_q b_q g_q + 0.5\gamma' B N_\gamma s_\gamma d_\gamma i_\gamma b_\gamma g_\gamma \qquad (7\text{-}80)$$

式中，q_{ult} 为天然地基的极限承载力；N_c、N_q 和 N_γ 为地基承载力系数；c' 为土的有效内摩擦角；γ' 为土的浮重度；σ'_{zD} 为基础埋深 D 范围内的土体产生的竖向超载；B 为基础的宽度；s_c、s_q 和 s_γ 为基础形状系数；d_c、d_q 和 d_γ 为基础埋深系数；i_c、i_q 和 i_γ 为荷载倾斜系数；b_c、b_q 和 b_γ 为基础倾斜系数；g_c、g_q 和 g_γ 为地面倾斜系数。

式（7-80）中有关系数的求解方法见表 7-8。需要说明的是，Vesic 地基承载力公式中土的强度指标采用的是有效强度指标 c' 和 φ'，但也可以采用总强度指标 c 和 φ。对于软土的不排水总应力分析，取 $c = c_u$ 和 $\varphi = 0$，其中 c_u 为软黏土的不排水抗剪强度。注意在 $\varphi = 0$ 的情况下，承载力系数 $N_c = 5.14$。

表 7-8 Vesic 地基承载力公式系数表

类型	系数及公式	参数
地基承载力系数	$N_q = e^{\pi\tan\varphi'}\tan^2(45+\varphi'/2)$ $N_c = \dfrac{N_q - 1}{\tan\varphi'}$ $N_\gamma = 2(N_q + 1)\tan\varphi'$	
基础形状系数	$d_c = 1 + 0.4k$ $d_q = 1 + 2k\tan\varphi'(1-\sin\varphi')^2$ $d_\gamma = 1$	V:水平向应力； P:竖向应力； A:基底面积； c':土的有效黏聚力； φ':土的有效内摩擦角 B:基础宽度； L:基础长度。
荷载倾斜系数	$i_c = 1 - \dfrac{mV}{Ac'N_c} \geqslant 0$ $i_q = \left[1 - \dfrac{V}{P + \dfrac{Ac'}{\tan\varphi'}}\right]^m \geqslant 0$ $i_\gamma = \left[1 - \dfrac{V}{P + \dfrac{Ac'}{\tan\varphi'}}\right]^{m+1} \geqslant 0$	对于浅一些的基础$(D/B \leqslant 1)$,$k = D/B$; 对于深一些的基础$(D/B > 1)$,$k = \arctan(D/B)$。 对于 B 方向倾斜的荷载 $m = \dfrac{2 + B/L}{1 + B/L}$ 对于 L 方向倾斜的荷载 $m = \dfrac{2 + L/B}{1 + L/B}$
基础倾斜系数	$b_c = 1 - \dfrac{\alpha}{147°}$ $b_q = b_\gamma = \left(1 - \dfrac{\alpha\tan\varphi'}{57°}\right)^2$	
地面倾斜系数	$g_c = 1 - \dfrac{\beta}{147°}$ $g_q = g_\gamma = [1 - \tan\beta]^2$	

计算出极限承载力后，按照下式判断是否满足稳定性要求

$$p \leqslant \frac{q_{ult}}{K_s} \qquad (7\text{-}81)$$

式中，p 为基底压力平均值；K_s 为安全系数。

7.5.3 考虑弯矩作用（偏心荷载）的地基稳定性分析

这里介绍的方法是基于有效基础尺寸（基础有效宽度 B' 和有效长度 L'），将偏心荷载产生的弯矩转化为基底等效竖向应力（p_{eq}），然后用常规的地基承载力公式（如太沙基地基承

载力公式）得到的允许承载力（p_a）进行地基稳定性分析。Meyerhof（1963）、Brinch Hansen（1970）给出的基础的有效宽度 B' 和有效长度 L' 的计算方法为

$$B' = B - 2e_B, L' = L - 2e_L \tag{7-82}$$

式中，e_B、e_L 分别为偏心荷载在宽度和长度方向的偏心距。

等效基底竖向应力 p_{eq} 的计算方法如下

$$p_{eq} = \frac{P + W_f}{B'L'} - u_d \tag{7-83}$$

式中，P 为结构作用于基础的竖向压力；W_f 为基础及上覆土的自重；u_d 为基底的浮力。

如果 p_{eq} 小于或等于允许承载力 p_a，则地基稳定；否则，增大基础面积直到满足要求。

7.5.4　基础滑移稳定分析

在水平向应力较大的情况下，基础将产生水平向的滑移。如图 7-29 所示，Q_H 为作用于基础的水平向荷载，Q_v 为作用于基础的竖向荷载，P_p 为基础侧面土体的被动土压力，P_a 为基础侧面土体的主动土压力，F 为基底的抗滑力。根据水平向力系的平衡条件，可以得到基础的抗滑移安全系数 K_{sh}

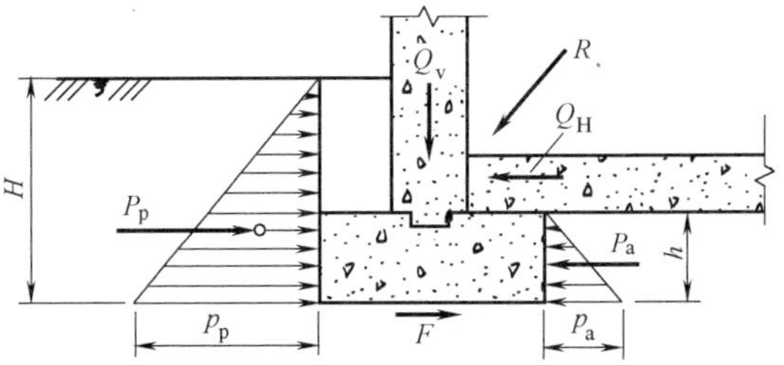

$$K_{sh} = \frac{F + P_p - P_a}{Q_H} \tag{7-84}$$

$$F = \mu(Q_v + W_f - u_d) \tag{7-85a}$$

图 7-29　基础的抗滑稳定性分析（自普拉卡什等，1984）

$$P_p = \frac{1}{2}\gamma H^2 k_p \tag{7-85b}$$

$$P_a = \frac{1}{2}\gamma h^2 k_a \tag{7-85c}$$

式中，μ 为基础和地基土之间的摩擦系数，现浇混凝土与各种土的摩擦系数 μ 的取值见表 7-9；W_f 为基础及上覆土的自重；u_d 为基底的浮力；k_p 和 k_a 分别为被动土压力系数和主动土压力系数。

表 7-9　现浇混凝土与各种土的摩擦系数 μ（U. S. Navy，1982）

土的类型	μ
岩石	0.7
卵石,卵石—砂混合土,粗砂	0.55~0.60
细—中砂,中—粗砂,粉质、黏质卵石	0.45~0.55
细砂、粉质或黏质细—中砂	0.35~0.45
砂质粉土,粉土	0.30~0.35
非常硬的黏土	0.40~0.50
中硬的黏土	0.30~0.35

7.5.5　基础变形分析

假定地震力矩使框架一边受压一边受拉，这样就使外面的基础交替地加压和卸载。在研究地震持续时间内基础的性状时，沉降可能很重要，特别是基础位于砂土或砂质土上时。在第 4 章中已指出，土样的沉降（变形）依赖于初始静应力水平、地震应力水平和荷载循环次数。普拉卡什等（1984）给出了通过循环板载荷试验结果来预估地震循环荷载作用下地基沉降的方法

砂土
$$S_f = S_p \left[\frac{B_f(B_p + 30.48)}{B_p(B_f + 30.48)} \right]^2 \tag{7-86a}$$

黏土
$$S_f = S_p \frac{B_f}{B_p} \tag{7-86b}$$

式中，S_f 为基础的沉降；S_p 为荷载板的沉降，建议考虑动荷载的循环次数为 50；B_f 为荷载基础宽度（cm）；B_p 为荷载板的宽度（cm）。

7.6　地震作用下挡墙的动土压力

7.6.1　无黏性土的动土压力

Mononobe 和 Okabe 于 1926 年提出了计算地震时挡墙上动土压力的方法，通常称为 Mononobe-Okabe 分析法。它是在库仑土压力理论的基础上考虑了地震造成的滑楔体惯性力，因此又称为修正 Coulomb 主动土压力公式。图 7-30 给出了 Mononobe-Okabe 分析法的力学模型，其基本假设是：

1）墙背倾斜，倾斜角为 β。

2）填土无黏性，即 $c=0$，内摩擦角为 φ，重度为 γ，坡面角度为 i。

3）填土与墙体之间的摩擦角为 δ，也就是墙背土压力 P_{aE} 与墙背法线的夹角。

4）土沿 BC 面破坏，与水平面的夹角为 α。

5）墙的移动足够产生最小主动土压力。

6）破坏时，沿破裂面 BC 的抗剪强度得到充分发挥。

7）挡土墙背后的滑楔土体 ABC 可视作刚体。

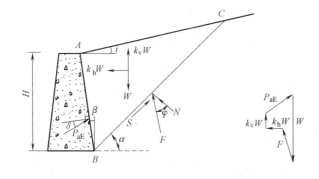

图 7-30　地震作用下挡土墙的主动土压力

图 7-30 给出了作用在单位长度的滑楔体上的作用力及求解用的力系，这些作用力包括：

1）滑楔土体重力 W。

2）地震造成的滑楔土体水平向惯性力 $k_h W$ 和竖向惯性力 $k_v W$，考虑最不利情况，水平向惯性力指向墙背、竖向惯性力向上。k_h 和 k_v 分别为水平向和竖向地震系数，$k_h =$ 水平向加速度/重力加速度，$k_v =$ 竖向加速度/重力加速度。

3）主动土压力 P_{aE}，为墙背上正应力和摩擦力的合力。

4）破裂面上的力 F，为破裂面上剪力和法向力的合力。

参照库仑主动土压力的推导方法，建立滑楔土体 ABC 的力平衡方程，然后给出土压力的表达式。通过求导得到土压力出现极大值时滑动面 BC 的角度 α，将此 α 代入土压力的表达式便可得到考虑地震惯性力作用的主动土压力的计算公式如下

$$P_{aE} = \frac{1}{2}\gamma H^2 (1-k_v) K_{aE} \tag{7-87}$$

式中，K_{aE} 为考虑地震影响的主动土压力系数，计算公式如下

$$K_{aE} = \frac{\cos^2(\varphi - \rho - \beta)}{\cos\rho\cos^2\beta\cos(\delta+\beta+\rho)\left[1 + \sqrt{\dfrac{\sin(\varphi+\delta)\sin(\varphi-\rho-i)}{\cos(\delta+\beta+\rho)\cos(i-\beta)}}\right]^2} \tag{7-88}$$

式中，角度 ρ 为

$$\rho = \arctan\left[k_h / (1-k_v)\right] \tag{7-89}$$

角度 ρ 实际上就是 $k_h W$、$k_v W$ 和 W 三个体积作用力的合力与垂直方向的夹角，代表着地震惯性力对滑楔土体的体积作用力方向的改变，也称为"地震角"。注意当 $\sin(\varphi-\rho-i)$ 为负值时，将不能给出实数解，因此当 $\varphi-\rho-i<0$，即坡面角 $i>\varphi-\rho$ 时，墙后土体会失稳。

采用同样的方法，也可得到图 7-31 所示的单位长度挡土墙的被动土压力 P_{pE}，也就是土体被动破坏时墙背作用于土体的正应力和摩擦力的合力，其表示式如下

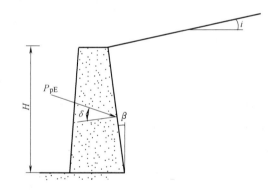

图 7-31　地震作用下挡土墙的被动土压力 P_{pE}

$$P_{pE} = \frac{1}{2}\gamma H^2 (1-k_v) K_{pE} \tag{7-90}$$

式中，K_{pE} 为考虑地震影响的被动土压力系数，计算公式如下

$$K_{pE} = \frac{\cos^2(\varphi - \rho + \beta)}{\cos\rho\cos^2\beta\cos(\delta-\beta+\rho)\left[1 - \sqrt{\dfrac{\sin(\varphi+\delta)\sin(\varphi-\rho+i)}{\cos(\delta-\beta+\rho)\cos(i-\beta)}}\right]^2} \tag{7-91}$$

7.6.2　黏性土的动土压力

黏性土的动土压力需要考虑另外一个强度参数：黏聚力 c。GB 50330—2013《建筑边坡工程技术规范》中给出了地震作用下黏性土主动土压力的计算公式。如图 7-32 所示，挡墙高度为 H，墙背与水平面的夹角为 α；土的重度为 γ，土的黏聚力为 c，土的内摩擦角为 φ，

土与墙背的摩擦角为 δ。填土表面与水平面的夹角为 β，表面作用均布荷载 q。地震作用下主动土压力 P_{aE} 按下式计算

$$P_{aE} = \frac{1}{2}\gamma H^2 K_{aE} \tag{7-92}$$

$$K_{aE} = \frac{\sin(\alpha+\beta)}{\cos\rho\sin^2\alpha\sin^2(\alpha+\beta-\phi-\delta)}\left\{K_q\left[\sin(\alpha+\beta)\sin(\alpha-\delta-\rho)+\sin(\phi+\delta)\sin(\phi-\rho-\beta)\right]+\right.$$

$$2\eta\sin\alpha\cos\phi\cos\rho\cos(\alpha+\beta-\phi-\delta)-2\sqrt{K_q\sin(\alpha+\beta)\sin(\phi-\rho-\beta)+\eta\sin\alpha\cos\phi\cos\rho}\times$$

$$\left.\sqrt{K_q\sin(\alpha-\delta-\rho)\sin(\phi+\delta)+\eta\sin\alpha\cos\phi\cos\rho}\right\} \tag{7-93}$$

式中，ρ 为地震角，取值见表 7-10；参数 K_q 和 η 的定义为

$$K_q = 1 + \frac{2q\sin\alpha\cos\beta}{\gamma H\sin(\alpha+\beta)}, \eta = \frac{2c}{\gamma H} \tag{7-94}$$

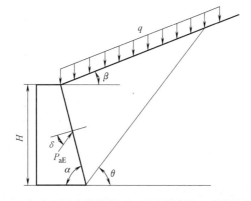

图 7-32　主动土压力计算模型（《建筑边坡工程技术规范》）

表 7-10　地震角 ρ 取值（《建筑边坡工程技术规范》）

类别	7 度		8 度		9 度
	0.10g	0.15g	0.20g	0.30g	0.40g
水上	1.5°	2.3°	3.0°	4.5°	6.0°
水下	2.5°	3.8°	5.0°	7.5°	10.0°

7.6.3　主动土压力合力作用点

根据求解挡土结构上主动土压力的 Mononobe-Okabe 方法，可以知道 P_{aE} 作用点类似于静力状态，作用在离墙底 $H/3$（H 为墙的高度）的地方。但是现有实验结果表明，合力 P_{aE} 作用在较高的 $\overline{H}$ 处（图 7-33）。

Seed 和 Whitman（1969）提出了一个用于墙体绕底转到破坏情况下的 P_{aE} 作用位置的确定方法：

1）计算不考虑地震作用力的静土压力 P_a。

2）由式（7-87）计算考虑地震作用力的动土压力 P_{aE}。

3）$\Delta P_{aE} = P_{aE} - P_a$，$\Delta P_{aE}$ 为由地震引起的力的增量。

4）设 P_a 作用在离墙底 $H/3$ 处（图 7-34）。

5）设 ΔP_{aE} 作用在离墙底 $0.6H$ 处（图 7-34），然后估算主动土压力 P_{aE} 的作用位置 $\overline{H}$

$$\overline{H}=(P_a \cdot 0.33H+\Delta P_{aE} \cdot 0.6H)/P_{aE} \tag{7-95a}$$

参照同样的方法，Sherif、Ishibashi 和 Lee（1982）建议，对于墙体滑移破坏，按下式估算主动土压力 P_{aE} 的作用位置 $\overline{H}$

$$\overline{H}=\frac{(P_a \cdot 0.42H+\Delta P_{aE} \cdot 0.48H)}{P_{aE}} \tag{7-95b}$$

而对于墙体沿上部转动的情况，Sherif 和 Fang（1984）建议取 $\overline{H} \approx 0.55H$。

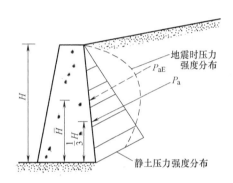

图 7-33　主动土压力合力的作用点

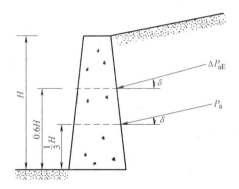

图 7-34　Seed 和 Whitman（1969）提出的方法

7.7　地震作用下边坡的稳定性

大量地震灾害调查表明，地震诱发的边坡滑动是地震灾害主要类型之一。在山区和丘陵地带，地震诱发的滑坡往往具有分布广、数量多和危害大的特点。地震引起边坡破坏的原因分为两方面：一是地震荷载诱发超静孔隙水压力的增大、有效应力的降低，从而降低了土体的抗剪强度；二是地震惯性力的作用增大了下滑力。边坡抗震稳定性分析中较多采用拟静力法来考虑地震惯性力。拟静力法的实质是将大小和方向随时间变化的地震惯性力，看作一个静荷载施加于土体上，然后采用极限平衡分析方法，计算地震作用下土坡的稳定性。

如图 7-35 所示，假设土质边坡的滑动面为圆弧，如果边坡失稳，滑坡体 $ABCD$ 将绕 O 点转动。图中各参数的定义如下：W 为单位长度上滑坡体 $ABCD$ 的重力（kN）。E_h 为滑坡体的水平向地震惯性力（kPa），指向坡外为正。E_v 为滑坡体的竖向地震惯性力（kN），向下为正。S 为圆弧

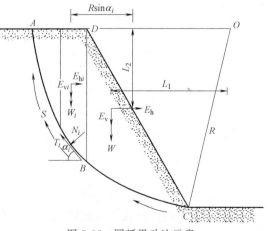

图 7-35　圆弧滑动法示意

形滑动面 ABC 上单位面积的抗滑力（kPa）。R 为圆弧形滑动面的半径。

那么滑坡体 $ABCD$ 的安全系数可以表示为

$$F_s = \frac{绕\ O\ 点的抗滑力矩}{绕\ O\ 点的下滑力矩} = \frac{SL_{ABC}R}{(W+E_v)L_1+E_hL_2} \tag{7-96}$$

对于非均质地层，可采用瑞典条分法分析边坡稳定性。如图 7-35 所示，对于第 i 个条块重心处的体积力，除了重力 W_i，还需要考虑水平向地震惯性力 E_{hi} 及垂直向地震惯性力 E_{vi}。这样对于每个滑动块：

1）滑动面上的单位面积的抗滑力 T_i 可表示为

$$T_i = c_i + N_i\tan\varphi = c_i + \left[(W_i \pm E_{vi})\cos\alpha_i - E_{hi}\sin\alpha_i\right]\tan\varphi_i \tag{7-97a}$$

2）竖向惯性力作用于 O 点得力臂 L_{1i} 可表示为

$$L_{1i} = R\sin\alpha_i \tag{7-97b}$$

式中，α 为条块底面中点切线与水平线的夹角，即条块底面中点与圆心的连线与铅垂线的夹角，当连线偏向坡顶时取正号，反之取负号；c 为土在地震作用下的黏聚力；φ 为土在地震作用下的摩擦角。

将每个条块的抗滑力矩和滑动力矩代入到式（7-96）中，得到整个滑动体的安全系数为

$$F_s = \frac{总抗滑力矩}{总滑动力矩} = \frac{R\sum\limits_{i=1}^{n}\{c_iB_i\sec\alpha_i + \left[(W_i \pm E_{vi})\cos\alpha_i - E_{hi}\sin\alpha_i\right]\tan\varphi_i\}}{R\sum\limits_{i=1}^{n}(W_i \pm E_{vi})\sin\alpha_i + \sum\limits_{i=1}^{n}E_{hi}L_{2i}} \tag{7-98a}$$

上式可进一步转化为

$$F_s = \frac{\sum\limits_{i=1}^{n}\{c_iB_i\sec\alpha_i + \left[(W_i \pm E_{vi})\cos\alpha_i - E_{hi}\sin\alpha_i\right]\tan\varphi_i\}}{\sum\limits_{i=1}^{n}(W_i \pm E_{vi})\sin\alpha_i + \dfrac{1}{R}\sum\limits_{i=1}^{n}E_{hi}L_{2i}} \tag{7-98b}$$

式中，B_i 为滑块体条块宽度。

计算时 E_{vi} 取最不利于稳定的方向。

对于地震惯性力，我国不同行业对不同边坡类型（道路边坡、土石坝边坡、自然边坡等）总结了各自的经验计算公式。对于道路边坡，JTG B02—2013《公路工程抗震设计规范》给出的确定方法如下

$$E_{hi} = C_z\alpha_h\Psi_jW_i/g \tag{7-99a}$$

$$E_{vi} = C_z\alpha_vW_i/g \tag{7-99b}$$

式中，C_z 为综合影响系数，规范中给出的值为 0.25；α_h 为边坡所处地区的水平向设计基本地震加速度值；α_v 为边坡所处地区的竖向设计基本地震加速度值；Ψ_j 为水平地震作用沿路堤边坡高度增大系数。

增大系数 Ψ_j 考虑了水平地震作用沿路堤边坡高程的增加而加大的作用，取值如下

$$\Psi_j = \begin{cases} 1.0 & (H \leqslant 20\text{m}) \\ 1 + \dfrac{0.6(h_i - 20)}{H - 20} & (H > 20\text{m}) \end{cases} \tag{7-100}$$

式中，H 为路基边坡高度（m）；h_i 为第 i 条土体重心的高度（m）。

思考题与习题

1. 地震震级和地震烈度有什么区别？

2. 影响地震震级的因素是什么？影响地震烈度的因素是什么？

3. 基岩上部的覆盖层对地震地面运动有什么影响？其原理是什么？对建筑物的地震灾害有什么影响？

4. 何为场地土的自振周期？如何确定场地土的自振周期？

5. 近震、中震和远震的地震波有什么不同？

6. 为什么在地震地面运动分析中，需要考虑土层力学参数的非线性？

7. 何为地震反应谱？如何给出单质点振动体系的地震反应谱？

8. 如何确定地震对建筑物的水平作用力？

9. 一挡土墙，墙高 8m，墙背竖直，墙厚填土（砂土）的内摩擦角为 30°，填土表面坡度为 10°，填土的重度为 18kN/m³，填土与墙体之间的摩擦角为 15°。假设水平向和竖向地震系数 k_h 和 k_v 分别为 0.1 和 0，计算地震时的动主动土压力，并与静主动土压力比较。

10. 一水上挡土墙，墙高 8m，墙背竖直，墙厚填土（黏土）的内摩擦角为 20°，内聚力为 25kPa，填土表面坡度为 10°，填土的重度为 18kN/m³，填土与墙体之间的摩擦角为 15°。采用《建筑边坡工程技术规范》给出的方法，计算 8 度地震（地面运动加速度为 0.2g）造成的动主动土压力，并与静主动土压力比较。

8.1　砂土液化现象及影响因素

8.1.1　砂土液化机理

根据摩尔—库仑理论和有效应力原理，饱和砂土的不排水抗剪强度 τ_f 可以表示为

$$\tau_f = \sigma_n' \tan(\varphi') = (\sigma_n - u)\tan(\varphi') \tag{8-1}$$

式中，σ_n、σ_n' 分别为破坏面上由总应力和有效应力表示的正应力；u 为孔隙水压力（简称孔压）；φ' 为土的有效内摩擦角。

土的液化是指土由固态转化为液态的一种物质状态的转变。在地震及其他动荷载作用下，土中孔隙水压力 u 升高、有效应力 σ_n' 减小，土的抗剪强度 τ_f 降低。当 $u = \sigma_n$、$\sigma_n' = 0$ 时强度就会全部丧失（即 $\tau_f = 0$）而产生液化。处于液态的土具有与液体相近的特性：不能抗剪，有流动性，有浮力，有黏滞性。因此一旦产生液化，就会产生喷水冒砂等现象并对建筑物造成危害。饱和松散的砂和粉土极易产生液化现象，一般 7 度以上的地面加速度（即 $0.1g \sim 0.4g$）就可产生液化。土的液化现象也可以在高的渗透水力坡降和大的剪切位移下发生，称为渗透液化与剪切液化。

砂土液化现象与动荷载作用下的孔隙水压力的增长密切相关，而孔隙水压力的增长又与松散砂土在动剪应力作用下出现的体积变小（密实）趋势有关。砂土液化的机理及产生的震害特征可用图 8-1 给出的模型说明。图中的弹簧代表土骨架，盖板代表上覆不透水层，重物代表地表建筑物。震前外荷载由土骨架承担，超静孔隙水压力为零。震动时，松散的土骨架有变得更为密实的趋势（剪缩），弹簧变软，迫使水承担部分荷载，于是孔隙水压力逐渐上升。由于地震作用的时间较短，即使是渗透性较好的砂土层，产生的超静孔隙水压力在短

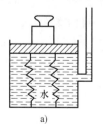
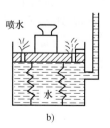
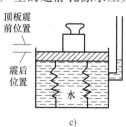

a)　　　　　　　　　　　b)　　　　　　　　　　　c)

图 8-1　砂土振动液化模型（据"动力工程地质"）

a）振动前　b）振动时　c）振动后

时间内也很难消散。因此孔隙水压力不断累积，当超静孔隙水压力上升至土的竖向总应力时，土中的竖向有效应力降为零，产生液化。如果此时覆盖土层被震裂或发生水压迸裂，则受压水挟带土粒喷出地面，形成喷水冒砂现象。地震后超静孔隙水压力消散，水土体系恢复稳定，土粒沉落后形成新的骨架，密度比震前有所增大，土层和建筑物都有一些沉陷，被称为震陷。

正如第5.8节和5.10节中介绍的，由于饱和砂土动强度的复杂性，因此有以下几个关于液化的基本概念需要说明。

1）液化——土由于产生和保持了高孔压，引起有效侧限压力降低到一个很小的数值，以致在一个不变的很小的残余应力下或没有残余应力的条件下，出现连续变形的情形，即流动破坏。

2）初始液化——Seed（1976）所定义的一个状态，在施加循环应力过程中，当任一应力循环完成时的残余孔隙水压力等于所加的围压。初始液化的发生不涉及随后土产生多大变形；然而，它定义了一个状态，对评价随后土的可能的行为提供了一个基础。

3）具有有限应变势的初始液化，或循环活动性液化——循环应力的作用发展了初始液化的条件，之后的循环应力作用引起了有限的应变，因为土对变形的残余阻力或因为土体膨胀，孔隙水压力下降了，不会产生流动破坏，但是应变幅值超过某个界限。

8.1.2　砂土液化危害

自从1964年日本新潟大地震引起土壤大面积液化并给结构物带来严重破坏以后，地震液化现象引起了各国的注意和深入研究。我国在近代各次大地震中都有液化现象发生。唐山地震时更为显著；而且波及天津，造成轻亚黏土产生液化。液化造成的危害主要有喷水冒砂、地基失效、土体侧向流滑、地下轻型结构上浮等。

1. 喷水冒砂

喷水冒砂简称"喷冒"，分为侵蚀型与突发型两种。侵蚀型喷冒是由土中原有大孔隙或疏松部分发展而来，先由数毫米的细孔喷出水柱，逐渐发展成喷水及砂的粗孔，水头也逐渐降低。突发型喷冒由水夹层发展而来。当液化土中有渗透性较差的透镜体或上覆黏性土时，向上渗流易在渗透性小的土层的下界面处形成水夹层或水透镜体。水夹层的厚度随时间增大，在水压作用下上覆土层突然破裂，被冲出一大喷孔。喷冒一般发生在地震停止之后（由深部向浅部逐步发展，有的甚至未来得及喷出）。如1975年2月4日海城地震（$M = 7.3$）引起下辽河地区大面积砂土液化，喷水在大震后$2 \sim 3\text{min}$开始，水头高达$3 \sim 4\text{m}$，喷水时间一般持续7小时左右，时间长的达$2 \sim 3$天。

2. 地基失效

地基失效是房屋建筑中最常见的震害。由于建筑物产生的附加应力的影响，建筑物地基的液化特征与水平地层有所不同：在同一标高处，基础外侧最先液化，自由场次之，基础下最晚，即剪应力比τ / σ最大的地方首先发生液化。基础外侧土体液化导致附加应力向基础下未液化土体转移，再加上地基土失去侧限，导致地基产生过度沉降或失稳，建筑物产生沉降过大或倾斜。在1964年的新潟地震中，液化导致新潟市有20栋以上的建筑产生了超过1.5m的沉降，200多栋房屋产生过大的沉降和倾斜。

3. 土体侧向流滑

地震中液化土层及上覆非液化土层会产生侧向滑动的现象，这种现象大多发生在河流岸坡和斜坡地。像流体一样的液化土除了会在竖向喷冒以外，当缺少足够的侧向约束时，还容易产生侧向流动；上覆非液化土层在重力和水平地震力的作用下也会沿液化界面产生滑动，位移可达数米。地滑往往伴随着系列地面裂缝与台阶式错动。如1975年2月4日海城地震（$M=7.3$）引起下辽河地区大面积砂土液化，形成砂层侧向位移，造成地下3~10m处的套管裂后呈"弓"形弯曲。

4. 地下轻型结构上浮

由于液化土层浮力的作用造成地下轻型结构的上浮。

8.1.3 砂土液化影响因素

动荷载作用下饱和砂土的孔隙水压力增长导致的砂土液化现象受砂土自身特性以及外部条件的影响。砂土自身特性决定了在振动荷载作用下的剪缩（体积减小）的程度；而外部条件决定了砂土所处的初始应力状态、动荷载的大小及排水条件。这些因素总体上可概括为以下三类：

（1）土的类型及性质

1）砂土颗粒级配。最易液化的砂土粒径为0.05~0.09mm。粉土也易产生液化。黏粒含量的增加会削弱砂土液化。

2）砂土密实度。松散砂土容易液化，密实的砂土不易液化。20世纪30年代卡桑兰德提出用临界孔隙比 e_{cr} 作为判断现场的砂土是否液化的一个标准。相对密实度 $D_r<50\%$ 时，极易液化；$D_r>80\%$ 时，不易液化。

3）沉积年代和成因类型。沉积年代越久，越不易液化；近代沉积的砂层易液化。

4）应力历史。砂层在多次震动后越来越密不易液化，也存在同一砂层多次重复液化的情况。

5）砂的饱和度及空气含量。饱和度降低的情况下，孔隙水压力增长减小，不容易液化。

（2）土的埋藏条件

1）砂土埋深。埋深越大，初始有效应力越大，越不容易液化。

2）地下水位。地下水位越深，初始有效应力越大，越不容易液化。

3）覆盖层厚度。上覆非液化土层的厚度会影响排水条件及液化破坏的发展。非液化覆盖层越厚，越不容易产生喷水冒砂的现象。

4）排水条件。影响孔隙水压力的消散速度，加快排水速度，有助于消除液化。

（3）地震荷载

1）动荷载强度。强度越大，越容易液化。6度以下很少有液化现象，7度区能使松散的粉细砂产生液化。

2）振动持续时间和循环次数。持续时间越长，循环次数越多，越容易液化。

8.2 砂土液化室内试验方法

室内试验是研究砂土液化机理、过程以及规律的最为普遍的方法，主要有动三轴试验和动单剪试验。这些试验模拟地震过程中砂土的受力状态，一方面可以得到某一特定的砂土土样在特定的试验条件下产生液化所需的动荷载（动荷载大小和动荷载作用次数）；另外一方面也可以验证在某一特定的动荷载作用下是否会发生液化。

8.2.1 地震应力及地震等效剪应力

图 8-2 表示了现场砂土层中某一土单元体在地震时应力状态的变化。图 8-2a 表示原位初始应力状态，其中 K_0 为静止侧压力系数，图 8-2b、c 表示地震过程中土单元体受到一对动剪应力 $\tau_h(t)$ 的作用。这就是地震过程中土体所处的应力状态，即一个恒定的法向压力 σ_v 和侧向压力 σ_h，加上一个往复作用的动剪应力 $\tau_h(t)$。室内试验研究地震砂土液化首先要能够模拟这种应力状态。

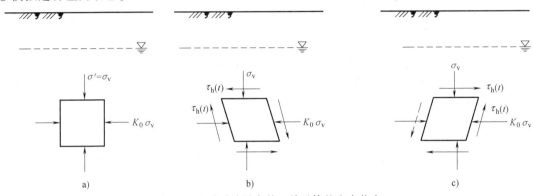

图 8-2 地震时砂层中某一单元体的应力状态

a）初始状态　b）、c）地震剪切状态

地震剪应力 $\tau_h(t)$ 是一个复杂的随时间变化的荷载。如果在试验中采用真实荷载，不仅会增加试验的难度，而且试验结果缺乏定量比较标准，因而室内试验常用等效循环荷载（简谐荷载）来代替实际的地震荷载。图 8-3a 给出一条地震剪应力时程曲线，剪应力最大值为 τ_{hmax}。这条曲线可以用图 8-3b 所示的幅值为 $\beta\tau_{hmax}$（$\beta<1$）的作用次数为 N 的循环剪应力来等效。Seed 和 Idriss（1976）根据强震记录的分析，认为地震剪应力波的平均剪应力约为最大剪应力的 65%，因此 β 取 0.65。这样，剩下的关键问题是确定等效荷载的作用次数 N。

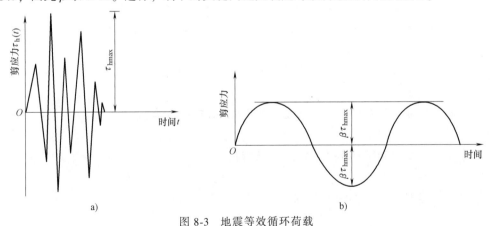

图 8-3 地震等效循环荷载

a）地震时应力-时间曲线　b）等效均匀应力-时间曲线

Seed 等在采用单剪试验研究砂土液化的过程中，提出了图 8-4 所示的地震剪应力 τ 作用一次与幅值为 $0.65\tau_{hmax}$ 的等效剪应力的作用次数之间的换算关系。如 $\tau=\tau_{hmax}$（$\tau/\tau_{hmax}=1$）的荷载作用一次，相当于 $0.65\tau_{hmax}$ 的等效剪应力作用 3 次。

采用图 8-4 确定图 8-3a 所示的地震剪应力时程曲线的等效剪应力作用次数 N 的具体步骤如下：

1）在地震剪应力时程曲线上确定水平轴以上及以下各有多少峰和谷，列出各自与 τ_{hmax} 的比值，如 τ_{hmax}、$0.95\tau_{hmax}$、$0.9\tau_{hmax}$ 等，并统计出现的次数 n_i。

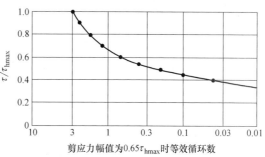

图 8-4 τ/τ_{hmax} 与循环次数 N 次关系

2）由图 8-4 确定每一个峰和谷对应的等效循环数 N_i。

3）将 n_i 乘上对应的循环数 N_i，即为这一剪应力水平在等效荷载 $0.65\tau_{hmax}$ 时的总的循环次数，然后按下式计算地震荷载在等效荷载 $0.65\tau_{hmax}$ 情况下总的循环次数 N

$$N = \frac{1}{2} \sum n_i N_i \tag{8-2}$$

在埋深 6~7m 时，地震的剪应力时程曲线与其地面运动加速度时程曲线相似，因此也可以采用地震加速度时程曲线来替代某一深度的地震剪应力时程曲线。根据上述方法，Seed 对美国某些震级为 5.5~7.7 的地震记录做了相应分析，得到了图 8-5 所示的地震震级 M 与等效循环数 N 的关系。根据这些统计关系，进一步给出了表 8-1 的数值，用于砂土液化试验的设计。这样，只要确定地震震级 M，就可以确定等效荷载的作用次数 N。

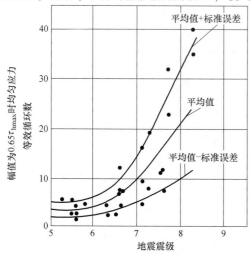

图 8-5 地震震级 M 与等效循环数 N 关系

表 8-1 等效循环次数 N 与震级 M 的对应关系

（Seed 和 Idriss，1976）

地震震级 M	等效循环次数 N	持续时间 t/s
5.5~6.0	5	8
6.5	8	14
7.0	12(10)[1]	20
7.5	20	40
8.0	30	60

[1] 有的文献中此处为 12，有的此处为 10，不统一。

任意深度 h 处的地震剪应力最大值 τ_{hmax}，可由地面水平向最大加速度 a_{hmax} 来估算。如图 8-6 所示，假定地震过程中高度为 h 的刚性土柱的水平向加速度与地面的相同，则土柱底部（h 深度处）的最大剪应力 τ_{hmax} 可表示为

$$\tau_{hmax} = \frac{\gamma h}{g} a_{hmax} \tag{8-3a}$$

式中，γ 为土柱的平均重度；g 为重力加速度。

实际上，土柱是变形体而非刚体，因此按式（8-3a）确定的 τ_{hmax} 是偏大的，需要进行

适当的修正，这样式（8-3a）变为

$$\tau_{hmax} = \gamma_d \frac{\gamma h}{g} a_{hmax} \qquad (8\text{-}3b)$$

式中，γ_d 为修正系数，主要与深度 h 有关。Seed 等根据不同类型的场地的地面运动分析结果，总结出了 γ_d 随深度 h 的变化范围，如图 8-7 所示。表 8-2 则给出了 12m 深度范围内 γ_d 的平均值与深度 h 的关系。这样，只要确定地面运动的最大加速度 a_{hmax}，就可以采用式（8-3b）确定任意深度处的地震最大剪应力 τ_{hmax}，然后按下式确定等效地震剪应力幅值 τ_e

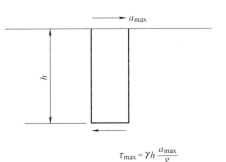

图 8-6　刚性土柱的运动

$$\tau_e = 0.65 \gamma_d \frac{\gamma h}{g} a_{hmax} \qquad (8\text{-}4)$$

表 8-2　修正系数 γ_d 的平均值（Seed 和 Idriss，1971）

深度 h/m	0	1.5	3.0	4.5	6.0	7.5	9.0	10.5	12.0
系数 γ_d	1.000	0.985	0.975	0.965	0.955	0.935	0.915	0.895	0.850

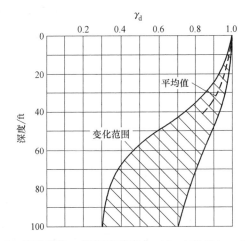

图 8-7　修正系数 γ_d 随深度的变化（Seed 和 Idriss，1971）

注：1ft = 0.3048m

例 8-1　某砂土层厚 20m，重度 γ 为 18kN/m³，地下水位埋深 1m。预估在地震震级为 7 级、地面运动的水平向加速度最大值为 $0.15g$ 的情况下，埋深 10m 处的饱和砂土的地震等效荷载幅值和作用次数。

解：根据表 8-2，深度 10m 处的修正系数 γ_d 取 0.9，动剪应力幅值为

$$\tau_{hmax} = \gamma_d \frac{\gamma h}{g} a_{hmax} = 0.9 \times \frac{18 \times 10}{g} \times 0.15g = 24.3 \text{kPa}$$

等效循环荷载的幅值 $\tau_e = 0.65 \tau_{hmax} = 0.65 \times 24.3 \text{kPa} = 15.8 \text{kPa}$

根据表 8-1，地震震级为 7 级情况下的作用次数 $N = 10$ 次。

8.2.2 动单剪试验模拟地震砂土液化

振动单剪试验是给剪力盒中的土样施加循环剪应力，土样应力状态如图8-8所示，循环荷载的作用面及剪切破坏面为水平面。可以看出，振动单剪试验可以直接实现图8-2所示的地震应力状态。由图8-8可知，振动单剪试验中土样的最大剪应力 τ_{max} 为

$$\tau_{max} = \sqrt{\left[\frac{1}{2}\sigma_v(1-K_0)\right]^2 + \tau_h^2} \tag{8-5}$$

最大剪应力 τ_{max} 出现在与水平面成 $\alpha/2$ 夹角的斜面上而不是水平面上。

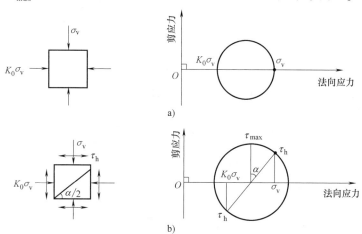

图 8-8 动单剪试验的应力分析
a) 初始状态 b) 剪切状态

图 8-9 是疏松的蒙特利尔砂（相对密实度 $D_r = 0.5$，孔隙比 $e = 0.68$）的循环单剪实验的记录。土样的初始竖向有效应力 $\sigma'_{vc} = 500kPa$，初始孔隙水压力 $u = 100kPa$，施加的动剪应力的幅值 $\tau_h = 33kPa$（频率为 1Hz），对应的动剪应力比 $\tau_h/\sigma'_{vc} = 33/500 = 0.066$。图 8-9a、b 和 c 分别给出了振动剪切过程中的孔隙水压力、剪应变及剪应力与时间（一格为 2s，即 2 次）的关系曲线。可以看出，随着振动次数的增加，孔隙水压力不断累积上升，而剪应变并没有明显增大；当作用次数为 24 次时，孔隙水压力达到了总的上覆压力 σ_v（$= 600kPa$），土样产生液化，剪应变也出现陡增，并在其后的振动剪切中不断累积增大。液化后的土样刚度较低，导致动剪应力的幅值有一定程度的降低。动荷载作用结束后，土样内的孔隙水压力仍然稳定在液化时的数值。根据这个试验，可以确定在动剪应力比 $\tau_h/\sigma'_{vc} = 0.066$ 的情况下，该土样产生液化的振动次数 N 为 24 次。

8.2.3 动三轴试验模拟地震砂土液化

动三轴试验通过调整围压 σ_3 和轴压 σ_1 的大小来实现图8-2所示的地震应力状态。图8-10给出了动三轴试验模拟地震应力状态的原理。土样在围压 σ'_{3c} 下等向固结，然后在轴压为 $\sigma'_{3c}+\sigma_d$、围压为 $\sigma'_{3c}-\sigma_d$ 下剪切，这样土样 45° 斜面上的正应力仍然为 σ'_{3c}，而剪应力为 σ_d；同理，如土样在轴压为 $\sigma'_{3c}-\sigma_d$、围压为 $\sigma'_{3c}+\sigma_d$ 下剪切，土样 45° 的斜面上的正应力仍然为 σ'_{3c}，动剪应力为 σ_d 但方向发生了变化。因此，要实现45°斜面的正应力为 σ_n、动剪应

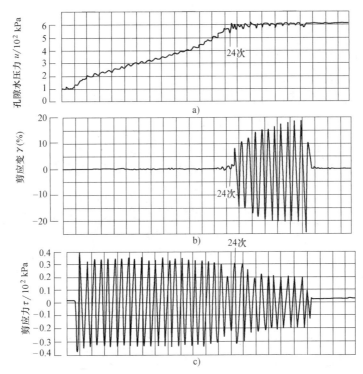

图 8-9 疏松的蒙特利尔砂的循环单剪试验结果（Peacock 和 Seed，1968）

a）孔隙水压力反应 b）剪应变反应 c）施加的循环剪应力

力幅值为 τ_{dp} 的振动剪切状态，只需要使土样在 $\sigma'_{3c} = \sigma_n$ 下等向固结后，轴压和围压同时施加频率相同、相位差 $180°$、幅值 σ_d 为 τ_{dp} 循环荷载即可。由于这种试验需要在轴向和径向同时施加振动荷载，故称为双向振动三轴试验。

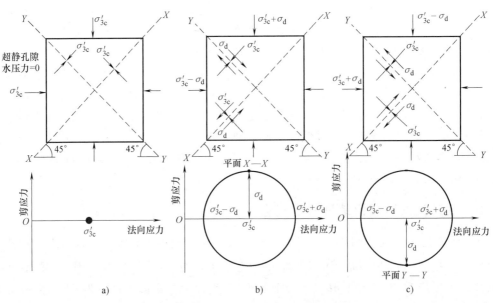

图 8-10 双向振动三轴试验模拟地震荷载

a）等向固结 b）压半周剪切 c）拉半周剪切

实际应用中通常采用单向（轴向）振动代替双向振动模拟地震荷载，也就是仅轴向施加动荷载。土样在 σ'_{3c} 下等向固结，围压保持不变，轴压施加幅值为 $\pm\sigma_d$ 的动荷载（图 8-11a）。在这种情况下，在 45°斜面上的正应力幅值为 $\sigma'_{3c}\pm\sigma_d/2$，动剪应力幅值为 $\pm\sigma_d/2$（图 8-11d）。正应力不能保持恒定，与地震应力状态并不相符。如果在单向振动的基础上叠加一个图 8-11b 所示的幅值为 $\mp\sigma_d/2$ 的等向循环应力，得到应力状态如图 8-11c 所示。这个应力状态恰好能够模拟地震荷载，在 45°斜面上可以实现正应力为恒定的 σ'_{3c}，动剪应力幅值为 $\pm\sigma_d/2$。但单向振动三轴试验并不会同时施加这样一个等向循环荷载，而是采用一个巧妙的处理办法，即将单向振动状态下得到的孔隙水压力在压半周和拉半周分别减小 $\sigma_d/2$ 或增加 $\sigma_d/2$ 来实现图 8-11b 所示的效果。

因此，在进行单向振动三轴试验时，为了实现土样 45°斜面上正应力为恒定 σ_n、动剪应力幅值为 τ_d 的剪切状态，可使土样在 σ_n 下等向固结（即 $\sigma'_{3c}=\sigma_n$），然后轴向施加幅值为 $\sigma_d=2\tau_d$ 的动荷载。在整理单向振动三轴试验数据时，孔隙水压力数据需要进行相应的修正：压半周（轴向加 σ_d 时）实测孔隙水压力减小 $\sigma_d/2$，拉半周（轴向减 σ_d 时）实测孔隙水压力增加 $\sigma_d/2$。轴向应变不需要进行修正，因为叠加的等向循环应力并不影响不排水剪切过程中土样的应变（土的剪应变只和剪应力有关）。

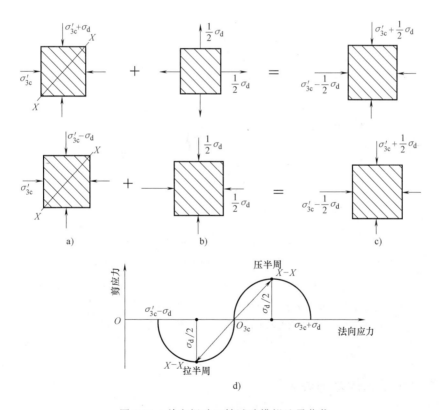

图 8-11 单向振动三轴试验模拟地震荷载

a）单向循环加载 b）等向循环加载 c）地震等效加载 d）单向循环加载 45°斜面上的应力路径

图 8-12 给出了松散的萨克利门托河砂的动三轴试验的结果。饱和砂土土样的孔隙比 $e=0.87$，相对密实度为 $D_r=0.38$，围压 $\sigma'_{3c}=100$kPa，轴向动荷载 $\sigma_d=\pm39$kPa（频率为 2Hz），

动剪应力比 $\tau_h/\sigma_v' = (\sigma_d/2)/\sigma_{3c}' = (39/2)/100 = 0.18$。图 8-12 中分别给出了试验得到的轴向应变、实测孔隙水压力及修正后的孔隙水压力的变化曲线。这些试验结果总体上与前面给出的动单剪试验结果类似。孔隙水压力随着振动次数的增加而增大，而轴向应变没有明显的增大；液化在振动 8 次后突然发生，孔隙水压力达到了 100kPa，轴向应变也开始急剧增大。动荷载作用结束后，土样内的孔压仍然稳定在液化时的数值。

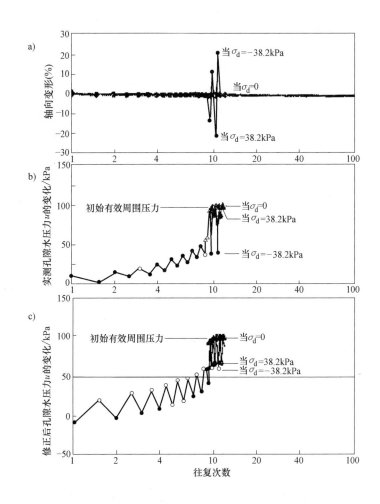

图 8-12　疏松的萨克利门托河砂的动三轴试验结果（Seed 和 Lee，1966）

a）轴向应变与加荷次数的关系　b）实测孔隙水压力与加荷次数的关系
c）修正后的孔隙水压力与加荷次数的关系

8.2.4　两种试验结果之间的关系

为了建立动单剪试验得到的 τ_h/σ_{vc}' 与动三轴试验得到的 $\sigma_d/2\sigma_{3c}'$ 之间的相互关系，Seed 和 Peacock（1971）考虑了下列 4 种可以选择的标准。

标准 1：以土样任何平面上剪应力 τ 与法向有效固结应力 σ_{nc}' 之比最大值为标准，即 $(\tau/\sigma_{nc}')_{\max}$。动三轴试验的这个比值为 $\sigma_d/2\sigma_{3c}'$，单剪试验为 $\tau_h/(K_0\sigma_{vc}')$，令二者相等

$$\tau_h / (K_0 \sigma'_{vc}) = \sigma_d / 2\sigma'_{3c} \tag{8-6a}$$

得到

$$(\tau_h / \sigma'_{vc})_{单剪} = K_0 \left(\frac{1}{2} \sigma_d / \sigma'_{3c} \right) \tag{8-6b}$$

标准 2：以土样任何平面上往复荷载作用下的剪应力的改变值 $\Delta\tau$ 与有效固结法向应力 σ'_{nc} 之间的最大比值为标准，即 $(\Delta\tau / \sigma'_{nc})_{max}$。单剪试验的土样为 $\tau_h / (K_0 \sigma'_{vc})$，三轴试验的土样为 $\sigma_d / 2\sigma'_{3c}$，这个结果与式（8-6b）一致。

标准 3：以往复荷载作用下土样中的最大剪应力 τ_{max} 与固结时土样的平均主应力 σ'_{mc} 之比为标准，即 $\tau_{max} / \sigma'_{mc}$。对于动单剪试验

$$\tau_{max} = \sqrt{\tau_h^2 + \left[\frac{1}{2} \sigma'_{vc}(1 - K_0) \right]^2} \tag{8-7a}$$

$$\sigma'_{mc} = \frac{1}{3} \sigma'_{vc}(1 + 2K_0) \tag{8-7b}$$

$$\tau_{max} / \sigma'_{mc} = \sqrt{(\tau_h / \sigma'_{vc})^2 + \left[\frac{1}{2}(1 - K_0) \right]^2} \bigg/ \frac{1}{3}(1 + 2K_0) \tag{8-7c}$$

对于动三轴试验，$\tau_{max} = \sigma_d / 2$，固结时平均主应力 $\sigma'_{mc} = \sigma'_{3c}$，所以

$$\tau_{max} / \sigma'_{mc} = \frac{1}{2} \sigma_d / \sigma'_{3c} \tag{8-7d}$$

令式（8-7c）和式（8-7d）相等，则

$$(\tau_h / \sigma'_{vc})_{单剪} = \sqrt{\left(\frac{1}{2} \sigma_d / \sigma'_{3c} \right)^2 \left[\frac{1}{3}(1 + 2K_0) \right]^2 - \left[\frac{1}{2}(1 - K_0) \right]^2} \tag{8-7e}$$

标准 4：以往复荷载作用下最大剪应力的改变值 $\Delta\tau_{max}$ 与固结平均主应力 σ'_{mc} 之比为标准，即 $\Delta\tau_{max} / \sigma'_{mc}$。对于单剪试验

$$\Delta\tau_{max} / \sigma'_{mc} = 3\tau_h / \left[\sigma'_{vc}(1 + 2K_0) \right] \tag{8-8a}$$

对于动三轴试验

$$\Delta\tau_{max} / \sigma'_{mc} = \frac{1}{2} \sigma_d / \sigma'_{3c} \tag{8-8b}$$

所以

$$(\tau_h / \sigma'_{vc})_{单剪} = \frac{1}{3}(1 + 2K_0) \left(\frac{1}{2} \sigma_d / \sigma'_{3c} \right) \tag{8-8c}$$

可以看出，以上 4 种标准下两种试验结果之间的关系式的一般形式为

$$(\tau_h / \sigma'_{vc})_{单剪} = \alpha \left(\frac{1}{2} \sigma_d / \sigma'_{3c} \right)_{三轴} \tag{8-9}$$

式中，参数 α 的取值如下

标准 1 和 2
$$\alpha = K_0 \tag{8-10a}$$

标准 3
$$\alpha = \sqrt{\frac{1}{9}(1 + 2K_0)^2 - \frac{1}{4}(1 - K_0)^2 \bigg/ \left(\frac{1}{2} \sigma_d / \sigma'_{3c} \right)^2} \tag{8-10b}$$

标准 4
$$\alpha = \frac{1}{3}(1 + 2K_0) \tag{8-10c}$$

Finn 等（1971）指出，对于正常固结的砂的起始液化，有

$$\alpha = \frac{1}{2}(1+K_0) \tag{8-10d}$$

式中，K_0 可采用经验关系式 $K_0 = 1-\sin\varphi'$ 估算。Castro（1975）提出，起始液化可以借助往复荷载作用下的八面体剪应力 τ_{oct} 与固结时的有效八面体法向应力 σ'_{oct} 之比加以控制，即 τ_{oct}/σ'_{oct}。按此标准得到

$$\alpha = \frac{2}{3\sqrt{3}}(1+2K_0) \tag{8-10e}$$

选用不同的 K_0 值，并取 $\sigma_d/2\sigma_3 \approx 0.4$，按上述方法计算得到的 4 种标准下的 α 值见表 8-3 内。无论采用哪种标准，α 的值都小于 1.0。

表 8-3　各种标准下的 α 值 ($\sigma_d/2\sigma'_{3c} \approx 0.4$)

| K_0 | Seed 提出的 4 种标准 | | | Finn 等的经验关系 | Castro 给出的标准 |
	标准 1、2	标准 3	标准 4		
0.4	0.4	—	0.6	0.7	0.69
0.5	0.5	0.25	0.67	0.75	0.77
0.6	0.6	0.54	0.73	0.8	0.85
0.7	0.7	—	0.8	0.85	0.92

Peacock 和 Seed（1968）用相对密实度为 50%、初始孔隙比为 0.68 的蒙特利尔砂，在法向压力为 300kPa、500kPa 和 600kPa 条件下，分别进行了振动三轴和振动单剪实验，图 8-13 给出了这两种试验结果的比较，包括 τ_h/σ'_{vc} 和 $\sigma_d/2\sigma'_{3c}$ 与循环次数的关系以及 τ_h/σ'_{vc} 和 $\sigma_d/2\sigma'_{3c}$ 与固结应力的关系。可以看出，τ_h/σ'_{vc} 约为 $\sigma_d/2\sigma'_{3c}$ 的 35%，即 α 约为 0.35。他们

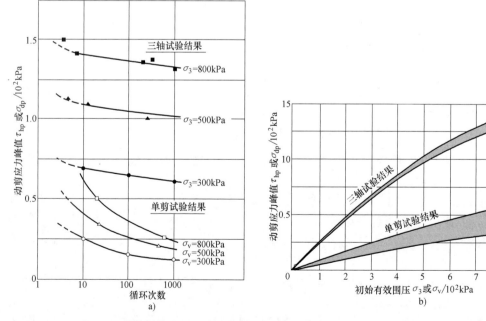

图 8-13　蒙特利尔砂的动三轴和动单剪试验结果的比较（Peacock 和 Seed，1968）

a) 液化剪应力比与循环次数的关系　b) 液化剪应力比与固结压力的关系

认为由于振动单剪仪总是存在某些应力不均匀条件，因此使得试样在较低的循环应力下产生液化。

8.3* 液化剪应力和孔压增长

8.3.1 液化剪应力（液化强度）的影响因素

1. 颗粒级配

图 8-14 给出了土颗粒级配对砂土液化的影响。可在粒径分布图上分为容易液化（*B*）和很容易液化（*A*）两个区域。采用该图，可以根据土的颗粒组成情况简单判断是否容易发生液化。

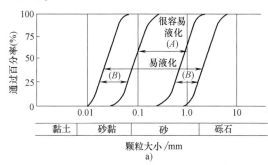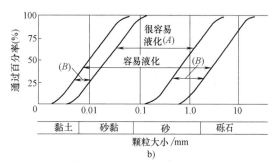

图 8-14　土的颗粒级配对液化的影响

a）均匀级配的土　b）级配良好的土

2. 固结压力或侧限压力

侧限压力越大，越不容易液化。在同样的孔隙比和振动次数下，引起砂土初始液化所需的动应力随固结压力的增加而增加，并且两者近似有线性的关系。但对于破坏状态，即对应于 20% 应变的状态，只有松砂才存在线性关系，密砂则是非线性的（图 8-15）。侧限压力的大小实际上反映了土层的埋深。因此，如果其他条件相同的话，埋深大的砂土就很难液化。

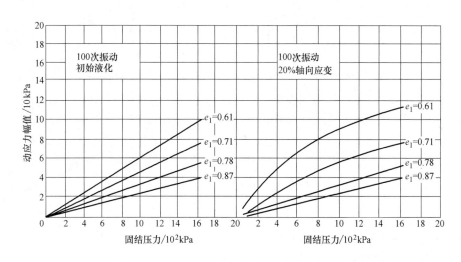

图 8-15　固结压力对砂土液化的影响（Lee 和 Seed，1967）

这一点说明，如果地震荷载是在一定程度范围内的，那么砂土液化考虑的深度也应该是有限的。由于产生初始液化的动剪应力与固结压力呈线性关系，因此液化时动剪应力比（或称为液化强度）τ_h/σ'_{vc}和$\sigma_d/2\sigma'_{3c}$为一恒定的值，这个参数是评价饱和砂土抗液化能力的一个重要指标。

3. 相对密实度或孔隙比

松砂较密砂容易液化，这是众所周知的事实。室内动力三轴压缩实验表明，对于给定的固结压力和振动次数，使砂土发生初始液化的动应力，随初始孔隙比 e 的增大而线性减小，如图 8-16 所示。

图 8-17 给出了初始液化（有效应力为零的状态）及剪应变达到某一数值时的动剪应力比与相对密实度的关系。可以看出，发生初始液化的动剪应力比随着相对密实度 D_r 的增大而线性增大。这种简单的线性关系有助于通过少量的试验来确定具有不同孔隙比或相对密度的砂土产生初始液化的动剪应力。另外，从图 8-17 还可以看出初始液化后松砂和密砂表现出来的不同的变形状态，松砂的剪应变会迅速增大，而密砂的剪应变可以维持在一个减小的数值。

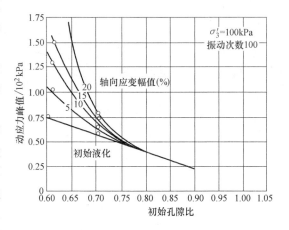

图 8-16　孔隙比对砂土液化的影响
（Lee 和 Seed，1967）

4. 振动时间或循环次数

实验结果表明，试样振动时间越长，或振动次数越多，引起试样发生液化需要的动应力就越小。也就是说，如果地面振动历时长，即使地震烈度低也可能出现液化，动力三轴试验表明在给定的孔隙比和固结压力的情况下，在半对数图中动剪应力和振动次数间有近似的线性关系（图 8-18）。正如前面介绍的，根据 Seed 的研究成果，循环次数与地震的震级有关。

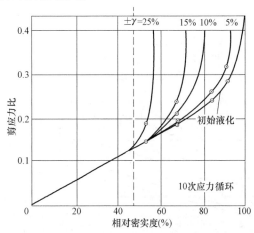

图 8-17　相对密实度对砂土液化的影响
（德阿尔巴，西特和张，1976）

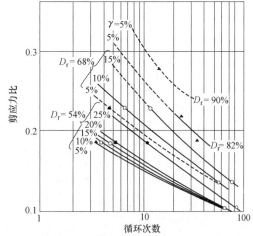

图 8-18　循环次数对砂土液化的影响
（德阿尔巴，西特和张，1976）

5. 固结状态对砂土液化的影响

动三轴试验中土样的固结状态分为等向固结（$K_c = \sigma'_{1c}/\sigma'_{3c} = 1$）和非等向固结（$K_c > 1$）两种状态。图 8-19 中给出了三种密实度的砂土在加荷 10 周时以累积的轴向应变达到 2.5% 和 5% 时动剪应力比随固结应力比 K_c 的变化曲线。对于较为松散的砂土（$D_r = 45\%$），动剪应力比随着 K_c 的增大呈现出先增大后减小的规律；另外两种密实度较大的砂土，动剪应力比随着 K_c 的增大而增大。

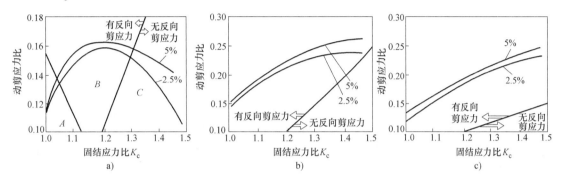

图 8-19　砂土破坏或液化的动剪应力比随固结应力比的变化（$N = 10$ 周，$\sigma'_{3c} = 200\text{kPa}$，$S_{us} = 32\text{kPa}$）

a）$D_r = 45\%$　　b）$D_r = 55\%$　　c）$D_r = 65\%$

8.3.2　孔压增长规律

饱和砂土在振动作用下产生的孔隙水压力是影响其抗震稳定性的重要因素。采用有效应力法的动力反应分析，需要能够预估动荷载作用下孔隙水压力增大的模型。

Seed 等根据饱和砂土试样的等向固结不排水动三轴试验结果，给出图 8-20 所示的孔压比（u_g/σ'_{3c}）随加荷周数比（N/N_L）增长的关系曲线，由此给出孔隙水压力的表达式为

$$\frac{u_g}{\sigma'_{3c}} = \frac{2}{\pi}\arcsin\left(\frac{N}{N_L}\right)^{1/2\alpha} \tag{8-11}$$

式中，σ'_{3c} 为有效固结应力；N 为动荷载作用次数或周期数；N_L 为达到液化时的次数或周期数；α 为与土性质有关的试验常数。$\alpha = 0.7$ 的关系曲线如图 8-20 中的虚线所示。

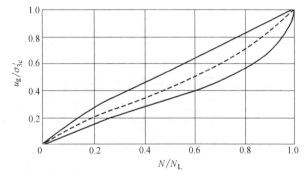

图 8-20　孔压比与加荷周数比关系曲线

Finn 等将式（8-11）推广至非等向固结情况，孔隙水压力的表达式修改为

$$\frac{u_g}{\sigma'_{3c}} = \frac{1}{2} + \frac{1}{\pi}\arcsin\left[2\left(\frac{N}{N_L}\right)^{1/\alpha} - 1\right] \tag{8-12}$$

事实上，在非等向固结情况下，有时无法确定土体液化时的振动次数 N_L，因此采用孔隙水压力达到 $\sigma'_{3c}/2$ 时的加荷周数来替代 N_L，则式（8-12）修改为

$$\frac{u_g}{\sigma'_{3c}} = \frac{1}{2} + \frac{1}{\pi} \arcsin\left[\left(\frac{N}{N_{50}}\right)^{1/\alpha} - 1\right] \qquad (8-13)$$

式中，N_{50} 为孔隙水压力达到 $\sigma'_{3c}/2$ 时的加荷周数；α 为与土性质有关的常数，对尾矿砂，$\alpha = 3K_c - 2$，K_c 为固结应力比，$K_c = \sigma'_{1c}/\sigma'_{3c}$。图 8-21a 给出了式（8-13）给出的非等向固结情况下的孔压增长曲线。

Chang 又将该孔隙压力公式进一步改进为

$$\frac{u_g}{u_f} = \frac{1}{2} + \frac{1}{\pi} \sin^{-1}\left[\left(\frac{N}{N_{50}^*}\right)^{1/\alpha} - 1\right] \qquad (8-14a)$$

$$\alpha = 2.25 - 2.53\frac{50\%}{(1+k_c)D_r} \qquad (8-14b)$$

$$u_f = \sigma'_{3c}\left[\frac{1+\sin\varphi'}{2\sin\varphi'} - \frac{1-\sin\varphi'}{2\sin\varphi'}k_c\right] \qquad (8-14c)$$

式中，N_{50}^* 为孔隙水压力达到 $0.5u_f$ 时的加荷周数；u_f 为破坏时的孔压；φ' 为土的有效内摩擦角。由式（8-14a）得到的孔隙水压力增长曲线如图 8-21b 所示。

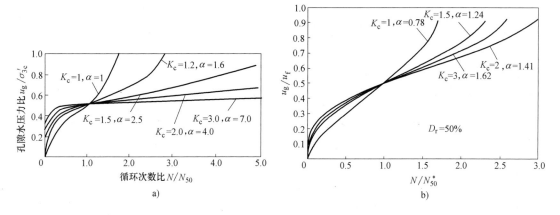

图 8-21　非等向固结状态下的孔压增长

以上孔压模型是根据荷载的大小来预估孔压的增长，属于应力模型。还有一类模型是将孔压发展与应变联系起来，称为应变模型。Martin、Finn 和 Seed（1974，1975）将饱和砂土在不排水剪切条件下的孔压增量与排水剪切条件下的体积应变建立了联系，给出了一个周期内的孔压增量的计算公式

$$\Delta u_g = E_r\Delta\varepsilon_{vd} \qquad (8-15)$$

式中，Δu_g 为一周循环内的孔压增量；E_r 为一周应力循环开始时的有效应力状态下的回弹模量，由静态排水条件下的卸载试验确定；$\Delta\varepsilon_{vd}$ 为一周内的塑性体应变增量，不排水状态下动力剪切后，再打开排水阀门，根据排出的水的体积测定。

根据试验结果，$\Delta\varepsilon_{vd}$ 与不排水剪切状态下的剪应变 γ 有关，E_r 与有效竖向应力 σ'_v 有关，经验关系为

$$\Delta\varepsilon_{vd} = c_1(\gamma - c_2\varepsilon_{vd}) + \frac{c_3\varepsilon_{vd}^2}{\gamma + c_4\varepsilon_{vd}} \qquad (8-16)$$

$$E_r = \frac{(\sigma'_v)^{1-m}}{mk(\sigma'_{v0})^{n-m}} \tag{8-17}$$

式中，ε_{vd} 为累积的体积应变；c_1、c_2、c_3、c_4 为由排水循环剪切试验确定的参数；σ'_{v0} 为初始竖向有效应力；n、m 和 k 为由卸载试验确定的参数。

8.4 砂土液化判别方法

砂土液化的判别方法很多，总体上可以分为两大类。一类是根据砂土在循环荷载下液化时的强度、变形及孔压增长的特性，以及地震荷载造成的应力、变形和孔压，对比两者之间的关系来判别现场的饱和砂土是否发生液化。在这一类方法中，Seed 提出的简化判别法受到广泛的重视，该方法是通过对比地震造成的荷载（用等效荷载表示）与砂土液化强度来判断是否发生液化。在此基础上发展了一些其他的判别方法，如基于剪切变形和剪切波速的判别方法。另外一类是经验判别法。经验法是对历次地震砂土液化现象进行现场调查，找出地震砂土液化现象与砂土液化各要素（地下水位埋深、砂土密实度、非液化土层的厚度等）之间的经验关系，通过这种关系来评价以后的地震中是否发生液化现象。现场调查的首要问题是判别某一个场地是否发生了液化，判别的主要依据是地震时的宏观现象和建筑物反应，主要包括：喷水冒砂、地面局部塌陷、边坡或岸坡滑动、建筑物倾斜或倾覆、地基隆起或基础下陷。我国对 20 世纪 50 年代以来历次地震砂土液化经验现象进行调查分析，提出了具有特色的地震砂土液化经验判别方法。

8.4.1 Seed 简化判别法

1. 室内试验法

这种方法的基本原理是先求出地震作用下不同深度的土体的地震剪应力 τ_e，再通过室内试验（动三轴试验或动单剪试验）得到该处发生液化需要的动剪应力 τ_L（称为液化强度），如果 $\tau_e \geq \tau_L$ 则发生液化，否则不液化。具体步骤为：

1）确定设计地震震级 M 及地面运动的水平向最大加速度 a_{hmax}。

2）确定由地震引起的不同深度处的最大剪应力 τ_{hmax}。

3）计算等效地震剪应力 $\tau_e = 0.65\tau_{hmax}$ 并绘制图 8-22 所示的等效地震剪应力 τ_e 随深度变化曲线。

4）根据表 8-1，确定与地震震级对应的循环荷载作用次数 N。采用室内试验，确定不同深度处土体在 N 次循环荷载作用下的液化强度 τ_L，绘制如图 8-22 所示的 τ_L 与深度的关系曲线。

5）根据绘制的两条曲线判断液化区域，$\tau_e \geq$

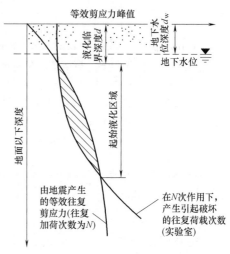

图 8-22 Seed 提出的地震砂土液化判别方法

τ_{hL} 的区域即为液化区域。

这种方法最大的局限是室内试验并不一定能够完全反映现场的真实情况。现场起始液化试验的 $\tau_{\text{hL}}/\sigma'_{\text{vc}}$ 值比单剪试验所得的值约高 15%～50%，砂土的相对密实度越大，这种差别也越大。现场起始液化的 $\tau_{\text{hL}}/\sigma_{\text{v}}$ 值与单剪试验所得值之间的关系为

$$\left(\frac{\tau_{\text{hL}}}{\sigma'_{\text{vc}}}\right)_{\text{现场}} = \beta\left(\frac{\tau_{\text{hL}}}{\sigma'_{\text{vc}}}\right)_{\text{单剪}} \tag{8-18}$$

式中，β 值是一个大于 1 的参数。参数 β 的大小与砂的相对密实度 D_{r} 之间的近似关系如图 8-23 所示。合并式（8-18）和式（8-9），可得

$$\left(\frac{\tau_{\text{hL}}}{\sigma'_{\text{vc}}}\right)_{\text{现场}} = \beta\left(\frac{\tau_{\text{hL}}}{\sigma'_{\text{vc}}}\right)_{\text{单剪}} = \alpha\beta\left(\frac{\sigma_{\text{dL}}}{2\sigma'_{\text{3c}}}\right)_{\text{三轴}} = C_{\text{r}}\left(\frac{\sigma_{\text{dL}}}{2\sigma'_{\text{3c}}}\right)_{\text{三轴}} \tag{8-19}$$

式中，C_{r} 为参数 α 与 β 的乘积。

采用 α 的平均值 $\alpha = 0.47$ 和图 8-23 给出的 β 值，就可以得到 C_{r} 与相对密度 D_{r} 的关系，也表示在图 8-23 中。β 是一个大于 1 的系数而 C_{r} 是一个小于 1 的系数，意味着单剪试验得到的结果偏低而三轴试验得到的结果偏高。在相对密实度 D_{r} 小于 50% 的情况下，β 约为 1.15，C_{r} 约为 0.54。

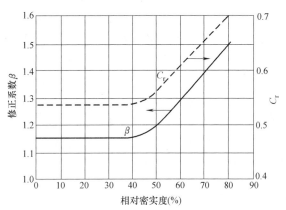

图 8-23 修正系数 β 和 C_{r} 与相对密度 D_{r} 的关系

式（8-19）仅适用于室内试验与现场的土样具有相同相对密实度的情况。Seed 等的研究表明，在室内某个往复加荷次数情况下，起始液化强度基本上与相对密实度 D_{r} 成正比（对于 $D_{\text{r}} \leqslant 80\%$），由此提出了用于评估现场任意密实状态的砂土的液化强度公式

$$\left(\frac{\tau_{\text{hL}}}{\sigma'_{\text{vc}}}\right)_{\text{现场}} = \beta\left(\frac{\tau_{\text{hL}}}{\sigma'_{\text{vc}}}\right)_{\text{单剪}}\left(\frac{D_{\text{r现场}}}{D_{\text{r单剪}}}\right) = C_{\text{r}}\left(\frac{\sigma_{\text{dL}}}{2\sigma'_{\text{3c}}}\right)_{\text{三轴}}\left(\frac{D_{\text{r现场}}}{D_{\text{r三轴}}}\right) \tag{8-20}$$

式中，$D_{\text{r现场}}$ 为现场的相对密实度；$D_{\text{r单剪}}$ 和 $D_{\text{r三轴}}$ 为室内试验土样的相对密实度。

为了方便应用，Seed 等给出了 $D_{\text{r}} = 50\%$ 的标准砂在 N 为 10 次和 30 次下的 $\tau_{\text{hL}}/\sigma'_{\text{vc}}$、$\sigma_{\text{dL}}/2\sigma'_{\text{3c}}$ 与平均粒径 D_{50} 的标准关系曲线，如图 8-24 所示。对于循环次数介于 10 次和 30 次之间的，可以采用线性内插法求得 $\tau_{\text{hL}}/\sigma'_{\text{vc}}$、$\sigma_{\text{dL}}/2\sigma'_{\text{3c}}$。这样，只要知道砂土的平均粒径 D_{50} 和相对密实度 D_{r}，就可以采用图 8-24 和式（8-20）确定现场的液化强度。

例 8-2　对于例 8-1 给出的场地情况和地震（地震震级为 7 级、地面运动的水平向加速度最大值为 0.15g），取埋深 10m 处的土样，测得平均粒径 $D_{50} = 0.3$mm，相对密实度 $D_{\text{r}} = 70\%$。判断是否会发生液化。

解： 根据图 8-20a，查得 $D_{50} = 0.3$mm、$D_{\text{r}} = 50\%$ 的饱和砂土对应的液化强度 $\sigma_{\text{dL}}/2\sigma'_{\text{3c}} = 0.25$。根据 $D_{\text{r}} = 70\%$，查图 8-23 得 $C_{\text{r}} = 0.65$。因此现场土的液化强度为

$$\left(\frac{\tau_{hL}}{\sigma'_{vc}}\right)_{现场} = 0.65 \times 0.25 \times \frac{70}{50} = 0.23$$

例 8-1 计算得到埋深 10m 处饱和砂土的等效地震荷载的幅值 $\tau_e = 15.8kPa$，竖向有效应力为

$$\sigma'_{v0} = 9 \times (18-10)kPa + 1 \times 18kPa = 90kPa$$

因此地震动剪应力比

$$\tau_e / \sigma'_{v0} = 15.8/90 = 0.176$$

由于 $\tau_e / \sigma'_{v0} < \left(\frac{\tau_{hL}}{\sigma'_{vc}}\right)_{现场}$，结论为不会液化。

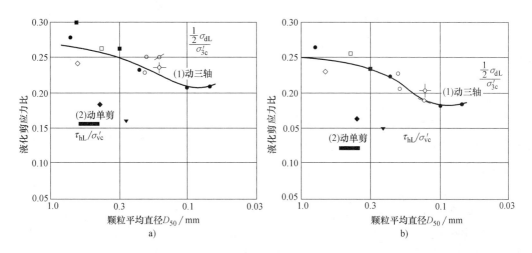

a)　　　　　　　　　　　b)

图 8-24　$D_r = 50\%$ 的标准砂在动荷载循环次数为 a）10 次和 b）30 次下的液化剪应力比

2. 原位测试指标的应用

基于原位测试指标的 Seed 简化分析方法的原理如图 8-25 所示。采用某个原位测试指标代表土的抗液化能力，以 CSR（循环应力比，Cyclic Stress Ratio，即 τ_e / σ'_{v0}）代表地震荷载。根据震后砂土液化调查的结果，在原位测试指标-CSR 坐标系内，液化点和非液化点用不同的符号表示。然后找出液化点和非液化点之间的界限，这条界线就是液化强度比曲线，简称为 CRR（Cyclic Resistance Ratio）曲线。这条曲线代表了液化强度比 CRR 与某一原位测试指标的关系。对于某一砂土，如其液化强度比 CRR 大于循环应力比 CSR，则不会液化，否则会液

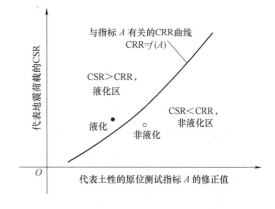

图 8-25　基于原位测试指标的 Seed 简化评价法

化。可以看出，这种方法依赖于大量的地震砂土液化调查数据，数据越详实，结果越可靠。注意 CSR 只能代表地震等效循环剪应力的大小，而不能代表作用次数，而砂土液化与作用次数有关，因此整理这些数据的时候，需保证它们是在同一震级（或相同作用次数）下获得的，得到的 CRR 曲线也仅适用于该震级（或作用次数）下的砂土液化势的评价。

图 8-26 给出的是 Seed（1979）整理得到的 CSR 与修正标贯击数 $(N_1)_{60}$ 的关系图，以及用于砂土液化评价的 CRR 曲线。由于标贯击数 N 随着上覆压力的增大而增大，其中包含着上覆压力的影响，不便于与 CSR（归一化应力比，已经消除了上覆压力的影响）直接建立关系，这是采用修正标贯击数 $(N_1)_{60}$ 的原因。修正标贯击数 $(N_1)_{60}$ 是将实测标贯击数 N 修正到有效上覆应力 σ'_{v0} 约为 100kPa、落锤能量比或效率为 60% 时的标贯击数，以此消除上覆压力的影响。修正方法为（Youd 等，2001）

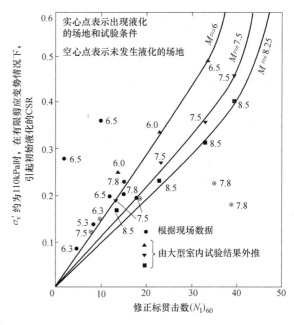

图 8-26　修正标贯击数与 CRR 与关系（Seed，1979）

$$(N_1)_{60} = C_N N \tag{8-21a}$$

当 $\sigma'_{v0} \leqslant 200\text{kPa}$ 时　　　　　$C_N = (p_a/\sigma'_{v0})^{0.5} \tag{8-21b}$

当 $200\text{kPa} < \sigma'_{v0} \leqslant 300\text{kPa}$ 时　　$C_N = 2.2/(1.2+\sigma'_{v0}/p_a) \tag{8-21c}$

式中，C_N 为修正系数；p_a 为一个大气压，约 100kPa。

采用该方法，Youd 等（2001）给出了一个用于 7.5 级地震下的纯净砂土液化评价的关系式

$$\text{CRR}_{7.5} = \frac{1}{34-(N_1)_{60}} + \frac{(N_1)_{60}}{135} + \frac{50}{[10(N_1)_{60}+45]^2} - \frac{1}{200} \tag{8-22}$$

我国学者在这方面也做出了突出的工作，提出以下关系式：

砂土（谢君斐，1984）　　$\text{CRR}_{7.5} = 0.007N_1 + 0.0002N_1^2 \tag{8-23}$

粉土（陈国兴，1995）$\text{CRR}_{7.5} = (0.007N_1 + 0.0002N_1^2)(3/\rho_c)^{0.8} \tag{8-24}$

式中，N_1 等同于 $(N_1)_{60}$，ρ_c 为黏粒（粒径小于 0.005mm）含量（代入时去掉百分号）。

相对于标准贯入试验，静力触探试验（CPT）具有测试数据连续的优点。Robertson 和 Wride（1998）给出了图 8-27 所示的 7.5 级地震下的纯净砂（细颗粒含量<5%）的 CRR 与修正锥尖阻力 q_{c1N} 的关系，由此确定的关系式为

当 $q_{c1N} < 50$ 时　　　　$\text{CRR}_{7.5} = 0.833(q_{c1N}/1000) + 0.05 \tag{8-25a}$

当 $50 \leqslant q_{c1N} < 160$ 时　　$\text{CRR}_{7.5} = 93(q_{c1N}/1000)^3 + 0.08 \tag{8-25b}$

式中，q_{c1N} 代表上覆压力 σ'_{v0} 为 100kPa 下的锥尖阻力值（无量纲），也是为了消除上覆压力

的影响，修正方法如下

$$q_{c1N} = C_Q(q_c/p_a) \tag{8-26a}$$

$$C_Q = (p_a/\sigma'_{v0})^n \tag{8-26b}$$

式中，C_Q 为修正系数；p_a 为 1 个大气压力（100kPa）；n 为一个参数，在 0.5～1.0 之间，与土的颗粒特征有关（Olsen，1997）。浅层由于上覆压力较小，计算得到 C_Q 会过高，这时，C_Q 取值不要超过 1.7。

波速也是反映土的力学特性的一个重要指标。而波速试验测得的是某一深度处的平均波速，对于均匀性较差的场地可以给出更为客观的整体评价。根据 26 次地震中 70 多个液化或不液化场地的地震现场调查，Andrus 和 Stokoe（2000）给出了图 8-28 所示的 7.5 级地震作用下 CRR 与修正剪切波速 v_{S1} 的关系曲线。修正剪切波速 v_{S1} 为将实测剪切波速 v_S 修正到上覆压力大约为 100kPa 情况下的剪切波速。图 8-28 中所示的 CRR 曲线可用下式表示

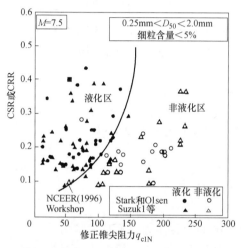

图 8-27　修正锥尖阻力与 CRR 的关系
（Robertson 和 Wride，1998）

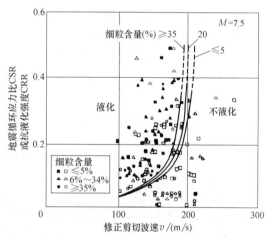

图 8-28　修正剪切波速与 CRR 的关系
（Andrus 和 Stokoe，2000）

$$CRR = 0.022\left(\frac{v_{S1}}{100}\right)^2 + 2.8\left(\frac{1}{v_{S1}^* - v_{S1}} - \frac{1}{v_{S1}}\right) \tag{8-27}$$

式中，v_{S1}^* 为土层发生液化的 v_{S1} 的上限值，当细颗粒含量≤5%时，取 $v_{S1}^* = 215\text{m/s}$；当细粒含量≥35%时，取 $v_{S1}^* = 200\text{m/s}$；当细粒含量介于 5% 和 35% 之间时，v_{S1}^* 取线性内插值。

修正剪切波速 v_{S1} 的计算方法如下（Sykora，1987）

$$v_{S1} = v_S(p_a/\sigma'_{v0})^{0.25} \tag{8-28}$$

统计得到的经验关系往往是针对某一特定的地震震级（如 7.5 级），而液化强度将随震级的增大（也就是循环荷载作用次数的增大）而减小。为了能够将某一震级下得到成果应用于其他地震震级下的砂土液化的评价，Seed 和 Idriss（1982）提出了一个震级调整因子 MSF（Magnitude Scaling Factor）来反映震级的影响，并以 7.5 级地震下得到的 CRR 曲线为标准，将该标准曲线乘以这个因子就可以得到其他震级下的 CRR 曲线，即

$$CRR_M = CRR_{7.5} \cdot MSF \tag{8-29}$$

其中下标 M 代表需要分析的震级。震级调整因子 MSF 可根据图 8-29 给出液化强度标准曲线得到。在 $M=6$、6.75、7.5、8.5 情况下，MSF 分别取 1.32、1.13、1.00 和 0.89。

8.4.2 剪应变判别法和剪切波波速判别法

砂土液化与孔压增长有关，而孔压增长又与剪应变有很好的相关性，这种相关性几乎不受砂土类型、相对密实度、固结应力和土样制备方法等因素的影响。因此，Dobry 等（1982）提出了以剪应变来判别砂土液化的方法。该判别方法采用的是一个临界剪应变 γ_{cr}，

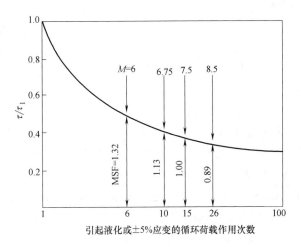

图 8-29 Seed 和 Idriss（1982）给出的液化强度标准曲线及震级调整因子

如果地震造成的某一深度的饱和砂土的剪应变 γ_e 小于临界剪应变 γ_{cr}，则不发生液化；否则判断为液化。

根据 Seed 提出的地震等效剪应力的公式，地震等效剪应变可以表示为

$$\gamma_e = \frac{\tau_e}{G} = 0.65\gamma_d \frac{\sigma_v}{g} a_{hmax} \frac{1}{G_{max}\left(\dfrac{G}{G_{max}}\right)} \tag{8-30}$$

式中，G 为剪切模量；G_{max} 为小应变下的剪切模量；σ_v 为上覆压力（竖向总应力）。

选取临界剪应变 $\gamma_{cr}=0.02\%$，低于此界限，土中几乎不会有孔压产生，根据 G/G_{max}-γ 关系曲线可以大致给出此临界剪应变对应的剪切模量比 $G/G_{max} \approx 0.75$，将此关系式代入式（8-30）得

$$\gamma_e = \frac{\tau_e}{G} = 0.87\gamma_d \frac{\sigma_v a_{hmax}}{g} \frac{1}{G_{max}} \tag{8-31}$$

根据 G_{max} 与剪切波速 v_S 之间的关系，上式可进一步改写为

$$\gamma_e = \frac{\tau_e}{G} = 0.87\gamma_d \frac{\sigma_v a_{hmax}}{\rho g} \frac{1}{v_S^2} \tag{8-32}$$

式中，ρ 为土的天然密度。这样，只要确定深度、地面运动最大加速度及剪切波速，就可以采用式（8-32）计算得到地震等效剪应变 γ_e，如果 $\gamma_e < \gamma_{cr}$，则不液化；如果 $\gamma_e > 0.01\%$，则应进一步考察液化的可能性。

Dobry 等（1982）进一步将这种方法转化为一种剪切波速判别法。式（8-32）可改写为

$$v_S = \left[0.87\frac{a_{hmax}}{g}\frac{\sigma_v \gamma_d}{\gamma_e \rho}\right]^{1/2} = \left[0.87\frac{a_{hmax}}{g}\frac{g d_s \gamma_d}{\gamma_e}\right]^{1/2} \tag{8-33}$$

式中，d_s 为饱和砂土的埋深。

取临界剪应变 $\gamma_{cr}=0.01\%$，可以得到临界剪切波速 v_{Scr} 的表达式为

$$v_{Scr} = 291 \left[\frac{a_{hmax}}{g} d_s \gamma_d \right]^{1/2} \tag{8-34}$$

如果实测波速大于临界波速，则不液化，否则需进一步考察液化的可能性。

系数 γ_d 与埋深 d_s 有关，汪闻韶（1997）将 γ_d 随深度的变化规律简化为

$$\gamma_d = 1 - 0.0133 d_s \tag{8-35}$$

代入式（8-34）得到地震烈度为 7、8 和 9 度下 a_{hmax}/g 分别取 0.1、0.2 和 0.4 时，对应的砂土液化临界剪切波速 v_{Scr} 的统一表达式为

$$v_{Scr} = v_{s0} \left(d_s - 0.0133 d_s^2 \right)^{1/2} \tag{8-36}$$

式中，v_{s0} 在地震烈度为 7、8 和 9 时分别为 92m/s、130 m/s 和 184m/s。我国一些规范中采用式（8-36）进行砂土液化的初步判别。

石兆吉、王承春（1984）考虑到上述方法中将刚产生孔压时的剪应变作为临界剪应变过于保守，在研究粉土（轻亚黏土）的液化评价时，提出了采用孔压比为 1 时的剪应变作为临界剪应变的判别标准。另外，他们采用的是地震过程中土体产生的最大剪应变 γ_{max}，而不是等效剪应变 γ_e。与式（8-30）类似，最大剪应变可以表示为

$$\gamma_{max} = \frac{\tau_{max}}{G} = \frac{a_{hmax}}{g} \frac{\sigma_v \gamma_d}{\rho v_S^2 (G/G_{max})} \tag{8-37}$$

这样，剪切波速 v_S 可以表示为

$$v_S = \left[\frac{a_{hmax}}{g} \frac{\sigma_v \gamma_d}{\gamma_{max} \rho (G/G_{max})} \right]^{1/2} = \left[\frac{a_{hmax}}{g} \frac{g d_s \gamma_d}{\gamma_{max} (G/G_{max})} \right]^{1/2} \tag{8-38}$$

式中，d_s 为饱和砂土的埋深。液化时的剪应变变化范围为 1%~10%，其平均值为 2%。取 G/G_{max}-γ 的经验关系为

$$G/G_{max} = \frac{1}{7.61 + 1400\gamma} \tag{8-39}$$

当 $\gamma = 2\%$ 时，$G/G_{max} = 0.028$。代入式（8-39）后可以得到剪应变达到临界剪应变 2% 时对应的临界剪切波速 v_{Scr}

$$v_{Scr} = 132.17 \left[\frac{a_{hmax}}{g} d_s \gamma_d \right]^{1/2} \tag{8-40}$$

系数 γ_d 与埋深 d_s 有关，将 γ_d 随深度的变化规律简化为

$$\gamma_d = 1 - 0.0133 d_s \tag{8-41}$$

这样，式（8-40）可进一步改写为

$$v_{Scr} = 132.17 \left[\frac{a_{hmax}}{g} \left(d_s - 0.0133 d_s^2 \right) \right]^{1/2} \tag{8-42}$$

当地震烈度为 7、8 和 9 度时，分别取 a_{hmax}/g 为 0.1、0.2 和 0.4，则对应的液化临界剪切波速 v_{Scr} 可表示为

$$v_{Scr} = v_{s0} \left(d_s - 0.0133 d_s^2 \right)^{1/2} \tag{8-43}$$

式中，v_{S0} 在地震烈度为 7、8 和 9 度时分别取 42m/s、60 m/s 和 84m/s。后来此公式推广到砂土液化评价，v_{S0} 分别取 63m/s、89m/s 和 125m/s。可以看出，砂土的 v_{S0} 的取值约为粉土的 1.5 倍，代表着式（8-40）中右边的常数 132.17 增大到 1.5 倍，即增大至 200。但无论是砂土还是粉土，比式（8-34）中的常数值 291 都要小很多。

为了考虑地下水位的影响，石兆吉等（1993）还提出了一个改进的液化判别公式

$$v_{Scr} = v_{S0}(d_s - 0.0133d_s^2)^{1/2}(1 - 0.185d_w/d_s) \tag{8-44}$$

式中，d_w 为地下水位埋深。地震烈度为 7、8 和 9 度时，粉土 v_{S0} 分别取 45m/s、65m/s 和 90m/s，砂土分别取 65m/s、90m/s 和 130m/s。

8.4.3 我国《建筑抗震设计规范》（2010 版）采用的经验法

我国对 20 世纪 50 年代以来历次地震砂土液化现象进行调查分析，提出了具有特色的分两步进行的地震砂土液化判别方法：先进行初判，当不满足初判不液化条件时再采用标准贯入试验进一步判别。这种方法同时解决了粉土的液化判别问题。根据经验，对 6 度以上的地震区一般考虑地面下 15m 深度范围内（如为桩基或深基时考虑深度为 20m）有饱和砂土和饱和粉土时，应判别砂土液化的可能性。对 6 度地震区，除对液化沉降敏感的建筑外，一般不考虑液化影响。液化判别分两步进行。

1. 初步判别

初步判别的目的是在初步勘察阶段根据少量的勘察资料判断出一大部分不液化的情况，这样在详勘阶段就不必考虑液化问题，从而节省详勘费用与时间。满足下列初判条件之一者，应判为不液化。如不满足以下条件，则进行进一步判别。

1）地质年代为第四纪晚更新世（Q_3）或以前时，7、8 度时可判为不液化。

2）粉土的黏粒（粒径小于 0.005mm 的颗粒）含量百分率 $\rho_c(\%)$ 在 7 度、8 度和 9 度时分别不小于 10、13 和 16，可判为不液化。

3）基础埋置深度 d_b 不超过 2 m 且采用天然地基的建筑物，当上覆液化土层厚度 d_u（扣除淤泥和淤泥质土厚度）和地下水位深度 d_w 满足下列条件之一时，也就是图 8-30 中给出的不考虑液化影响的范围，可不考虑液化影响

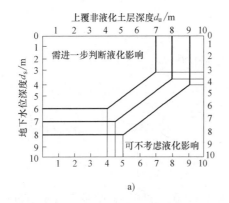
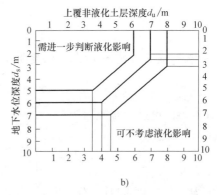

图 8-30　液化初判

a）砂土　b）粉土

$$\begin{cases} d_{\mathrm{u}} > d_0 + d_{\mathrm{b}} - 2 \\ d_{\mathrm{w}} > d_0 + d_{\mathrm{b}} - 3 \\ d_{\mathrm{u}} + d_{\mathrm{w}} > 1.5 d_0 + 2 d_{\mathrm{b}} - 4.5 \end{cases} \tag{8-45}$$

式中，d_{w} 为地下水位埋深（m），按最高水位计；d_{u} 为上覆非液化土厚度（扣除淤泥及淤泥质土，m）；d_{b} 为基础埋深（m），不超过 2m 时按 2m 计；d_0 为液化土的特征深度（m），对 7 度、8 度、9 度烈度，粉土分别为 6m、7m、8m，砂土分别为 7m、8m、9m。

2. 采用标贯试验进一步判别

进一步判别采用标准贯入试验。以埋深为 2m 的砂土（地下水位埋深为 0）的液化标贯击数为基准（N_0），考虑土的埋深 d_{s}、地下水位埋深 d_{w} 及黏粒含量 $\rho_{\mathrm{c}}(\%)$ 的影响，计算得到临界标贯击数 N_{cr}。当实测标贯击数（未经杆长修正）值 $N < N_{\mathrm{cr}}$ 时，则判为可液化土，否则为不液化土。临界标贯击数 N_{cr} 按照下式计算

$$N_{\mathrm{cr}} = N_0 \beta \left[\ln(0.6 d_{\mathrm{s}} + 1.5) - 0.1 d_{\mathrm{w}} \right] \sqrt{3/\rho_{\mathrm{c}}} \tag{8-46}$$

式中，N_0 为液化判别标贯击数基准值，这个参数代表了地震的强度，主要与地震地面运动加速度有关，按表 8-4 采用；d_{s} 为标准贯入点深度（m）；d_{w} 为地下水位埋深（m）；ρ_{c} 为黏粒含量百分率，当小于 3 或者为纯净砂土时取 3%；β 为考虑震源距离的调整系数，设计地震第一组（近震）取 0.8，第二组（中震）取 0.95，第三组取（1.05）。

表 8-4　液化判别标贯击数标准值 N_0

设计基本地震加速度/g	0.10	0.15	0.20	0.30	0.40
液化判别标准贯入锤击数基准值	7	10	12	16	19

例 8-3　对于例 8-1 所示的场地情况和地震（地震震级为 7 级、地面运动的水平向加速度最大值为 0.15g），如果现场标贯试验得到的深度为 10m 处的标贯击数 $N = 13$，分别采用 Seed 简化法和我国《建筑抗震设计规范》中规定的方法，判别是否会产生液化。

解：（1）采用 Seed 简化分析方法判别

计算上覆压力

$$\sigma'_{v0} = 9 \times (18 - 10) \mathrm{kPa} + 1 \times 18 \mathrm{kPa} = 90 \mathrm{kPa}$$

由式（8-21）修正系数 C_{N} 和修正标贯击数 $(N_1)_{60}$，因为 $\sigma'_{v0} \leqslant 200 \mathrm{kPa}$，故

$$C_{\mathrm{N}} = (p_{\mathrm{a}}/\sigma'_{v0})^{0.5} = (100/90)^{0.5} = 1.05$$

$$(N_1)_{60} = C_{\mathrm{N}} N = 1.05 \times 13 = 13.65$$

由式（8-20）计算 $\mathrm{CRR}_{7.5}$

$$\mathrm{CRR}_{7.5} = \frac{1}{34 - 13.65} + \frac{13.65}{135} + \frac{50}{[10 \times 13.65 + 45]^2} - \frac{1}{200} = 0.145$$

由式（8-29）和图 8-29 计算 7 级地震下的 CRR

$$\mathrm{CRR}_{7.0} = \mathrm{CRR}_{7.5} \mathrm{MSF} = 0.145 \times \left[1 + \frac{1.13 - 1}{7.5 - 6.75} \times (7.5 - 7) \right] = 0.157$$

在例 8-2 中，计算得到的地震动剪应力比 CSR 为

$$CSR = \tau_e / \sigma'_{v0} = 15.8/90 = 0.176$$

$CRR_{7.0} < CSR$，判定为液化。

（2）采用建筑抗震设计规范判别　根据地面运动的水平向加速度最大值为 $0.15g$，查表 8-4 得 $N_0 = 10$。取设计地震分组为第一组，确定 β 为 0.8。将 $N_0 = 10$，$\beta = 0.8$，$d_s = 10m$，$d_w = 1m$ 代入式（8-46）得

$$\begin{aligned} N_{cr} &= N_0 \beta \left[\ln(0.6d_s + 1.5) - 0.1d_w \right] \sqrt{3/\rho_c} \\ &= 10 \times 0.8 \times \left[\ln(0.6 \times 10 + 1.5) - 0.1 \times 1) \right] \sqrt{3/3} \\ &= 15.2 \end{aligned}$$

实测标贯击数 $N = 13 < N_{cr}$，判定为液化。

8.5* 液化场地的处理与加固

抗液化的措施大致可以分为两类：一是防止场地液化的发生；二是在发生液化的前提下采取工程措施，防止或减小结构物可能遭受的破坏。表 8-5 大致归纳了可以采用的各类措施。

表 8-5　液化场地的处理

分类	原理	措施	备注
防止液化发生	减小地震剪应力	场地选择	—
	增大抗液化强度	换土	有经济问题
		地基加固	有噪声及振动
		排水	已建结构物也可使用
在液化的前提下采取的措施	限制变形	填土	输入地震力也变大
	减小不均匀沉降	地下连续墙	—
		桩基	有水平抗力问题
		筏基础	—

8.5.1　地基加固

地基加固的目的就是在建筑物周围一定范围内，通过工程措施，提高砂土的抗液化强度。具体方法可考虑用加密、化学加固、水泥加固等方法。

（1）分层碾压　在局部降低地下水位后挖去可液化土层，然后分层碾压回填，加密效果很可靠。如在碾压与回填的过程中渗入水，可进一步提高强度。

（2）振动水冲法　将一端部具有射水口的振动器垂直贯入土中，到达指定深度后，起动振动器，并徐徐地提升钢管，使地基加密。在振冲器四周形成的缝隙可用各种粗颗粒填入。根据日本的经验，当场地加速度$<2m/s^2$ 时很有效，如$>3m/s^2$ 时，仍然会对结构物造成很大损害。

（3）挤密砂桩　先将端部封闭的钢管打入地基中，达到预期深度后，将砂灌入管内，然后一边提升钢管一边用冲击或振动将砂挤入土中。

（4）重锤夯实　用重量为几吨至几十吨的重锤从几米至几十米高的地方下落，产生冲击波，将砂土振实。

（5）排水法　通过排水减少饱和砂层内地震时孔隙水压力的上升，从而避免产生砂土液化现象。可在地基中设置砾石桩以限制地震时砂层内孔隙水压力上升（砾石排水法）。在砂层中设置砾石排水桩时，由于缩短了水平方向的排水路径，提高了排水效果，从而可以减少饱和砂层内地震时孔隙水压力的上升。有时可利用挡水壁和水泵降低地下水位。

8.5.2　排水法理论与设计

假设达西定律成立，砂土层中水流的连续方程可写成

$$\frac{\partial}{\partial x}\left(\frac{k_{\mathrm{h}}}{\gamma_{\mathrm{w}}}\frac{\partial u}{\partial x}\right)+\frac{\partial}{\partial y}\left(\frac{k_{\mathrm{h}}}{\gamma_{\mathrm{w}}}\frac{\partial u}{\partial y}\right)+\frac{\partial}{\partial z}\left(\frac{k_{\mathrm{v}}}{\gamma_{\mathrm{w}}}\frac{\partial u}{\partial z}\right)=\frac{\partial \varepsilon}{\partial t} \tag{8-47}$$

式中，k_{h} 为砂在水平向的渗透系数；k_{v} 为砂在竖向的渗透系数；u 为超静孔隙水压力；γ_{w} 为水的重度；ε 为体积应变（压缩时为正）。

在时间间隔 dt 内，单元土体中超静孔隙水压力的变化为 du（消散）。然而，如果有往复剪应力作用在单元土体上，就会产生超静孔隙水压力，在时间 dt 内，有 dN 次往复剪应力作用，相应的超静孔隙水压力增加量为 $(\partial u_{\mathrm{g}}/\partial N)dN$（其中 u_{g} 为由于往复剪应力作用而产生的超静孔隙水压力）。这样，在时间 dt 内，超静孔隙水压力的净改变量为 $[du-(\partial u_{\mathrm{g}}/\partial N)dN]$，且

$$\partial \varepsilon = m_V\left[\partial u-\left(\frac{\partial u_{\mathrm{g}}}{\partial t}\right)dN\right] \quad \text{或} \quad \frac{\partial \varepsilon}{\partial t} = m_V\left(\frac{\partial u}{\partial t}-\frac{\partial u_{\mathrm{g}}}{\partial N}\frac{dN}{\partial t}\right) \tag{8-48}$$

式中，m_V 为砂土的体积压缩系数。

合并式（8-47）和式（8-48）得

$$\frac{\partial}{\partial x}\left(\frac{k_{\mathrm{h}}}{\gamma_{\mathrm{w}}}\frac{\partial u}{\partial x}\right)+\frac{\partial}{\partial y}\left(\frac{k_{\mathrm{h}}}{\gamma_{\mathrm{w}}}\frac{\partial u}{\partial y}\right)+\frac{\partial}{\partial z}\left(\frac{k_{\mathrm{v}}}{\gamma_{\mathrm{w}}}\frac{\partial u}{\partial z}\right)=m_V\left(\frac{\partial u}{\partial t}-\frac{\partial u_{\mathrm{g}}}{\partial N}\frac{dN}{\partial t}\right) \tag{8-49}$$

假设 m_V 为一常量，并考虑到轴对称条件，那么式（8-49）可以写成柱坐标形式

$$\frac{k_{\mathrm{h}}}{\gamma_{\mathrm{w}}m_V}\left(\frac{\partial^2 u}{\partial r^2}+\frac{1}{r}\frac{\partial u}{\partial r}\right)+\frac{k_{\mathrm{v}}}{\gamma_{\mathrm{w}}m_V}\frac{\partial^2 u}{\partial z^2}=\frac{\partial u}{\partial t}-\frac{\partial u_{\mathrm{g}}}{\partial N}\frac{\partial N}{\partial t} \tag{8-50}$$

如只考虑水平方向的径向渗流（忽略垂直向的渗流），式（8-50）又可写成

$$\frac{k_{\mathrm{h}}}{\gamma_{\mathrm{w}}m_V}\left(\frac{\partial^2 u}{\partial r^2}+\frac{1}{r}\frac{\partial u}{\partial r}\right)=\frac{\partial u}{\partial t}-\frac{\partial u_{\mathrm{g}}}{\partial N}\frac{\partial N}{\partial t} \tag{8-51}$$

为了解式（8-51），必须计算 k_{h}、m_V、$\partial N/\partial t$ 和 $\partial u_{\mathrm{g}}/\partial N$ 各项的值。k_{h} 的值很容易从现场抽水试验求得，体积压缩系数可由动三轴试验确定，$\partial N/\partial t$ 可以表示为

$$\frac{\partial N}{\partial t}=\frac{N_{\mathrm{S}}}{t_{\mathrm{d}}} \tag{8-52}$$

式中，N_{S} 为地震等效荷载循环次数；t_{d} 为地震持续时间。

根据饱和砂土不排水动单剪试验中超静孔隙水压力增长公式，u_g/σ'_{v0}可表示为（Seed 等，1975）

$$\frac{u_g}{\sigma'_{v0}} = \frac{\pi}{2}\arcsin\left(\frac{N}{N_L}\right)^{\frac{1}{2\alpha}}$$ (8-53)

式中，u_g 为由于 N 次往复剪应力作用而产生的孔隙水压力；σ'_{v0} 为初始固结压力；N_L 为产生起始液化所需的往复剪应力作用次数；α 为一常数（$\alpha \approx 0.7$）。

因此有

$$\frac{\partial u_g}{\partial N} = \frac{2\sigma'_{v0}}{\alpha\pi N_L}\left[\sin^{2\alpha-1}\left(\frac{\pi}{2}\frac{u_g}{\sigma'_{v0}}\right)\cos\left(\frac{\pi}{2}\frac{u_g}{\sigma'_{v0}}\right)\right]^{-1}$$ (8-54)

如图 8-31 所示的砾石或碎石排水井，单个排水井的影响范围为半径为 R_c 的圆柱体，这个圆柱体内的水径向流入排水井。对于等边三角形和矩形布置的排水井，可以按照面积等效的原则计算得到单个排水井的影响范围。如果忽略排水井的渗透过程，也就是假设排水井的渗透系数无穷大，排水井周围的超孔压始终为 0。对于这种径向排水情况，Seed 和 Brooker（1977）采用有限元法求出式（8-51）的解，u/σ'_{v0} 是如下三个参数的函数：

参数 1，井径比 $\qquad r = \dfrac{\text{砾石或碎石排水井半径 } R_d}{\text{砾石或碎石排水井的影响半径 } R_c}$ (8-55)

参数 2，循环次数比 $\qquad\qquad N_S/N_L$

参数 3，时间因子 $\qquad\qquad T_{ad} = \dfrac{k_h}{\gamma_w}\left(\dfrac{t_d}{m_V R_d^2}\right)$ (8-56)

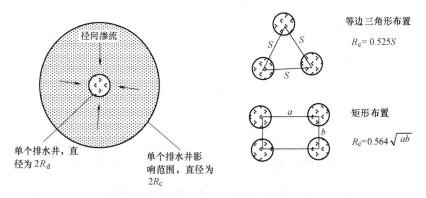

图 8-31　排水井的布置及影响范围

图 8-32 给出了当 $N_S/N_L = 1$、2、3、4 四种情况下的无因次解，可用于砾石或碎石排水井的设计。对于 N_S/N_L 为其他数值的情况，可采用内插法得到。图 8-32 中的参数 r_g 定义为

$$r_g = \frac{\text{设计选定的最大极限值 } u_g}{\sigma'_{v0}}$$ (8-57)

用图 8-32 给出的解时，假设用于砾石或碎石排水井的材料的渗透系数为无穷大，实际使用时满足以下关系就足够了

$$\frac{k_{h(\text{碎石或砾石})}}{k_{(\text{砂})}} \approx 200$$ (8-58)

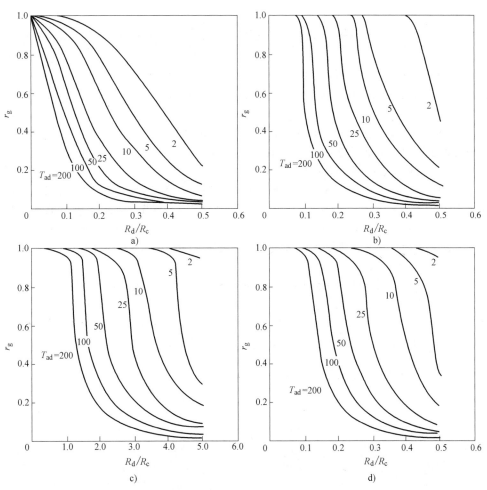

图 8-32　最大孔隙水压力比 r_g 和排水系统参数之间的关系

a）$N_S/N_L=1$　b）$N_S/N_L=2$　c）$N_S/N_L=3$　d）$N_S/N_L=4$

例 8-4　一饱和砂土地层，已知砂土的体积压缩系数 $m_V=5\times10^{-5}\,\text{m}^2/\text{kN}$，水平向渗透系数 $k_h=2\times10^{-5}\,\text{m/s}$。设计地震为 8 级，即等效地震荷载 τ_e 的作用次数为 30，地震持续时间为 65s。室内动三轴试验表明，在等效循环荷载 τ_e 的作用下，达到 15 次时会产生初始液化。设计采用的砾石排水井的半径为 0.25m，如果要确保地震过程中砂土层中的孔压比 r_g 控制在 0.6 以内，试确定砾石排水井的间距。

解：根据式（8-56）

$$T_{ad}=\frac{k_h}{\gamma_w}\left(\frac{t_d}{m_V R_d^2}\right)=\frac{2\times10^{-5}}{9.8}\times\left(\frac{65}{5\times10^{-5}\times0.25^2}\right)=42$$

$N_S/N_L=30/15=2$，$r_g=0.6$，查图 8-32b 得，井径比 $R_d/R_c\approx0.2$。

因此，等效排水范围的半径为 $R_c=R_d/0.2=0.25/0.2\text{m}=1.25\text{m}$。

如果按照等边三角形布置，排水井的间距为 $s=R_c/0.525=1.25/0.525\text{m}=2.38\text{m}$。

思考题与习题

1. 砂土液化的机理是什么？为何松砂比密砂容易液化？

2. 砂土液化的发展过程是什么？孔隙水压力增长与变形之间有什么关系？

3. 简述地震等效剪应力确定的方法。

4. 在地震砂土液化试验中，动三轴试验获得的孔隙水压力为何要进行修正？

5. 液化剪应力比与土的相对密实度 D_r、动荷载作用次数之间有什么关系？

6. 简述 Seed 简化液化势评价方法的基本原理。

7. 某砂土层厚 20m，重度 γ 为 18kN/m^3，地下水位埋深 1m。预估在地震震级为 7 级、地面运动的水平向加速度最大值为 0.10g 情况下，埋深 15m 处的饱和砂土的地震等效荷载（动剪应力的幅值和作用次数）。

8. 某砂土层厚 20m，重度 γ 为 18kN/m^3，地下水位埋深 1m。设计地震地面运动的水平向加速度最大值为 0.2g。如果现场标贯试验得到的深度为 10m 处的标贯击数 $N=16$，采用我国《建筑抗震设计规范》中规定的方法，判别是否会产生液化。

9. 一饱和砂土地层，已知砂土的体积压缩系数 $m_V = 5 \times 10^{-5} \, \text{m}^2/\text{kN}$，水平向渗透系数 $k_h = 2 \times 10^{-5} \, \text{m/s}$。设计地震为 7.5 级，即等效地震荷载 τ_e 的作用次数为 20，地震持续时间为 40s。室内动三轴试验表明，在等效循环荷载 τ_e 的作用下，达到 10 次时会产生初始液化。设计采用的砾石排水井的半径为 0.25m，如果要确保地震过程中砂土层中的孔压比 r_g 控制在 0.6 以内，试确定砾石排水井的间距。

参 考 文 献

[1] 俞载道. 结构动力学 [M]. 上海：同济大学出版社，1987.

[2] 普拉卡什. 土动力学 [M]. 汪闻韶，译. 北京：中国水利水电出版社，1984.

[3] DAS M B. 土动力学原理 [M]. 吴世明，顾尧章，译. 杭州：浙江大学出版社，1984.

[4] 谢定义. 土动力学 [M]. 西安：西安交通大学出版社，1988.

[5] 谢定义. 土动力学 [M]. 北京：高等教育出版社，2011.

[6] 费涵昌，杨德生. 土动力学基础 [Z]. 同济大学岩土工程与工程地质教研室，1996.

[7] 张克绪. 土动力学 [M]. 北京：地震出版社，1989.

[8] 白冰. 土的动力特性及应用 [M]. 北京：中国建筑工业出版社，2016.

[9] 吴世明. 土介质中的波 [M]. 北京：科学出版社，1997.

[10] 科杜图. 基础设计：理论与实践（英文版·原书第2版）[M]. 北京：机械工业出版社，2004.

[11] 同济大学城市工程地质教研室. 动力工程地质：下 [Z]. 同济大学城市工程地质教研室，1996.

[12] 地震工程概论编写组. 地震工程概论 [M]. 北京：科学出版社，1977.

[13] 姚伯英，侯忠良. 构筑物抗震 [M]. 北京：测绘出版社，1990.

[14] 谢君斐. 地震液化综述（A）[M]. //魏琏，谢君斐. 中国工程抗震研究四十年. 北京：地震出版社，1989：32-36.

[15] 钱家欢，殷宗泽. 土工原理与计算 [M]. 北京：中国水利水电出版社，1996.

[16] 汪闻韶. 土的动力强度和液化特性 [M]. 北京：中国电力出版社，1997.

[17] 小理查特 F E，伍兹 R D，小霍尔 J R. 土与基础的振动 [M]. 徐攸在，译. 北京：中国建筑工业出版社，1976.

[18] 严人觉，王贻荪，韩清宇. 动力基础半空间理论概论 [M]. 北京：中国建筑工业出版社，1981.

[19] 杨先健，徐建，张翠红. 土-基础的振动与隔振 [M]. 北京：中国建筑工业出版社，2013.

[20] BRAND E W，BRENNER R P. 软黏土工程学 [M]. 叶书麟，等译. 北京：中国铁道出版社，1991.

[21] 中国振动工程学会，土动力学专业委员会. 土动力学工程应用实例与分析 [M] 北京：中国建筑工业出版社，1998.

[22] 王锡康. 对地基动刚度及惯性作用的研究 [J]. 岩土工程学报，1984，6（4）：75-85.

[23] 王锡康. 基底面积和压力对地基动力特性的影响 [J]. 工业建筑，1988（11）：28-34.

[24] 王锡康，谷耀武. 水平旋转耦合振动下地基惯性及刚度的研究 [J]. 工业建筑，1995.

[25] 常亚屏. 振动作用下砂土抗剪强度的试验研究 [C]//水利水电科学研究院科学研究论文集（第16集）. 北京：中国水利水电出版社，1984：9-21.

[26] 石兆吉，王承春. 预测轻亚黏土液化势的剪切波速法 [C]//中国地震学会第二届代表大会暨学术年会论文摘要汇编，1984.

[27] 石兆吉，郁寿松，丰万玲. 土壤液化势的剪切波速判别法 [J]. 岩土工程学报，1993，15（1）：74-80.

[28] 陈国兴，胡庆星，刘雪珠. 关于砂土液化判别的若干意见 [J]. 地震工程与工程振动，2002，22（1）：141-151.

[29] 谢君斐. 关于修改抗震规范砂土液化判别式的几点意见 [J]. 地震工程与工程振动，1984，4（2）：95-126.

[30] 陈国兴，张克绪，谢君斐. 液化判别的可靠性研究 [J]. 地震工程与工程振动，1991，11（2）：

85-96.

[31] 陈国兴，谢君斐，张克绪. 土的动模量和阻尼比的经验估计 [J]. 地震工程与工程振动，1995，15（1）：73-84.

[32] 范士凯. 略谈地震反应分析与抗震设计 [C]∥全国第三次工程地质大会论文选集，1989.

[33] HARDIN B O. 土的应力-应变行为的本质 [M]∥谢君斐，等译. 地震工程和土动力问题译文集. 北京：地震出版社，1985：111-202.

[34] ACHENBACH J D. Wave Propagation In Elastic Solids [M]. New York：North-Holland Publishing Company，1980.

[35] ISHIHARA K. Soil Behaviour in Earthquake Geotechnics [M]. Oxford：Clarendon Press，1996.

[36] DOBRY, LADD, YOKEL. Prediction of pore water pressure buildup and liquefaction of sand by the cyclic strain method [J]，NBS Building Science，1982.

[37] DAS M B, RAMANA G V. Principles of soil dynamics [M]. 2nd ed. Stanford：Cengage Learning，2011.

[38] HARDIN B O, RICHART F E. Elastic wave velocities in granular soils [J]. Journal of Soil Mechanics and Foundations，1963，89（SM1）：33-65.

[39] HARDIN B O, BLACK W L. Vibration modulus of normally consolidated clay [J]. Journals of Soil Mechanics and Foundations，1968，94（SM2）：353-369.

[40] KOKUSHO T, ESASHI Y. Cyclic triaxial test on sands and coarse materials [C]∥Proceedings of the 10th International Conference on Soil Mechanics and Foundation Engineering. [S. l.]，[s. n.]，1981，1.

[41] KOKUSHO T, YOSHIDA Y, ESASHI Y. Dynamic soil propertics of soft clay for widestrain range [J]. Soils and Foundations，1982，22：1-18.

[42] KOKUSHO T, TANAKA Y. Dynamic properties of gravel layers investigated by in situfreezing sampling [C]∥Proceedings of the ASCE Specialty Conference on Ground Failures under Seismic Conditions. [S. l.]，[s. n.]，1994：121-140.

[43] MARCUSON W F, WAHLS H E. Time effects on dynamics shear modulus of clays [J]. Journal of Soil Mechanics and Foundations，1972，8（SM12）：1359-1373.

[44] SEED H B, IDRISS I M. Soil moduli and damping factors for dynamic response analyses [R]，Report No. EERC 70/10，Earthquake Engineering Research Center，University of California，Berkeley 1970.

[45] KAGAWA T. Moduli and damping factors of soft marine clays [J]. Journal of Geotechnical Engineering，1992，118：1360-1375.

[46] RICHART F E, HALL J R, WOODS R D. Vibrations of soils and foundations [M]. New Jersey：Prentice Hall，1970.

[47] WANG Y J, et al. A novel method for determing the small-strain shear modulus of soil using the bender elements technique [J]. Canadian Geotechnical Journal，2017，54（2）：280-289.

[48] SWAMI S, GUPTA R P. Seismic earth pressures behind retaining walls [J]. Indian Geotechnical Journal，2003，33（3）：195-213.

[49] IMAI T, YOSHIMURA, ELASTIC Y. Wave velocity and soil properties in soft soil（in Japanese）[J]. Tsuchito-Kiso，1970，18（1）：17-22.

[50] IMAI T, TONOUCHI K. Correlation of N-value with S-wave velocity and shear modulus [C]∥Proceedings of the 2nd European Symposium on penetration testing. [S. l.]，[s. n.]，1982：57-72.

[51] OHTA T, HARA A, NIWA M, et al. Elastic moduli of soil deposits estimated by N-values [C]∥The Japanese Society of Soil Mechanics and Foundation Engineering. Proceedings of the 7th annual conference. [S. l.]，[s. n.]，1972：265-268.

[52] OHSAKI Y, IWASAKI R. Dynamic shear moduli and Poisson's ratio of soil deposits [J]. Soils and Founda-

tions, 1973, 13 (4): 61-73.

[53] HARA A, OHTA T, NIWA M, et al. Shear modulus and shear strength of cohesive soils [J]. Soils and Foundations, 1974, 14: 1-12.

[54] ANBAZHAGAN P, ADITYA P, RASHMI H N. Review of correlations between SPT N and shear modulus: A new correlation applicable to any region [J]. Soil Dynamics and Earthquake Engineering, 2012, 36: 52-69.

[55] ANBAZHAGAN P, SITHARAM T G. Relationship between low strain shear modulus and standard penetration test N-values [J]. ASTM Geotechnical Testing Joumal, 2010, 33 (2): 150-164.

[56] ZEN K, HIGUCHI Y. Prediction of vibratory shear modulus and damping ratio for cohesive soils [C]// Proc. 8th WCEE, San Francisco. [S. l.], [s. n.], 1984, 3: 23-30.

[57] KOKUSHO T. In situ dynamic soil properties and their evaluation [C]//Proceedings of the 8th Asian Regional Conference on Soil Mechanics. [S. l.], [s. n.], 1987.

[58] KOKUSHO T, TANAKA Y, YOSHIDA Y. In-situ dynamic property evaluation of gravelly soil [C]//Fifth International Conference on Soil Dynamics and Earthquake Engineering. [S. l.], [s. n.], 1991: 177-188.

[59] SEED H B, WONG R, IDRISS I M, et al. Moduli and damping factors for dynamic analyses of cohesionless soils [J]. Journal of Geotechnical Engineering, 1986, 112 (11): 1016-1032.

[60] HARDIN B O, DMEVICH V P. Shear modulus and damping in soils: measurement and parameter effect [J]. Journal of Soil Mechanics and Foundation, 1972, 98: 603-642.

[61] VUCETIC M, DOBRY R. Effect of soil plasticity on cyclic response [J]. Journal of Geotechnical Engineering, 1991, 117: 89-107.

[62] SUN J I, et al. Soil moduli and damping ratios for cohesive soils [R]. Report No. EERC 88/15. Earthquake Engineering Research Center, University of California, Berkeley, 1988.

[63] MARTIN P P, SEED H B. One dimensional dynamic ground response analyses [J]. Journal of Geotechnical Engineering, 1982, 108: 935-954.

[64] TEACHAVORASINSKUN T. Stiffness and damping of sands in torsion shear [C]//Proc. 2nd. Int. Conf on Recent Adv. in Geot. Earthq. Engrg. & Soil Dyn. [S. l.], [s. n.], 1991, 101-110.

[65] KANATANI M, et al. Numerical simulation of shaking table test by nonlinear response analysis method [C]//Proc. 2nd. Int. Conf on Recent Adv. in Geot. Earthq. Engrg. & Soil Dyn. [S. l.], [s. n.], 685-692.

[66] CASAGRANDE A, SHANNON W L. Research on stress-deformation and strength characteristics of soils and soft rocks under transient loading [Z]. Publications from The Gradnate School of Enginnering. Harvard University 1947-1948.

[67] LEE K L, SEED H B, DUNLOP R. Effect of transient loading on the strength of sand [C]//Proc. 7th ICOSMFE. [S. l.], [s. n.], 1969: 239-247.

[68] SEED H B, CHAN C K. Clay strength under earthquake loading conditions [C]//Proc. ASCE. J. SMFD. [S. l.], [s. n.], 1966, 92: 53-78.

[69] ISHIBASHI I, ZHANG X J. Unified dynamic shear moduli and damping ratios of sand and clay [J]. Soils and Foundations, 1993, 33 (1): 182-191.

[70] KAZUYA Y, TOYOTOSHI Y, KAZUTOSHI H. Cyclic strength and deformation of normally consolidated clay [J]. Soils and Foundations, 1982, 22 (3).

[71] OZTOPARK S, BOLTON M D. Stiffness of sands through a laboratory test database [J]. Geo-technique, 2013, 63 (1): 54-70.

[72] TAKEJI K, YOSHIDA Y, ESASHI Y. Dynamic properties of soft clay for wide strain range [J]. Soils and

Foundations, 1982, 22 (4).

[73] HYODO M, et al. Cyclic shear strength of undisturbed and remoulded marine clays [J]. Soils and Foundations, 1999, 39 (2): 45-58.

[74] 于海英, 等. 汶川 8.0 级地震强震动加速度记录的初步分析 [J]. 地震工程与工程振动, 2009, 29 (1): 1-13.

[75] 王伟, 等. 基于汶川 M_s8.0 地震强震动记录的山体地形效应分析 [J]. 地震学报, 2015, 37 (3): 452-462.

[76] YANG J, SZE H Y. Cyclic behaviour and resistance of saturated sand under non-symmetrical loading conditions [J]. Geotechnique, 2011, 61 (1): 59-73.

[77] BEEN K, JEFFERIES M. A state parameter for sands [J]. Geotechnique, 1985, 3 (2): 99-112.

[78] WOODS R D. Screening of surface waves in soils [C]//J. Soil Mech. And Found. Div., Proc. ACSE, 1968, 94 (SM 4): 951-979.

[79] 袁一凡, 田启文. 工程地震学 [M]. 北京: 地震出版社, 2012.

[80] 大崎顺彦. 地震动的谱分析入门 [M]. 吕敏申, 谢礼立, 译北京: 地震出版社, 1980.